基于 FPGA 技术的
工程应用与实践

Based on the Engineering Application and
Practice of the FPGA Technology

任文平　申东娅　何乐生　李　鹏　编著

科学出版社

北　京

内 容 简 介

本书是作者结合多年来的教学经验编写的专业技术类教材，编写上尽力避免传统理论化的教学思路，注重于 FPGA 技术的实践性和应用性。在内容的编排上，为初学者提供了基础知识部分，包括 Quartus 软件的使用、硬件描述语言语句及语法、FPGA 技术常用设计方法等；基本电路及应用系统的设计实例，包括 DDS 电路、存储器电路、显示接口电路、温湿度控制系统设计等；最后是工程应用实例部分，在工程实例方面，选择了目前应用较为广泛的图像处理、触摸屏、调频调幅电源等。本书力求通过大量实例，为读者提供一个较为开阔的设计应用视野，从而能尽快提升 FPGA 开发及应用能力。

本书是以高等院校电子、通信、计算机等专业本科生为对象的教材，也可以作为相关专业研究生及工程技术人员的参考书。

图书在版编目(CIP)数据

基于 FPGA 技术的工程应用与实践/任文平等编著. —北京：科学出版社，2018.6

ISBN 978-7-03-057429-9

Ⅰ.①基… Ⅱ.①任… Ⅲ.①可编程序逻辑器件-系统设计 Ⅳ.①TP332.1

中国版本图书馆 CIP 数据核字(2018) 第 101713 号

责任编辑：周 涵 / 责任校对：杨 然
责任印制：张 伟 / 封面设计：无极书装

科学出版社 出版
北京东黄城根北街 16 号
邮政编码：100717
http://www.sciencep.com

北京虎彩文化传播有限公司 印刷
科学出版社发行 各地新华书店经销
*
2018 年 6 月第 一 版 开本：720×1000 B5
2019 年 1 月第二次印刷 印张：18 1/4
字数：368 000
定价：58.00 元
(如有印装质量问题，我社负责调换)

前　　言

FPGA 技术是一种新型的电路设计技术，通过软件编程设计硬件电路，使硬件设计软件化。这项技术已经完全取代了传统的电路设计，是目前进行数字 IC 设计最先进的技术。近些年社会对 FPGA 人才的需求处于逐年增加的趋势，目前全国 90%以上的高校都开设了这门课程并把它放在了重要的位置。因此重视 FPGA 教学与教材的编写，对于应用人才的培养具有重要的意义。

有关 FPGA 方面的教材及书籍，目前已经出版了很多。有些偏重于基础知识的介绍，有些偏重于工程的应用开发。本书从应用的角度出发，首先系统地介绍了 FPGA 技术开发的基础，包括 Quartus 软件的使用、硬件描述语言语句及语法、FPGA 常用设计方法、基本电路的设计实例等，在此基础上，以工程应用的方式从简到难介绍了若干开发实例，目的是使读者在掌握基本知识的基础上，逐步由设计电路模块过渡到应用工程项目中。这种以"学 — 做 — 用"的顺序进行的教材内容的组织与编排，使读者能够在较短的时间内掌握 FPGA 技术，达到学以致用的目的。

本书分为 4 部分共 10 章内容。第 1 部分介绍了 FPGA 技术开发的基础，包括 Quartus 软件的使用、硬件描述语言语句及语法、FPGA 常用的设计方法等，共 4 章内容。第 2 部分是基于 FPGA 的常用功能电路及应用系统设计，包括通信接口、存储器电路、显示器接口电路，以及温湿度监控系统、频率计等系统设计，共 2 章内容。通过这部分内容，将第 1 部分的基础知识逐步与设计应用进行结合。第 3 部分是工程应用实例，共 3 章内容，每章都是一个独立的工程设计项目，包括图像处理系统、触摸屏应用系统、调频调幅电源设计等。第 4 部分是 FPGA 在全国大学生电子设计大赛上的应用，共 1 章，介绍了 2013 年 F 题的 FPGA 解决方案。可以看出，在内容的编排上，我们以大量的应用实例，逐次递增的设计难度，力图使读者通过从"简—难"、从"学—做"的过程，逐步提高 FPGA 的开发及应用水平。

本书是作者结合多年来的教学经验编写的专业技术教材，所有程序都是以 Quartus II 11.0 为软件平台编写的，并且通过了 DE2 或 DE2-115 实验板的硬件测试，读者可参考使用。

在本书的编写过程中，贾赞、张浩然、彭宏涛、郑德帅、张敦锋等同学对部分章节的内容有贡献，Terasic 公司在硬件平台及设计资料方面提供了许多支持，在此一并表示感谢。

  本书引用了一些相关资料，主要的文献资料已列于书后的参考文献中，在此向这些文献的作者表示最诚挚的感谢。

  由于作者水平有限，书中难免有疏漏及不妥之处，敬请各位读者批评指正。

编 者

2018 年 5 月

目 录

前言
第 1 章 可编程逻辑器件及开发概述 ···1
  1.1 可编程逻辑器件简介 ···1
    1.1.1 可编程逻辑器件发展历程 ··1
    1.1.2 可编程逻辑器件特点 ···2
  1.2 可编程逻辑器件设计应用基础 ···3
    1.2.1 硬件描述语言 ··3
    1.2.2 可编程逻辑器件 ···3
    1.2.3 设计软件 ···4
  1.3 可编程逻辑器件开发流程 ··4
  1.4 可编程逻辑器件应用领域 ···5
第 2 章 Quartus 软件的使用 ··7
  2.1 原理图输入设计流程 ···7
    2.1.1 半加器的设计原理 ···7
    2.1.2 创建工程 ···8
    2.1.3 建立图形设计文件 ···11
    2.1.4 工程的编译 ··13
    2.1.5 引脚分配 ···13
    2.1.6 工程的下载验证 ··13
  2.2 硬件描述语言输入设计流程 ···14
    2.2.1 全加器的设计原理 ···15
    2.2.2 半加器的硬件描述语言程序 ··15
    2.2.3 创建工程 ···16
    2.2.4 输入半加器程序设计文件 ···16
    2.2.5 生成元件符号 ··16
    2.2.6 利用生成元件符号设计全加器电路 ····································16
  2.3 宏功能模块 (LPM) 的调用 ··18
    2.3.1 存储器的初始化 ··18
    2.3.2 宏功能模块 LPM_ROM 的创建 ··19
    2.3.3 查看宏功能模块 ROM 的设计文件 ····································22

2.4 SignalTap II 嵌入式逻辑分析仪使用··23
　　2.4.1 SignalTap II 嵌入式逻辑分析仪的设置···23
　　2.4.2 编译下载···25
　　2.4.3 信号波形的捕捉···26

第 3 章　Verilog HDL 简介··28
3.1 Verilog HDL 硬件描述语言概述···28
3.2 Verilog HDL 程序的构成···28
　　3.2.1 二–十进制编码器及 Verilog HDL 描述···28
　　3.2.2 Verilog HDL 程序的基本构成···30
3.3 Verilog HDL 语法规则··32
　　3.3.1 Verilog HDL 文字规则···32
　　3.3.2 数据对象···34
　　3.3.3 运算符···36
3.4 Verilog HDL 中的语句··36
　　3.4.1 并行语句···36
　　3.4.2 顺序语句···43
3.5 Modelsim 仿真工具的使用··48
　　3.5.1 程序中无宏功能模块的 Modelsim 使用流程·································49
　　3.5.2 宏功能模块的 Modelsim 使用流程···53
　　3.5.3 Testbench 文件的编写···57

第 4 章　有限状态机设计··61
4.1 有限状态机设计简介··61
　　4.1.1 有限状态机的特点及分类···61
　　4.1.2 基于有限状态机的电路设计步骤···61
4.2 Moore 型有限状态机的设计···62
4.3 Mealy 型有限状态机的设计··65
4.4 有限状态机设计举例：十字路口交通灯控制电路······························67
　　4.4.1 设计要求···67
　　4.4.2 设计分析···67
　　4.4.3 设计实现···69

第 5 章　常用功能电路设计··72
5.1 DDS 电路··72
　　5.1.1 DDS 原理···72
　　5.1.2 基于 FPGA 的 DDS 电路实现···73
　　5.1.3 仿真与分析···75

目 录

- 5.2 m 序列信号产生电路 ·· 76
  - 5.2.1 m 序列信号产生原理 ·· 76
  - 5.2.2 设计举例 ·· 76
  - 5.2.3 仿真与分析 ·· 77
- 5.3 SPI 接口电路 ·· 78
  - 5.3.1 SPI 通信协议 ·· 78
  - 5.3.2 基于 FPGA 的 SPI 通信协议实现 ·· 79
  - 5.3.3 应用举例 ·· 81
- 5.4 RAM 存储器接口电路 ·· 85
  - 5.4.1 SRAM 存储器 ·· 85
  - 5.4.2 基于双 RAM 乒乓操作的数据存储电路 ·· 86
- 5.5 CRC 校验电路 ·· 94
  - 5.5.1 CRC 校验原理 ·· 94
  - 5.5.2 CRC 校验码的编码原理 ·· 95
  - 5.5.3 基于 FPGA 的逐比特比较法求解 CRC 校验码设计实现 ·· 96
  - 5.5.4 仿真与分析 ·· 97
- 5.6 LCD 控制电路 ·· 99
  - 5.6.1 LCD 简介 ·· 99
  - 5.6.2 基于 FPGA 的 LCD 控制电路设计 ·· 103
- 5.7 VGA 控制电路 ·· 107
  - 5.7.1 VGA 简介 ·· 107
  - 5.7.2 扫描原理 ·· 108
  - 5.7.3 VGA 控制时序 ·· 108
  - 5.7.4 数模转换芯片 DAC ADV7123 ·· 109
  - 5.7.5 基于 FPGA 的 VGA 彩条控制电路设计 ·· 109

第 6 章 应用设计实例 ·· 115
- 6.1 温湿度采集及显示 ·· 115
  - 6.1.1 设计要求 ·· 115
  - 6.1.2 设计方案 ·· 115
  - 6.1.3 相关原理简介 ·· 116
  - 6.1.4 温湿度模块设计 ·· 118
  - 6.1.5 串口通信模块设计 ·· 124
  - 6.1.6 JAVA GUI 设计 ·· 127
  - 6.1.7 系统测试 ·· 130
- 6.2 频率计 ·· 132

		6.2.1　设计要求 ··· 132
		6.2.2　设计方案 ··· 132
		6.2.3　测频原理简介 ·· 132
		6.2.4　设计实现 ··· 134
	6.3　基于 VGA 显示的接球游戏 ··· 140	
		6.3.1　设计要求 ··· 140
		6.3.2　设计分析 ··· 140
		6.3.3　VGA 时序控制模块设计 ··· 141
		6.3.4　游戏逻辑产生模块设计 ·· 144
		6.3.5　游戏测试 ··· 149
第 7 章	基于 FPGA 的图像采集处理系统 ·· 151	
	7.1　设计内容 ··· 151	
	7.2　图像采集模块 ··· 152	
		7.2.1　图像捕捉模块 ·· 153
		7.2.2　I^{2}C 总线配置模块 ·· 156
		7.2.3　数据格式转换模块 ·· 165
	7.3　SDRAM 控制模块 ·· 170	
	7.4　VGA 显示控制模块 ·· 172	
		7.4.1　VGA 显示原理 ·· 172
		7.4.2　VGA 控制模块 ·· 172
	7.5　图像处理算法及实现 ··· 175	
		7.5.1　图像的透明算法及实现 ·· 176
		7.5.2　图像灰度处理算法及实现 ·· 181
		7.5.3　图像降噪算法及实现 ··· 183
		7.5.4　边缘检测算法及实现 ··· 189
第 8 章	基于触摸屏的电子相册设计 ·· 193	
	8.1　设计要求 ··· 193	
	8.2　相关内容简介 ··· 193	
		8.2.1　LCD 显示驱动芯片 TPG110 ·· 193
		8.2.2　A/D 转换器 (AD7843) ·· 194
	8.3　方案设计 ··· 195	
	8.4　基于 FPGA 的各模块实现 ··· 196	
		8.4.1　LCD 串行控制模块 ··· 196
		8.4.2　ADC 串行控制模块 ·· 196
		8.4.3　触摸检测模块 ·· 204

目录

- 8.4.4 FLASH 到 SDRAM 控制模块 ... 206
- 8.4.5 4 端口 SDRAM 控制模块 ... 212
- 8.4.6 LCD 时序控制模块 ... 214
- 8.5 系统的测试 ... 219
  - 8.5.1 LCD 触摸屏与 FPGA 的连接 ... 219
  - 8.5.2 FLASH 中图片下载 ... 220
  - 8.5.3 设计验证 ... 221

第 9 章 基于 FPGA 的调频调幅电源设计 ... 222
- 9.1 变频电源的技术分析 ... 222
  - 9.1.1 SPWM 调制技术 ... 222
  - 9.1.2 SPWM 控制方式 ... 222
- 9.2 变频电源硬件的总体设计 ... 223
- 9.3 基于 FPGA 的变频电源控制电路的设计 ... 224
  - 9.3.1 变频电源数字控制电路 ... 224
  - 9.3.2 SPWM 波形的实现 ... 224
  - 9.3.3 三路相位差 120° 的 SPWM 波形的生成 ... 231
  - 9.3.4 DCPWM 模块 ... 233
- 9.4 变频电源的性能测试及分析 ... 236
  - 9.4.1 变频电源的性能 ... 236
  - 9.4.2 变频电源测试结果及分析 ... 237

第 10 章 电子设计竞赛综合实例 ... 238
- 10.1 第十届全国大学生电子设计竞赛 F 题 ... 238
  - 10.1.1 任务 ... 238
  - 10.1.2 要求 ... 238
  - 10.1.3 说明 ... 239
- 10.2 参考设计 ... 240
  - 10.2.1 频率可调时钟产生电路 ... 240
  - 10.2.2 m 序列产生电路 ... 242
  - 10.2.3 曼彻斯特码产生电路 ... 242
  - 10.2.4 从曼彻斯特码提取已知频率的同步时钟的电路 ... 243
  - 10.2.5 从曼彻斯特码中恢复数据的电路 ... 246
  - 10.2.6 从曼彻斯特码提取未知频率的同步时钟的电路 ... 247
- 10.3 有源低通模拟滤波器的设计 ... 252

附录 A DE2 开发平台 ... 256
- A.1 DE2 板上资源及硬件布局 ... 256

  A.2 DE2 电路组成 ···258
  A.3 DE2 平台的开发环境 ···260
  A.4 DE2 平台的扩展接口 ···261
  A.5 DE2 平台上 EP2C35F672 的引脚分配表 ·······································261
附录 B DE2-115 开发平台 ···273
  B.1 DE2-115 板上资源及硬件布局 ···273
  B.2 DE2-115 平台上提供的资源 ··273
  B.3 DE2-115 平台的扩展接口 ···274
  B.4 DE2-115 平台的开发环境 ···275
  B.5 DE2-115 平台上 EP4CE115F29C7 的引脚分配表 ····························275
参考文献 ···282

第1章 可编程逻辑器件及开发概述

可编程逻辑器件 PLD(Programmable Logic Device) 是近些年迅速发展起来的一种新型器件，它是一种半定制的集成电路，内部集成了大量的门及触发器等基本的电路单元，通过编程形成的网表文件，控制其内部连线，形成所需要的电路设计。可编程逻辑器件的出现，彻底改变了传统的"搭积木"式设计方法，使数字电路的设计出现了质的飞跃，为集成电路高容量、低功耗、小体积的发展提供了保证。

1.1 可编程逻辑器件简介

从数字电路的基本知识可知，组合逻辑函数均可化为与或式，而任何时序电路又由组合电路和存储元件构成，也就是说，任何逻辑函数都可以用"与门-或门"的二级电路实现。因此，在 20 世纪 70 年代出现了一种新结构的数字器件，如图 1.1 所示，器件的主体是由与门和或门构成的"与阵列"和"或阵列"组成，通过编程来控制器件中门阵列之间的连接关系，实现不同的逻辑函数，这种器件被称为可编程逻辑器件 PLD。

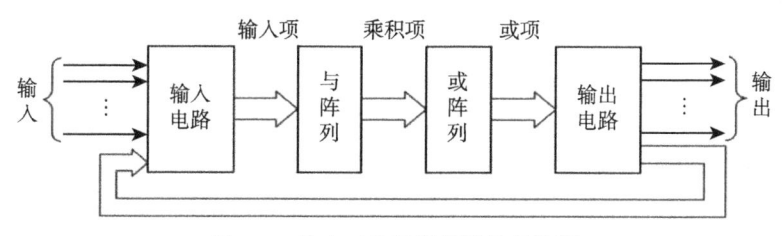

图 1.1 基本可编程逻辑器件结构图

1.1.1 可编程逻辑器件发展历程

(1) 20 世纪 70 年代末，出现了第一个 PLD 器件 PLA(Programmable Logic Array)，该器件的与阵列和或阵列都可以编程控制，但由于其运行速度慢，没有得到广泛应用。

(2) 20 世纪 80 年代初，出现了 PAL(Programmable Array Logic)，其特点是或阵列固定，与阵列可编程。这种结构相对容易控制，而且性价比高，所以 PAL 成为第一片被真正使用的可编程逻辑芯片。

(3) 20 世纪 80 年代初期，Lattice 公司推出了通用阵列逻辑 GAL(Generic Array Logic)，该器件在 PAL 的基础上，增加了输出逻辑宏单元 OLMC(Output Logic Macro Cell)，比 PAL 更加灵活。

这些早期的 PLD 器件的一个共同特点是实现的逻辑功能速度特性较好，但其过于简单的结构也使它们只能实现规模较小的电路。

(4) 20 世纪 80 年代中期，Altera 公司推出了 CPLD(Complex Programmable Logic Device)，它对 GAL 作了进一步的扩展，提高了器件的集成度。CPLD 允许有更多的输入信号，内部含有更多的宏单元和逻辑单元块，即 CPLD 相当于在一个芯片上集成多个 GAL 块，各个 GAL 块可以通过共享的互联资源交换信息，能够实现较为复杂的逻辑功能。

(5) 20 世纪 80 年代中期，在 CPLD 出现的同时，Xillinx 公司采用不同的方法扩展可编程逻辑器件的规模，推出了世界上第一片现场可编程门阵列 FPGA(Field Programmable Gate Array) 器件，FPGA 的结构与传统的掩模编程门阵列相似，内部由纵横交错的分布式可编程互联线将逻辑单元阵列 CLB(Configrable Logic Block) 连接而成，具有更高的密度和更大的灵活性。

1.1.2 可编程逻辑器件特点

可编程逻辑器件是一种新型器件，伴随着计算机、集成电路、电子系统设计技术的发展，可编程逻辑器件的开发及设计过程也融合了这些最新成果：设计者以计算机为工具，在软件平台上用硬件描述语言完成设计文件，由计算机自动地完成逻辑编译、化简、分割、综合、优化、布局、布线、仿真以及对特定芯片的适配编译、逻辑映射等工作，设计者只要将其结果下载到可编程逻辑器件中，就可完成电路的设计。因此，可编程逻辑器件的开发已经成为电子设计自动化设计技术 EDA(Electronic Design Automation) 中重要的组成部分。

可编程逻辑器件的出现，使得数字电路设计进入了一个新的阶段，利用可编程逻辑器件进行数字电路设计有以下几个优点：

(1) 设计具有更大的灵活性。用软件的方式设计硬件，设计文件易于在各种集成电路工艺和可编程器件之间移植，应用性更加广泛。对于复杂的系统设计，设计者可以分工合作，协同设计，缩短了开发周期。

(2) 产品具有保密性。由于器件中的大量可编程元件，使得电路具有"黑盒"效果，知识产权能够得到有效保护。

(3) 设计的每个阶段都可以仿真。利用设计软件中的逻辑仿真及测试技术，能够及时发现设计中的错误，大大提高设计成功率，缩短设计周期。

(4) 对设计者硬件电路的知识要求减低。由于设计采用高级语言描述电路的逻辑功能，与器件结构无关，因此对设计者专业背景要求降低。

1.2 可编程逻辑器件设计应用基础

硬件描述语言、可编程逻辑器件及设计软件是可编程逻辑器件设计开发的基础。

1.2.1 硬件描述语言

硬件描述语言的发展至今已有多年历史，它是 FPGA 设计开发的重要组成部分。常用的硬件描述语言有 AHDL、VHDL、Verilog HDL 等，而 VHDL 和 Verilog HDL 是当前最流行的并且已经成为 IEEE 工业标准的硬件描述语言，得到了众多 EDA 公司的支持。

Verilog HDL 和 VHDL 作为描述硬件电路设计的语言，可以非常方便地进行复杂数字电路和数字系统的开发及调试。与传统的原理图设计方法相比较，它们的优点在于：

(1) 强大的系统硬件描述能力，设计灵活。硬件描述语言具有功能强大的语言结构，可以用简洁明确的源代码来描述复杂的逻辑控制。它具有多层次的设计描述功能，既可以描述系统级电路，又可以描述门级电路。支持同步电路、异步电路和随机电路的设计。在设计方法上，它既支持自底向上的设计，又支持自顶向下的设计；既支持模块化设计，又支持层次化设计等多种方式。

(2) 支持广泛、易于修改，具有很强的移植能力。目前大多数 EDA 工具都支持硬件描述语言，这为硬件描述语言的进一步推广和广泛应用奠定了基础。由于被不同的 EDA 工具所支持，基于硬件描述语言的电路设计就可以被应用于不同的系统中，电路设计的移植能力增强。

(3) 硬件描述与实现工艺无关。设计人员用硬件描述语言进行设计时，不需要首先考虑选择设计的器件，就可以集中精力进行设计的优化。设计与具体的硬件电路无关，一旦出现了新器件、新工艺，设计者不用重新设计电路，只需将电路的算法级描述或 RTL 描述输入到逻辑综合工具中，就能产生新的门级网表，能够非常有效地缩短产品的开发周期。

1.2.2 可编程逻辑器件

可编程逻辑器件经历了从低密度到高密度的发展过程，目前常用的是现场可编程门阵列 FPGA 和复杂可编程逻辑器件 CPLD。这两类可编程逻辑器件中，FPGA 提供了最高的逻辑密度、最丰富的特性和最高的性能，提供了诸如大容量存储器、时钟管理系统等特性，并支持多种最新的超快速器件至器件 (device-to-device) 信号技术。因此，FPGA 广泛应用于仪器仪表、电信和数字信号处理等高性能的系统设计中。与此相反，CPLD 提供的逻辑资源少得多，最高约 1 万门。但是，CPLD

提供了非常好的可预测性,非常适合于设计关键控制电路,并且价格低廉,从而使其对于成本敏感、电池供电的便携式应用(如移动电话)非常理想。

1.2.3 设计软件

目前比较流行的设计软件有 Altera 的 Quartus II、Lattice 的 ispEXPERT、Xilinx 的 ISE。

ispEXPERT 是 Lattice 公司的设计软件,通过它可以进行 VHDL、Verilog 及 ABEL 语言的设计输入。ispEXPERT 是目前流行的 EDA 软件中最容易掌握的设计工具之一,它界面友好、操作方便、功能强大,并与第三方 EDA 工具兼容良好。

ISE 是 Xilinx 公司集成开发的设计软件,它采用自动化的、完整的集成设计环境,是业界最强大的 EDA 设计工具之一。

Quartus II 是 Altera 公司的开发软件,它支持原理图、VHDL、Verilog HDL 等多种设计输入形式,内嵌自有的综合器以及仿真器,可以完成从设计输入到硬件配置的完整 PLD 设计流程。它包含了整个可编程逻辑器件设计阶段的所有解决方案,提供了完整的图形用户界面。基于该工具,设计者可以方便地完成数字系统设计的全过程,它是目前应用最广泛的 EDA 设计软件之一。

1.3 可编程逻辑器件开发流程

可编程逻辑器件的开发是在设计软件平台上进行的,它的设计流程主要包括设计输入、设计处理、设计验证、器件下载和电路测试等五个步骤。

(1) 设计输入。设计输入有多种方式,主要包括文本输入方式、图形输入方式和波形输入方式,还支持文本输入和图形输入两者混合的方式。

文本输入方式是采用硬件描述语言进行电路设计的方式,主要有 Verilog HDL、VHDL 等,具有很强的逻辑功能表达能力,描述简单,是目前进行电路设计最主要的设计方法。

图形输入方式是最直接的设计输入形式。利用设计软件提供的元件库,将电路的设计以原理图的方式输入。这种输入方式直观,便于电路的观察及修改,但是不适用于复杂电路的设计。

(2) 设计处理。设计处理是重要的设计环节,主要对设计输入的文件进行逻辑化简、综合优化,最后产生编程文件。此阶段主要包括设计编译、检查,逻辑分割,逻辑优化,布局布线等过程。

设计编译、检查是对输入的文件进行语法检查,例如原理图文件中是否有短路现象,文本文件的输入是否符合语法规范等。

逻辑分割是将设计分割成逻辑小块形式映射到相应的器件的逻辑单元中，分割可以自动实现，也可以由设计者控制完成。

逻辑优化主要包括面积优化和速度优化。面积优化的目标是使设计占用的逻辑资源最少，速度优化是使电路中信号的传输时间最短。

布局布线是完成电路中各电路元件的分布及线路的连接。

(3) 设计验证。设计验证即时序仿真和功能仿真。通常情况下，先进行功能仿真，因此功能仿真又称为前仿真，它直接对原理图描述或其他描述形式的逻辑功能进行测试模拟，验证其实现的功能是否满足原设计的要求，仿真的过程不涉及任何具体形式的硬件特性，不经历综合和适配。在功能仿真已经完成，确认设计文件表达的功能满足要求后，再进行综合适配和时序仿真。时序仿真是在选择了具体器件并且完成了布局布线之后进行的时序关系仿真，因此又称为时延仿真或后仿真。

(4) 器件下载。器件下载是指将设计处理中产生的编程数据下载到具体的可编程器件中去。如果之前的步骤都满足原设计的要求，就可以将适配器产生的配置/下载文件通过 CPLD/FPGA 编程器或下载电缆载入目标芯片 CPLD 或 FPGA 中。

(5) 电路测试。电路测试是将载入了设计的 FPGA 或 CPLD 的硬件系统进行测试，便于在真实的环境中检验设计效果。

1.4 可编程逻辑器件应用领域

可编程逻辑器件最初只能用来设计一些辅助性的电路，起连接逻辑的作用，例如设计总线控制器、协议处理器等。随着近几年可编程逻辑器件特别是 FPGA 的快速发展，器件容量和工作速度得到很大提高，单个门电路成本大大下降，特别是内部资源的极大丰富，片内嵌入的高度集成的多核处理器，使得可编程逻辑器件设计应用的深度和广度达到前所未有的程度。其典型设计应用如表 1.1 所示，可以说可编程逻辑器件在数字系统中几乎无所不能，因此其发展前景非常广阔。

表 1.1 可编程逻辑器件开发应用

行业	应用
无线通信	蜂窝和 WiMAX 基站
有线通信	高速交换机、路由器、DSL 多路复用器
电信	光学和无线电发射设备、电话交换机、流量管理器、背板收发器
消费电子	液晶电视、DVR、机顶盒、高端相机
视频和图像处理	视频监控系统，广播视频，JPEG、MPEG 解码器
汽车	GPS 系统，车载信息娱乐系统，驾驶辅助系统：停车场援助、汽车危险回避、倒车辅助、自适应巡航控制、盲点检测
航空航天和防御	雷达和声呐系统、卫星通信

续表

行业	应用
测试和测量	协议分析仪、逻辑分析仪、示波器
数据安全	数据加密：AES、3DES 算法，公钥加密 (RSA)，数据完整性
医疗	医疗成像
高性能科学计算	并行算法、矩阵乘法

第2章 Quartus 软件的使用

Altera 公司的 Quartus II 软件提供了多平台的设计环境,它支持多种类型的文件输入形式。文本输入:AHDL、VHDL、Verilog HDL 以及 CL 脚本语言的输入。模块输入,原理图、状态图和波形图的输入。本章以原理图输入方式为例,介绍 Quartus II 软件的基本功能及使用流程。对于初学者来说,在没有掌握硬件描述语言的情况下,可以先以原理图的输入方式,练习 Quartus II 软件的使用。在此基础上,介绍了以硬件描述语言为设计方式的软件使用流程。

2.1 原理图输入设计流程

本节以半加器为例,介绍原理图输入法的设计流程。

2.1.1 半加器的设计原理

半加器是数字电路中常用的电路单元,用于二进制加法运算。半加器的真值表如下,a、b 为加数及被加数,so 是两数的和,co 是两数的进位。

a	b	co	so
0	0	0	0
0	1	0	1
1	0	0	1
1	1	1	0

从上表可以得到半加器的逻辑表达式,图 2.1 是其原理图。

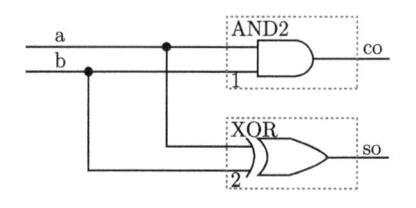

$$co = ab$$
$$so = a\bar{b} + \bar{a}b$$

图 2.1 半加器原理图

下面以此电路为例,说明 Quartus II 软件基本使用流程。

2.1.2 创建工程

在进行设计之前,首先为本设计建立一个文件夹,所有与该设计相关的文件都应该放在该文件夹中。文件夹取名为 MY_WORK,路径为 D:\MY_WORK。注意,Quartus II 软件不支持中文字符,所以文件夹名不要用中文,不能有空格。

创建工程的步骤如下:

(1) 打开 Quartus II 软件,出现如图 2.2 所示界面。界面由四个区域组成:左上角为项目管理窗口,工程中所有的程序将以层次化的形式出现在该窗口;左中部为项目进度管理窗口;右部为设计输入窗口;最下部为信息提示窗口。

(2) 选择菜单 File-New Project Wizard,出现如图 2.3 所示工程建立向导界面。在第一个对话框中,通过浏览按钮找到刚才所建的文件夹,在第二及第三个对话框中键入本设计项目所起的工程名 h_adder,注意工程名不要与文件夹名相同。

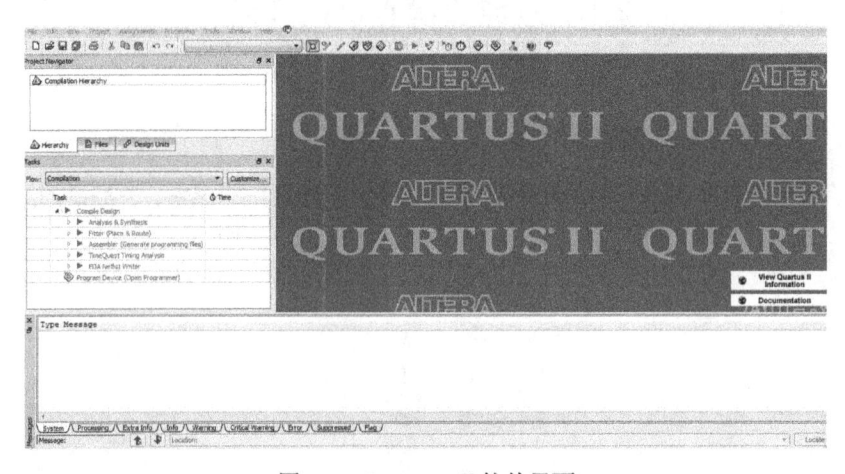

图 2.2 Quartus II 软件界面

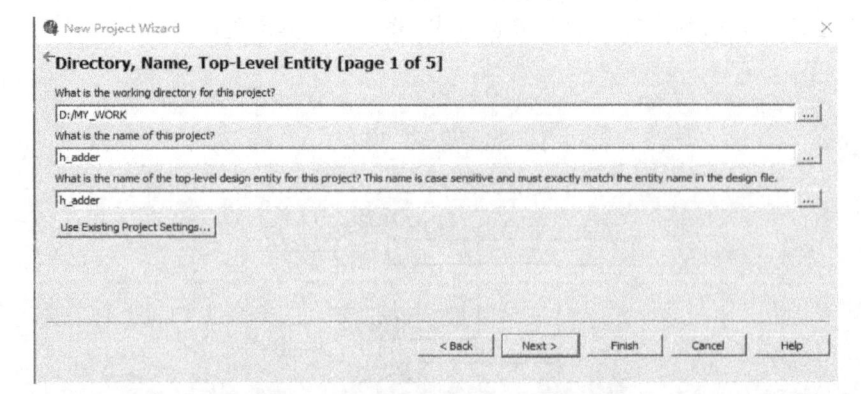

图 2.3 New Project Wizard 对话框

2.1 原理图输入设计流程

(3) 点击 Next 按钮，出现如图 2.4 所示界面。在 File name 对话框中单击后面的浏览按钮，将与工程相关的所有已经设计好的文件加入工程中。若无需要，点击 Next 按钮跳过。

(4) 点击 Next，如图 2.5 所示，根据使用的实验设备的 FPGA 类型选择器件。在 Device family 对话框中选择 FPGA 器件的系列，相应地在 Availabe Devices 列表框中就出现了该系列的全部型号。本设计中我们选择 Cyclon II 系列的

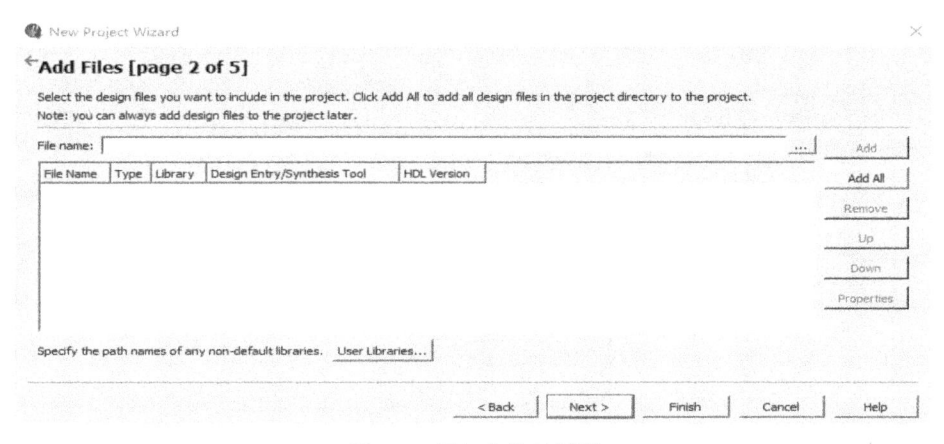

图 2.4 添加文件对话框

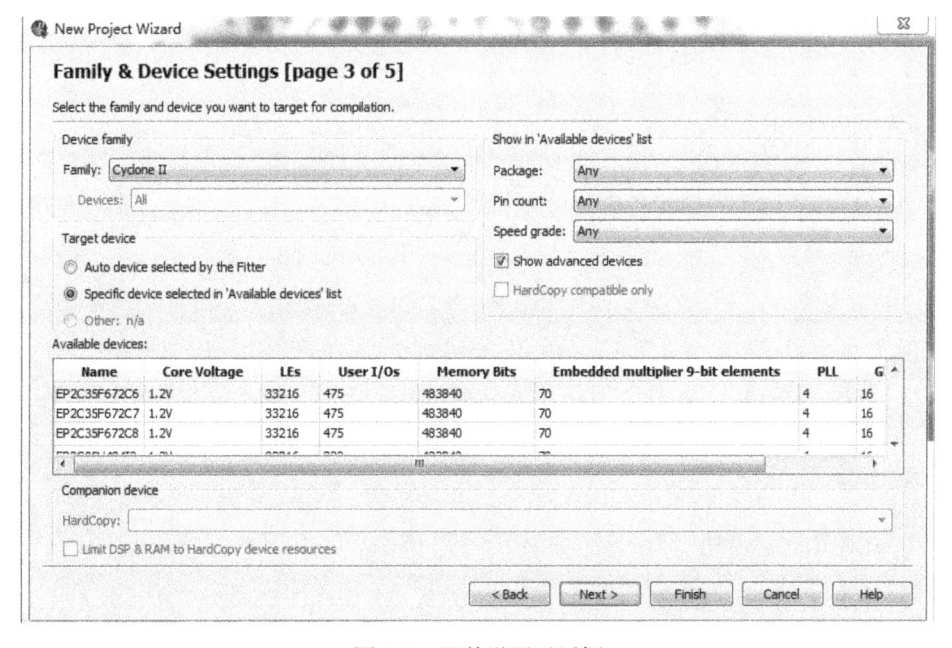

图 2.5 器件设置对话框

EP2C35F672C6 芯片 (DE2 实验板) 或 Cyclon Ⅳ E 系列的 EP4CE115F29C7 芯片 (DE2-115 实验板)。

(5) 点击 Next 按钮, 出现如图 2.6 所示的第三方工具对话框。若设计选用了第三方工具, 则在相应的对话框中进行选择。若选用了 Quartus II 软件自带的设计工具, 则直接点击 Next 按钮, 表示采用默认。

(6) 点击 Next 按钮, 出现如图 2.7 所示界面, 该界面显示了该工程设置的所有信息。点击 Finish 按钮, 新工程设置完成。

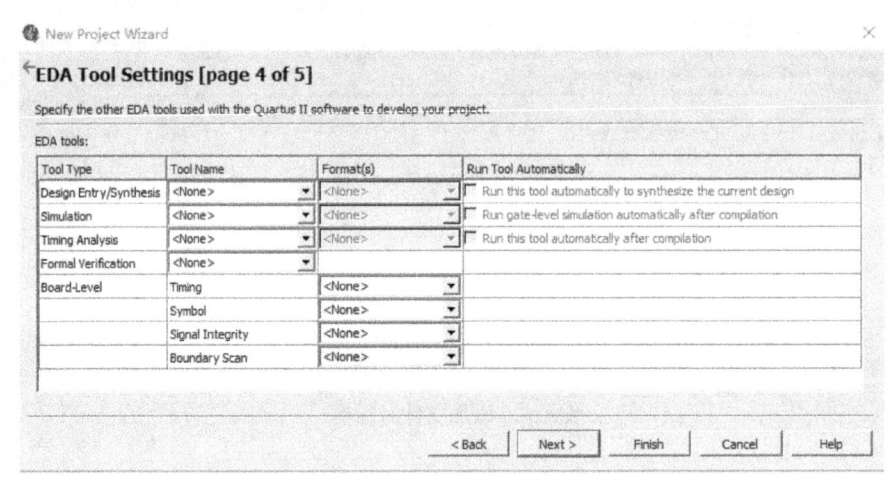

图 2.6 第三方工具对话框

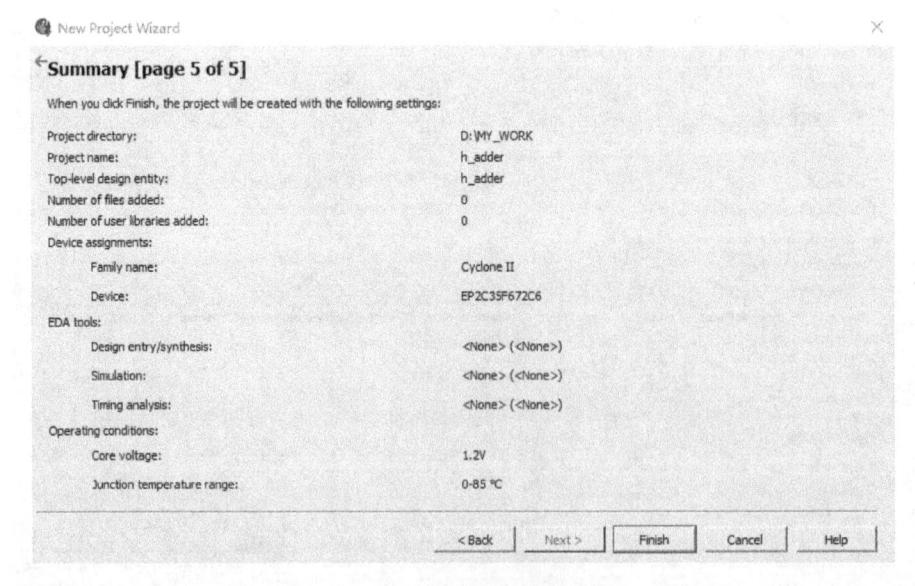

图 2.7 新工程信息界面

2.1.3 建立图形设计文件

Quartus II 软件自带了 Libraries 库，通过调用库中的元件就可完成原理图的设计。该库包括 3 个子库：Megafunctions 库、Others 库和 Primitives 库。Megafunctions 库又分为算术运算模块库、逻辑门库、存储器库和 I/O 模块库。Others 库主要由 74 系列的数字集成电路组成，还包括各种门、时序电路和运算电路模块。Primitives 库由 5 类元件组成，分别是缓冲器、逻辑门、引脚、存储单元和其他功能模块。

调用元件库进行原理图设计的步骤如下：

(1) 建立新工程后，选择菜单中的 File-New，出现如图 2.8 所示的新建设计文件选择窗口。

选择 Block Diagram/Schematic File，点击 OK 按钮，打开图形编辑器界面。

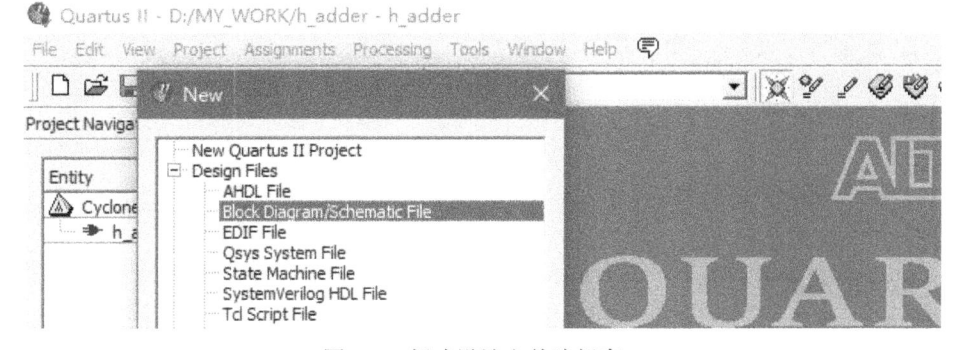

图 2.8　新建设计文件选择窗口

(2) 在图形编辑器窗口中双击鼠标左键或选择菜单 Edit-Insert Symbol，弹出如图 2.9 所示的元件库界面。

(3) 在 Libraries 下的 Primitives 子库中的 Logic 子项中找到 AND2，点击 OK 按钮，器件符号将出现在图形编辑器工作区域，在合适的位置点击鼠标左键放置符号。重复上述过程，在工作区域中分别放置 AND2、XOR、INPUT、OUTPUT 等符号。

(4) 将所需符号放置完成后，利用连线工具连接成图 2.10 所示，并将输入输出元件 INPUT、OUTPUT 的端口名更改为 a, b, so, co。

(5) 设计完成后，选择 File-Save As 菜单，在如图 2.11 所示的文件保存对话框中，将创建的图形文件名称保存为前述的工程名 h_adder，这样设计文件就与工程名结合起来。

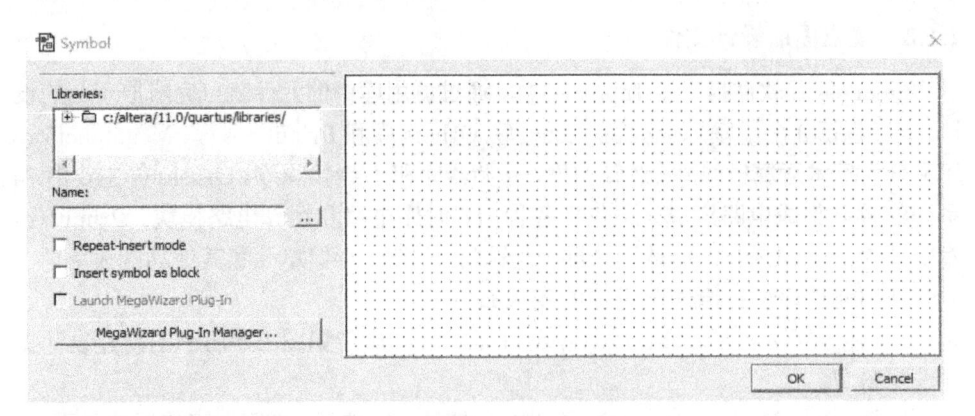

图 2.9　Symbol 对话界面

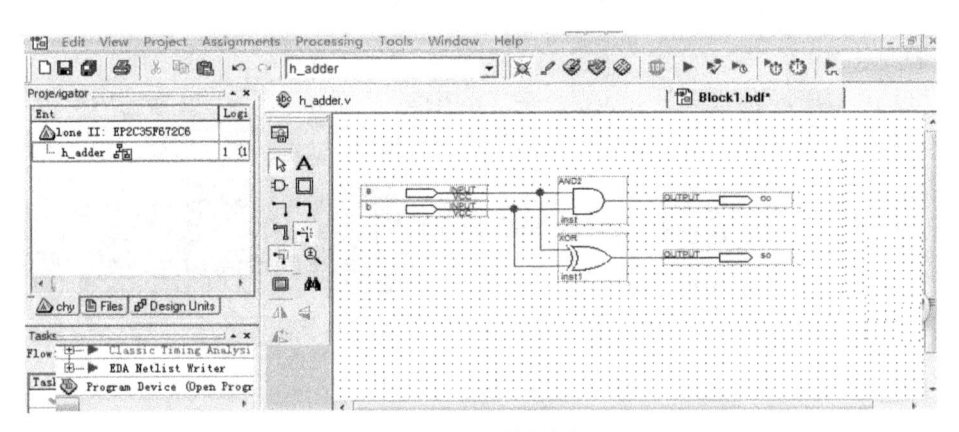

图 2.10　设计图连线

图 2.11　文件保存对话框

2.1 原理图输入设计流程

2.1.4 工程的编译

原理图设计完成后，选择菜单 Processing-Start Compile 选项或者快捷按钮 ▶，对工程进行编译。该流程的功能是设计文件排错、逻辑综合、逻辑分配、结构综合、时序仿真文件提取等。如果设计正确，则出现如图 2.12 所示表示完全通过编译的信息。如果有错误，根据信息显示窗口提示的错误信息，返回图形编辑工作区域进行修改，直到完全通过编译为止。

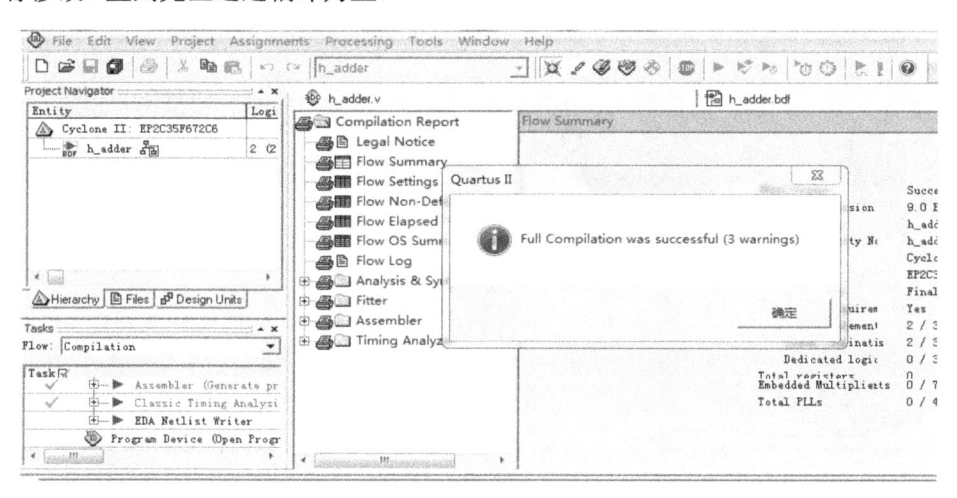

图 2.12 编译成功

2.1.5 引脚分配

设计文件下载之前需要将设计中的输入输出信号与实验板上的器件管脚进行对应分配。选择 Assignment-Pin Planner 菜单，在如图 2.13 所示的窗口中在 Location 栏进行输入输出信号的管脚锁定，实验板管脚信息详见附录 A 及附录 B。管脚锁定完成后，再进行一次编译。

2.1.6 工程的下载验证

仔细检查实验板的接线确保无误后打开实验板电源，在 Quartus II 软件中，选择 Tools-Programmer 菜单，双击左上角 Hardware Setup 按钮，出现如图 2.14 所示界面，下拉 Currently selected hardware 对话框选项，选择 USB-Blaster 之后，点击 Close，则在图 2.14 左上角 Hardware Setup 旁出现 USB-Blaster。在下载窗口一般会自动跳出要下载的 h_adder.sof 文件，若下载窗口没有下载文件，则点击图 2.14 左列中的 Add File 按钮，从 D:\MY_WORK 文件夹中找到 h_adder.sof 文件并加载。对 Program/Configure 打钩，点击 Start 就可对芯片进行配置。至此设计完成，可在实验板上验证设计结果。

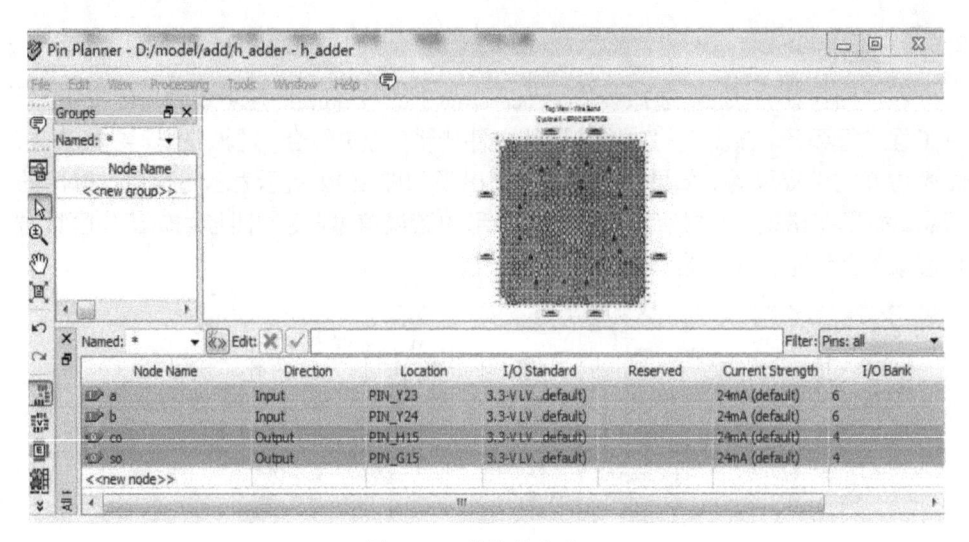

图 2.13　管脚锁定窗口

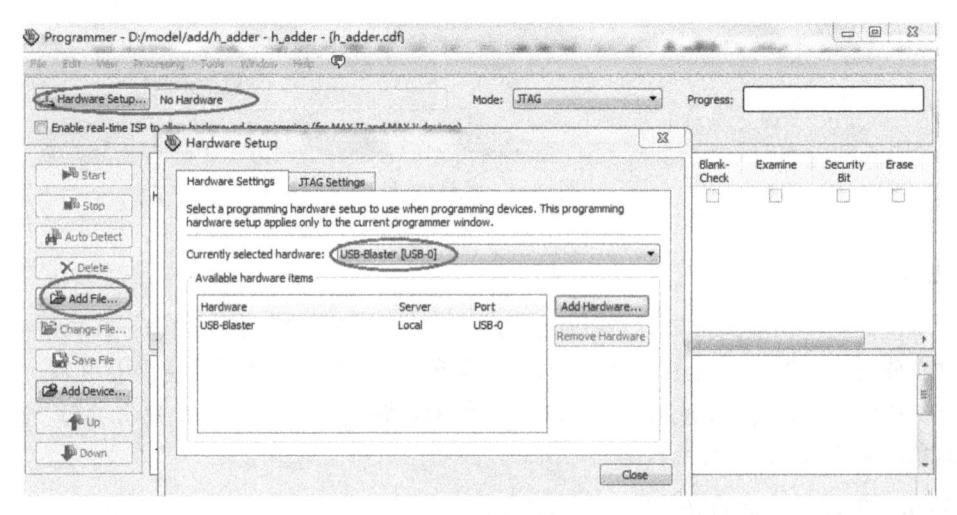

图 2.14　下载窗口

2.2　硬件描述语言输入设计流程

2.1 节通过半加器的设计，对原理图输入法及 Quartus II 软件有了初步的了解，本节通过半加器的硬件描述语言设计方式，进一步熟悉 Quartus II 软件的使用方法，同时将介绍如何将设计程序转化为电路符号添加入元件符号库中，并通过全加器的设计，介绍层次化设计方法。

2.2 硬件描述语言输入设计流程

2.2.1 全加器的设计原理

全加器的真值表如下，其中 a、b，c 为加数、被加数及低位的进位，so 是三数的和，co 是三数向高位的进位。

a	b	c	co	so
0	0	0	0	0
0	0	1	0	1
0	1	0	0	1
0	1	1	1	0
1	0	0	0	1
1	0	1	1	0
1	1	0	1	0
1	1	1	1	1

从上表可以推出全加器的原理图，如图 2.15 所示，可以看出，全加器是由两个半加器及一个或门组成。下面我们将先用硬件描述语言设计出半加器，并将其生成元件符号，再通过调用半加器元件符号设计全加器。

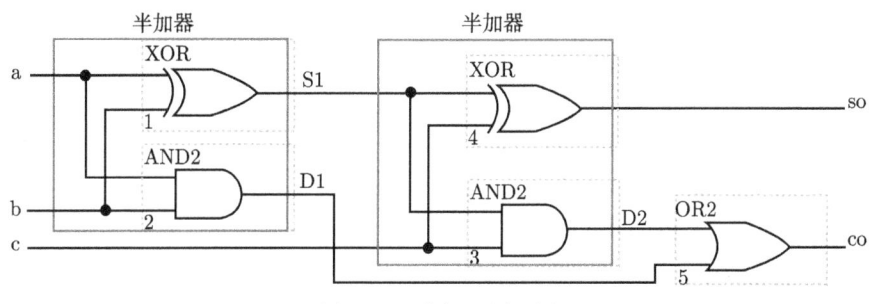

图 2.15 全加器原理图

2.2.2 半加器的硬件描述语言程序

根据半加器的逻辑表达式，编写如下程序：

```
module h_adder(a, b, so, co);
input    a,b;
output   so,co;
assign   so=a ^ b;
assign   co=a & b;
endmodule
```

2.2.3 创建工程

过程完全同 2.1 节中 2.1.2 所述,在 D 盘的 MY_WORK 文件夹中创建名为 h_adder 的工程。

2.2.4 输入半加器程序设计文件

(1) 建立新工程后,选择菜单中的 File-New,出现如图 2.8 所示的新设计文件选择窗口,选择 Verilog HDL File 输入方式。

(2) 在如图 2.16 所示的界面上,输入半加器的设计程序 (程序的名字必须是 h_adder)。保存该文件,注意保存的文件名也必须是 h_adder。

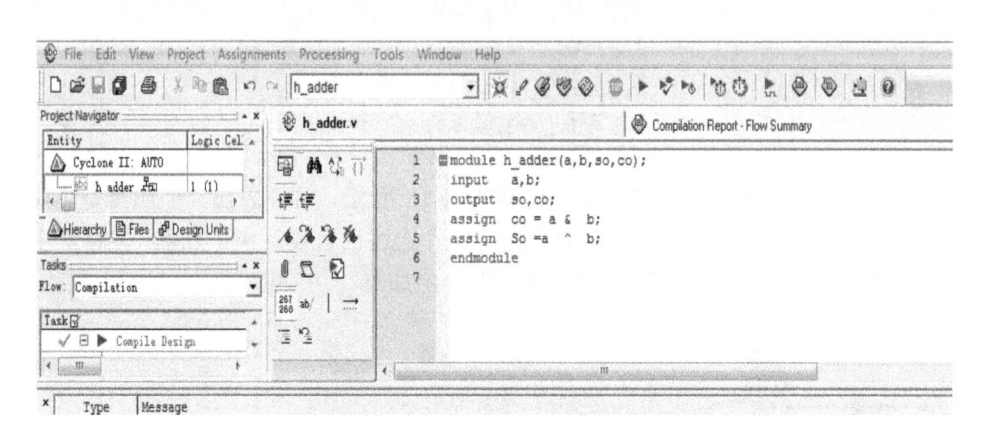

图 2.16 硬件描述语言输入窗口

(3) 设计完成后,对设计文件进行编译,方法如 2.1 节中 2.1.4 所述,若出现错误则返回程序修改直至编译成功为止,半加器模块设计完成。

2.2.5 生成元件符号

双击文件管理窗口中的工程名 h_adder,使设计程序出现在设计输入窗口。点击菜单 File-Creat/Updata-Creat Symbol Files for Current File,如图 2.17 所示,则半加器元件被生成并存于元件库中,在后续的设计中即可从元件库中调用该逻辑元件的符号。

2.2.6 利用生成元件符号设计全加器电路

(1) 设置一个新工程,工程名为 f_addrer,设置过程如 2.1 节中 2.1.2 所述。

(2) 在此工程下重新打开一个图形化设计界面,过程如 2.1 节中 2.1.3 所述。

(3) 在打开的图形化设计界面上双击鼠标,弹出如图 2.18 所示元件库,可以看到除了 Quartus II 软件原有的元件库,又增加了一个名为 Project 的新元件库。此

2.2 硬件描述语言输入设计流程

元件库内存放着设计者自己创建的元件，打开此库就可以看到半加器元件符号。

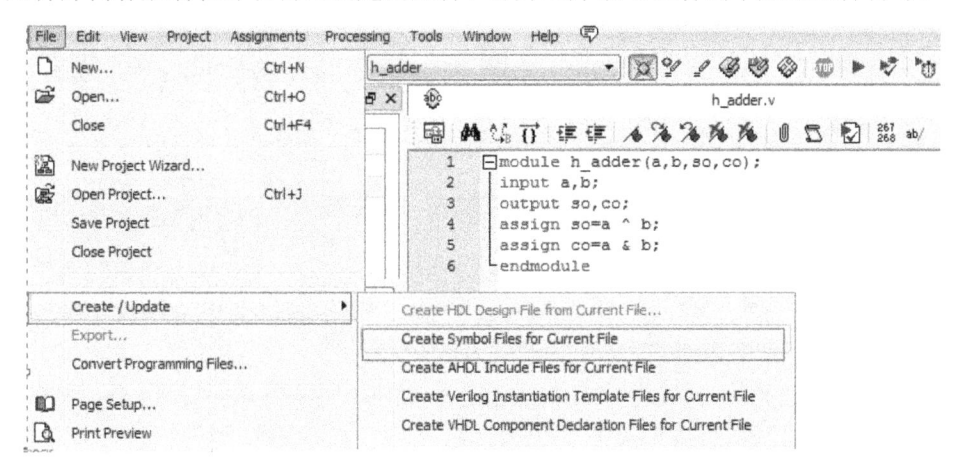

图 2.17 创建半加器元件菜单

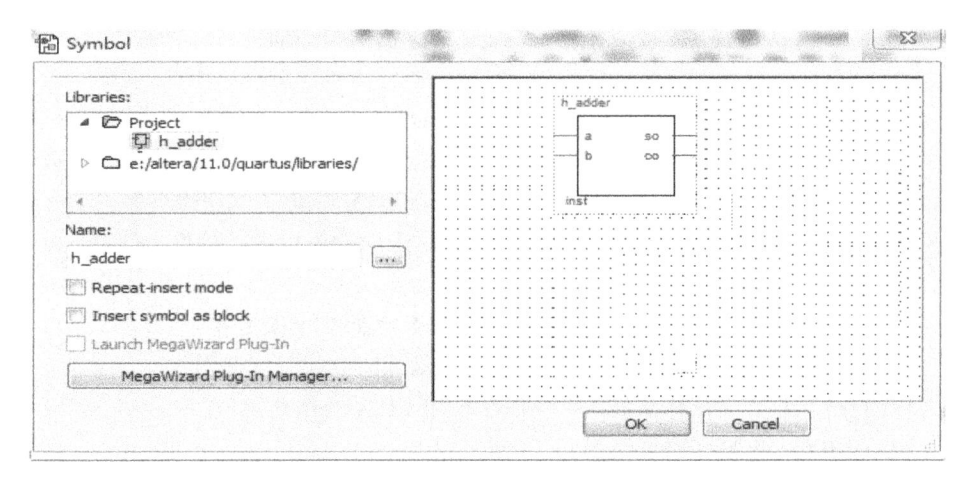

图 2.18 库文件中的半加器元件

(4) 在设计界面上调用半加器元件符号，按照全加器的设计原理图连线，如图 2.19 所示，进行保存、编译、下载、验证等过程，完成全加器的设计。

本节通过半加器及全加器的设计，介绍了用 Quartus II 软件以原理图、硬件描述语言设计方式进行电路设计的基本流程。

除了这些基本使用，Quartus II 软件还提供了了一些高端的设计工具，为复杂数字系统设计提供了便利，下面我们将介绍常用的两个设计工具：宏功能模块和嵌入式逻辑分析仪 SignalTap II。

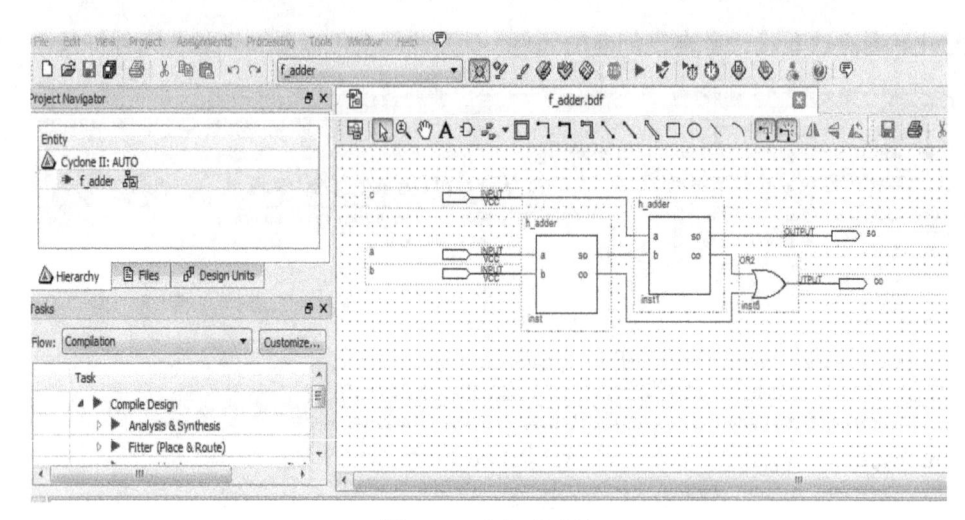

图 2.19　全加器设计

2.3　宏功能模块 (LPM) 的调用

宏功能模块 (LPM) 是 Library of Parameterized Modules (参数可设置模块库) 的缩写，Quartus II 软件针对常用的数字逻辑功能提供了一些模板，它们是基于 Altera 器件结构做了优化设计的程序。调用这些模块，根据需求更改参数，便可直接应用于自己的设计中。在通常的设计中，调用宏功能模块可以减少工作量，加快设计的进程，提高电路设计的可靠性。

Quartus II 软件中提供的宏功能模块 (LPM) 包括如下类别：

(1) 算术组件：包括加法器、累加器、乘法器和 LPM 算术函数。

(2) 存储组件：包括存储器、移位寄存器和 LPM 存储器函数。

(3) 门电路：包括多路复用器和 LPM 门函数。

(4) I/O 组件：包括锁相环 (PLL)、LVDS 接收器和发送器、PLL 功能模块、千兆收发器模块、时钟数据恢复 (CDR) 模块。

(5) 存储器：包括 FIFO Partitioner、RAM 和 ROM 宏功能模块。

本节将通过调用一个 ROM 宏功能模块创建一个 64×8 的单端口存储器，来说明使用 MegaWizard Plug-In Manager 向导工具调用 LPM 的流程。

2.3.1　存储器的初始化

由于设计的是一个只读存储器 ROM，所以首先要完成 ROM 内数据的初始化。ROM 的数据文件有 .mif 和 .hex 两种格式，实际应用中只要使用其中一种格式的文件即可。以下介绍 .mif 文件的建立方法。

2.3 宏功能模块 (LPM) 的调用

(1) 在 Quartus II 的 File 菜单中选择 New，在显示的窗口中选择 Memory Files 中的 Memory Initialization File，点击 OK 将出现 ROM 数据文件大小选择窗口，按照实际需求设置 ROM 的大小，本设计设置的参数是 64×8，如图 2.20 所示，点击 OK。

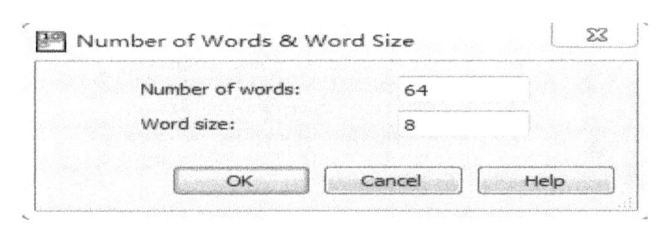

图 2.20 ROM 设置窗口

(2) 界面出现空白的 mif 数据表格，表格中的数据手动填写，数据格式可以是十进制、十六进制等。填入数据的表格如图 2.21 所示，以文件名 datarom.mif 存于 D:\test\rom 文件夹中。

图 2.21 mif 文件

mif 文件也可以通过其他方法设计。假设我们在 ROM 中存储的是具有 64 个采样点的一个周期正弦波的幅值，就可以通过下面的方法产生 mif 数据。

正弦波第 i 个点的幅度值计算如下：

$$q(i) = 127 + 128\cos(2 \times 3.14 \times i/64), \quad i = 0 \sim 63$$

根据上述计算公式用 Matlab 编程描述正弦方程式计算出一个周期的 64 个幅度值，然后生成 datarom.mif 文件。

2.3.2 宏功能模块 LPM_ROM 的创建

(1) 选择菜单 Tools-MegaWizard Plug-In Manager，弹出如图 2.22 所示宏模块选择界面。选择 Creat a new custom megafunction variation(创建新的宏功能实例)

选项，点击 Next 按钮。

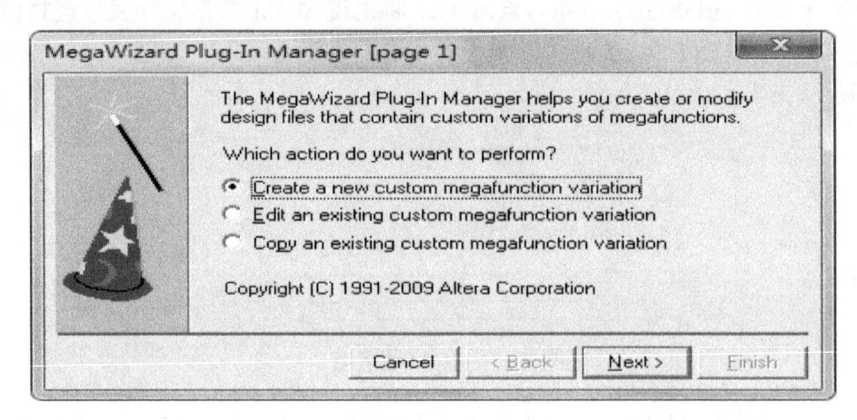

图 2.22　宏功能窗口

(2) 在图 2.23 所示界面中，左侧列出了可供调用的宏功能模块。打开 Memory Complier，选择列表中的 ROM：1-PORT；在右边的对话框中，选择 Cyclone 器件和 Verilog 语言。输入该模块文件存放的路径和文件名 D：\test\rom\rom1，其中 test\rom 都是文件夹名，rom1 是调用宏功能模块生成的存储器程序名，点击 Next。

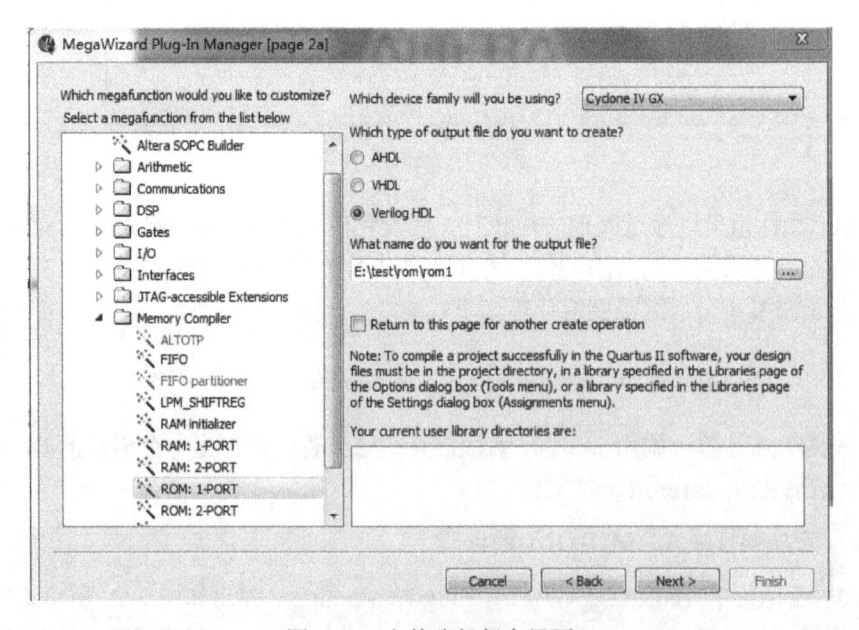

图 2.23　文件路径保存界面

2.3 宏功能模块 (LPM) 的调用

(3) 在图 2.24 所示界面中，用于选择 ROM 的时钟、地址线和数据线的宽度。本项目选择的数据位宽为 8 位，数据个数为 64；选择锁存及输出信号的时钟 clock 为单时钟。点击 Next。

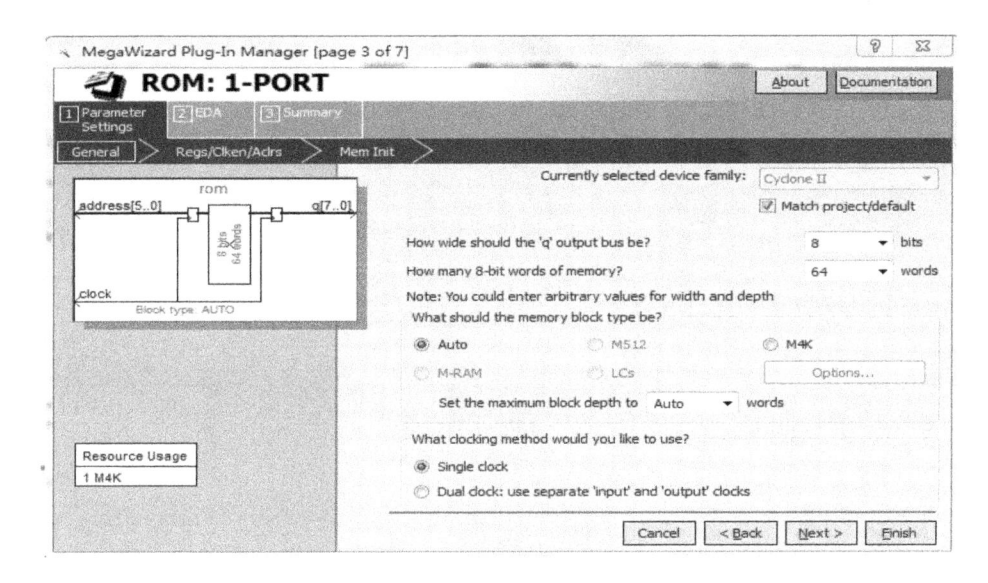

图 2.24　宏功能参数设置

(4) 在图 2.25 所示界面中，在 Do you want to ... 栏中选择 Yes, use this file for the memory content data 选项，即要指定 ROM 的初始化数据，点击 Browse 按钮选择刚才建立的 datarom.mif 文件的路径。最后单击 Next 按钮。

(5) 在图 2.26 所示界面中，MegaWizard Plug-In Manager 显示了宏功能模块能够生成的所有文件类型。

.bsf：用户定制的宏功能图形文件 (宏功能模块的符号)；

.vhd：在 VHDL 设计中实例化的宏功能封装文件；

.cmp：组文件声明；

.tdf：在 AHDL 设计中实例化的宏功能模块文件；

.v：在 Verilog HDL 设计中实例化的宏功能模块文件；

_bb.v：在 Verilog HDL 设计中所用宏功能模块包装文件中模块的空体，用于在使用 EDA 综合工具时指定端口的方向。

用户可根据需要选择生成的文件类型，如图 2.26 所示。点击 Finish 完成 ROM 的定制。

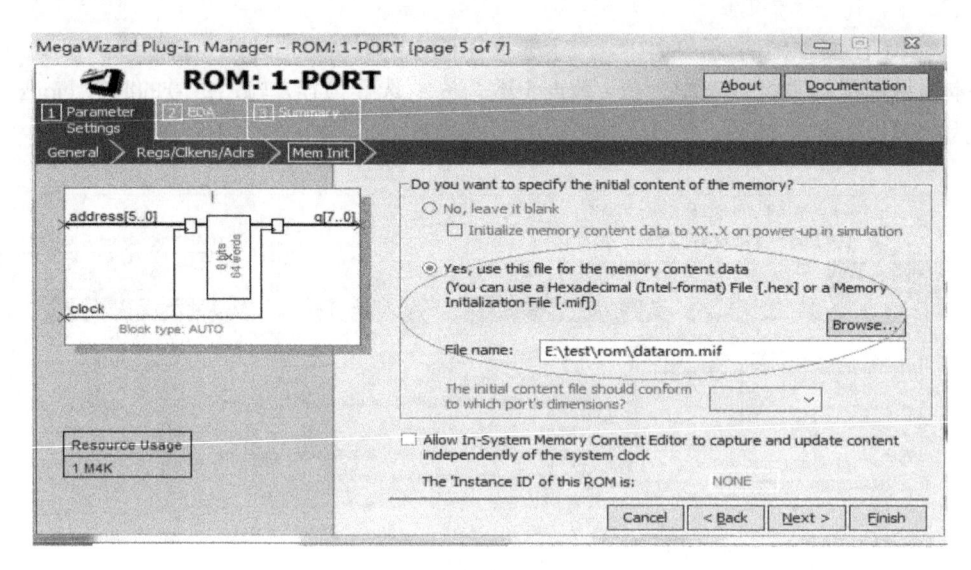

图 2.25　初始化数据载入

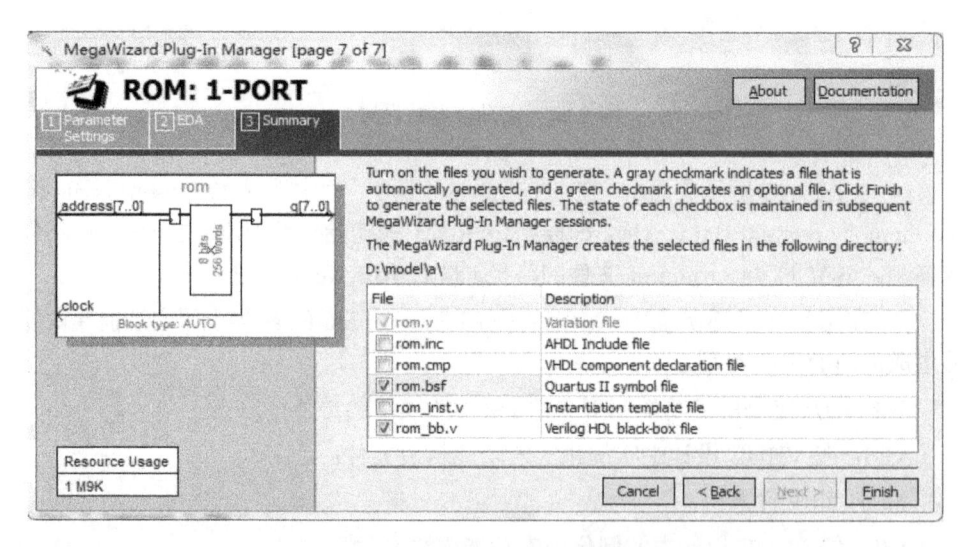

图 2.26　宏功能模块生成文件

2.3.3　查看宏功能模块 ROM 的设计文件

在 Quartus II 的 File 菜单中选择 Open,打开 ROM 文件所在的文件夹,选择其中的 rom1.v 文件,点击打开此文件,则可看到如图 2.27 所示的存储器程序,后续就可调用此文件进行其他设计。

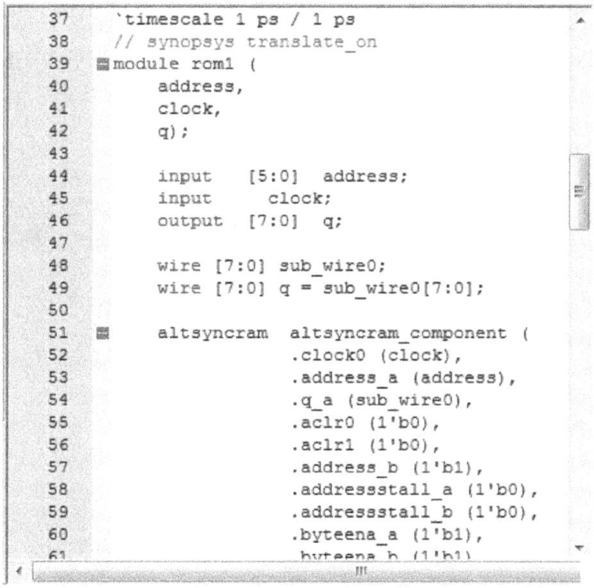

```
37      `timescale 1 ps / 1 ps
38      // synopsys translate_on
39      module rom1 (
40          address,
41          clock,
42          q);
43
44          input   [5:0]  address;
45          input          clock;
46          output  [7:0]  q;
47
48          wire [7:0] sub_wire0;
49          wire [7:0] q = sub_wire0[7:0];
50
51          altsyncram   altsyncram_component (
52                      .clock0 (clock),
53                      .address_a (address),
54                      .q_a (sub_wire0),
55                      .aclr0 (1'b0),
56                      .aclr1 (1'b0),
57                      .address_b (1'b1),
58                      .addressstall_a (1'b0),
59                      .addressstall_b (1'b0),
60                      .byteena_a (1'b1),
61                      .byteena_b (1'b1)
```

图 2.27　ROM 宏功能模块的 rom1.v 文件

2.4　SignalTap II 嵌入式逻辑分析仪使用

随着可编程逻辑器件集成度的增加,对电路中信号的测试难度也在增加。为了解决这个问题,Quartus II 软件中集成了 SignalTap II 嵌入式逻辑分析仪,用于捕获和显示可编程芯片中信号。与硬件逻辑分析仪相比,使用 SignalTap II 只需要将 JTAG 接口的下载电缆连接到要调试的 FPGA 器件上,SignalTap II 就会将测得的样本暂存于器件的 RAM 中,通过 FPGA 的 JTAG 端口将信号引出并显示,大大减少了复杂设计中验证的时间。

目前 SignalTap II 嵌入式逻辑分析仪支持的 FPGA 器件系列包括:Altera Stratix II、Stratix、StratixGX、Cyclone、APEX II、APEX 20KE、APEX 20KC、APEX 20K、Excalibur 及 Mercury 等系列。本节中以模 32 计数器为例,介绍 SignalTap II 观测模 32 计数器输出信号的使用流程。

2.4.1　SignalTap II 嵌入式逻辑分析仪的设置

1. 打开 SignalTap II

首先设计一个工程名为 counter6 的模 32 计数器,设计过程不再赘述。该设计包括时钟信号 clk、清零信号 clr 及计数信号 q。

该工程编译验证完成后，在菜单 File-New-Other Files 中，选中 SignalTap II File，点击 OK，即出现如图 2.28 所示的 STP 编辑窗口。在左上 Instance 窗口中有一个默认名称为 auto_signaltap II_0 的 Instance 实例名，右击 auto_signaltap II_0 就可以对这个 Instance 重新命名，也可以保持默认。

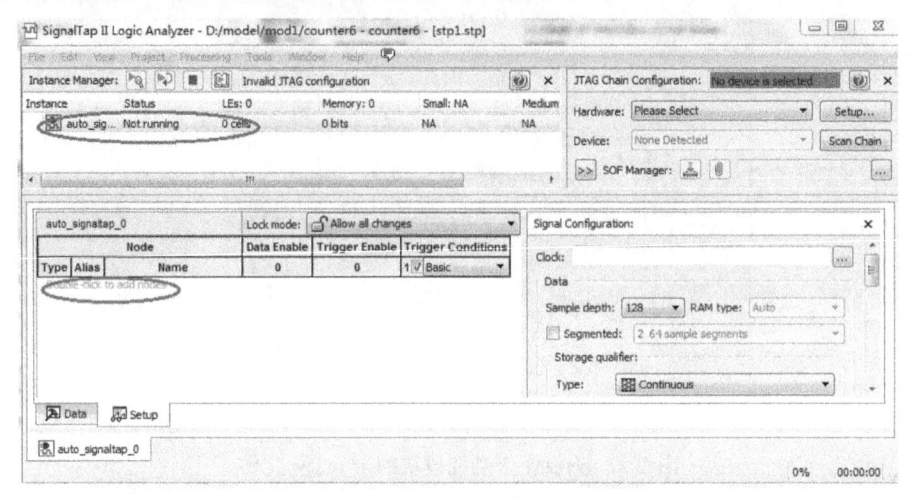

图 2.28 SignalTap II 窗口

2. 添加观测节点

在图 2.28 中双击左下窗口中的 Double-click to add nodes 处，出现如图 2.29 所示添加观测节点界面。在 Filter 一栏中选中 SignalTap II：pre_synthesis，点击 List 按钮，Nodes Found 窗口中将列出查找到的信号，选取所要观测的信号添加到右侧窗口，本例选取 q 信号，点击 OK 按钮。

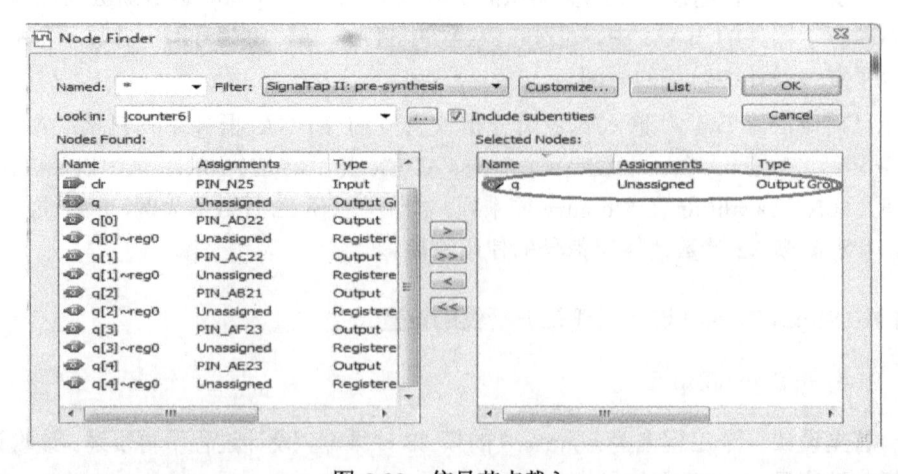

图 2.29 信号节点载入

2.4 SignalTap II 嵌入式逻辑分析仪使用

3. 设置参数

在如图 2.30 所示界面中，在 Clock 一栏中设置采用时钟，点击 Clock 旁的 Browse 按钮，出现 Node Finder，选择合适的信号作为采样时钟，设计者可以使用设计中的任意周期信号作为采样时钟，被观测的信号将在采样时钟的边沿处被采集。本例使用计数模块中的时钟信号 clk 作为 SignalTap II 的采样时钟。

在 Data 一栏中的 Sample depth 下拉菜单中选择信号采样深度，通过对采样深度的设置，用户可以指定要观测数据的采样点数。采样点数的选取应该适中，过多会占用器件的资源，太少无法观测到正确的结果。

在 Trigger position 对话框中设置触发位置，其中：

(1) Pre trigger position: 保存触发信号发生之前的信号状态信息，其中88%的触发前数据，12%的触发后数据；

(2) Center trigger position: 保存触发信号发生前后的数据信息，各占50%；

(3) Continuous trigger position: 连续保存触发采样数据，直到数据采集停止为止。

在 Trigger in 对话框中设置采样开始的激发信号，对该选项打勾，选择设计文件中的某一信号作为激发信号。本设计选择计数器中的复位信号 clr 作为激发信号。

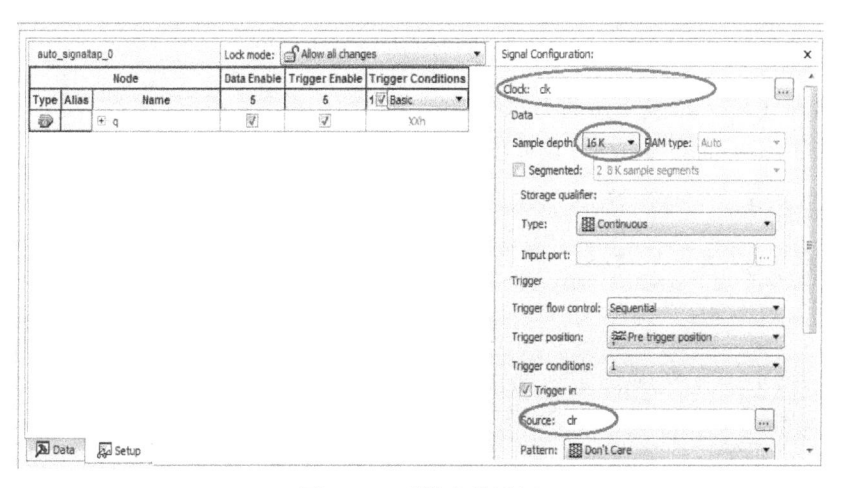

图 2.30 采样参数设置

2.4.2 编译下载

(1) 完成上述的设置后，在 Quartus II 的 Processing 菜单中选择 Start Complilation，重新编译整个项目。

(2) 连接实验板并打开电源开关，回到 SignalTap II 界面如图 2.31 所示，在右侧栏中点击 Hardware 右边的 Setup ...，选择 USB-Blaster[USB-0] 即可完成硬件配置。在 SOF Manager 一栏中，双击右侧的 图标，在设计文件夹中选中 counter6.sof 文件，点击 SOF Manager 右边的下载图标 ，即可完成设计的下载。

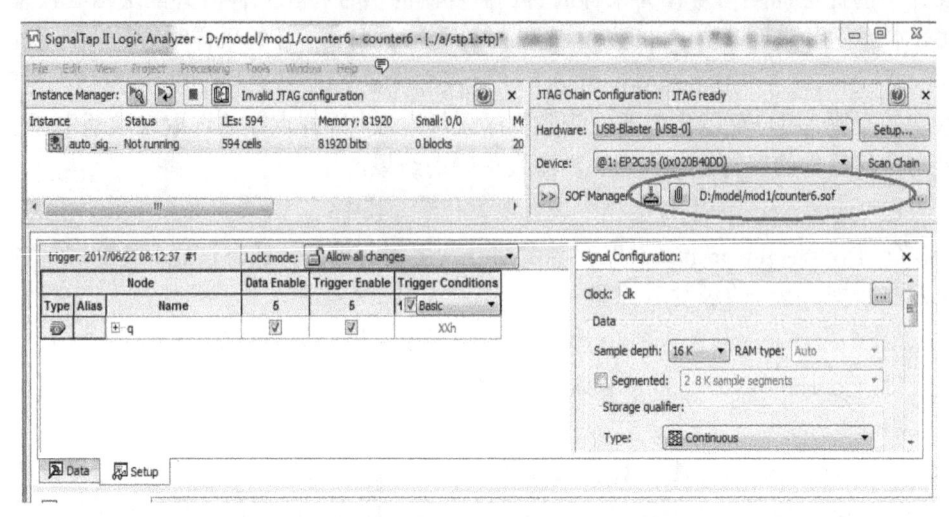

图 2.31　设计文件下载

2.4.3　信号波形的捕捉

(1) 单击图 2.32 左下角的 Data 按钮，窗口即切换到数据窗口。点击 Processing 目录中的 Run analysis，运行设计项目，SignalTap II 采样数据将显示出来。

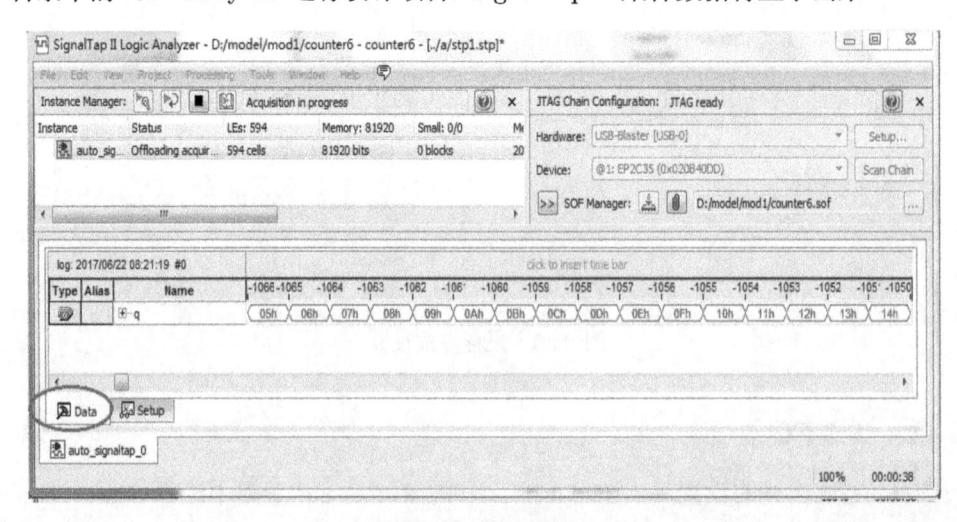

图 2.32　运行软件

2.4 SignalTap II 嵌入式逻辑分析仪使用

(2) 设置信号的显示方式。选择需要修改显示方式的信号，点击右键，在弹出的菜单中选择 Bus Display Format—Unsigned Line Chart 形式，采样数据将以图 2.33 中所示的波形形式显示出来。

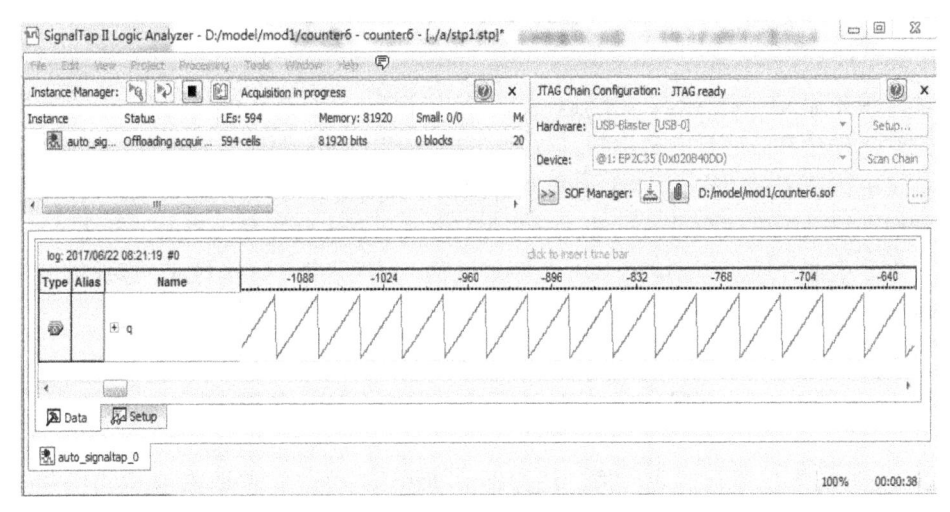

图 2.33 模拟形式的输出信号

第3章 Verilog HDL 简介

原理图输入方式虽然入门迅速，但是对于高复杂度、高集成化的系统，这种设计方法工作效率低而且容易出错。20 世纪 80 年代出现的硬件描述语言，以语言形式描述电路的逻辑功能，从多种抽象设计层次上进行数字系统的建模。这种设计方法摆脱了繁琐的原理图设计过程，成为大规模电子系统设计最主要的工具之一。

本章主要介绍了 Verilog HDL 程序的结构、语法规则、数据对象、运算符等基本知识，以及描述电路逻辑功能的并行及顺序语句。

3.1 Verilog HDL 硬件描述语言概述

Verilog HDL 是目前应用最广泛的硬件描述语言之一，它是在 C 语言的基础上发展而来的，因具有简洁、高效、易用的特点被广泛使用。Verilog HDL 在 1983 年被 GDA(Gateway Design Automation) 公司首创，1989 年 Cadence 公司收购了 GDA 公司，1990 年，Cadence 公司成立了 OVI(Open Verilog International) 组织来负责 Verilog HDL 语言的发展。

Verilog HDL 语言主要有以下特点：

(1) 高级编程语言结构，例如条件语句、循环语句，在编程中都可以使用。

(2) 适合于算法级、寄存传输级、逻辑级、门级和版图级等各个层次的电路设计和描述。

(3) 具有标准化的特点，可以很容易把完成的设计移植到不同厂家的不同芯片上，与工艺无关。这使得设计者在电路设计时，可以不必过多的考虑工艺实现的具体细节，只需要根据系统设计的要求施加不同的约束条件即可设计出实际电路。

3.2 Verilog HDL 程序的构成

本节通过硬件描述语言 Verilog HDL 对二–十进制编码器的设计，介绍 Verilog HDL 程序的基本结构及特点。

3.2.1 二–十进制编码器及 Verilog HDL 描述

二–十进制编码器是数字电路中常用的电路单元，它的输入是代表 0~9 这 10 个输入端的状态信息，高电平有效，输出是相应的 BCD 码，因此该电路也称为 10

3.2 Verilog HDL 程序的构成

线 -4 线编码器。其功能表及电路符号如图 3.1 所示。

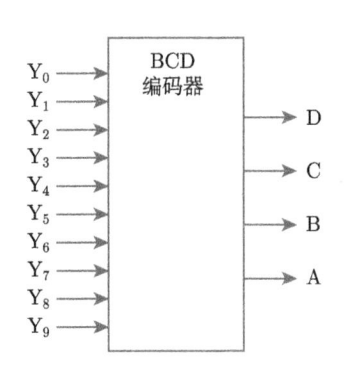

图 3.1 二-十进制编码器

【例 3-1】 利用 Verilog HDL 对二-十进制编码器进行设计

```
module     bcd8421(Y0,Y1,Y2,Y3,Y4,Y5,Y6,Y7,Y8,Y9,D,C,B,A);
input      Y0,Y1,Y2,Y3,Y4,Y5,Y6,Y7,Y8,Y9;
output     D,C,B,A;
reg        D,C,B,A;
always@(Y0 or Y1 or Y2 or Y3 or Y4 or Y5 or Y6 or Y7 or Y8 or Y9)
begin
    case({Y0,Y1,Y2,Y3,Y4,Y5,Y6,Y7,Y8,Y9})
    10'b1000000000 : {D,C,B,A} = 4'b0000;
    10'b0100000000 : {D,C,B,A} = 4'b0001;
    10'b0010000000 : {D,C,B,A} = 4'b0010;
    10'b0001000000 : {D,C,B,A} = 4'b0011;
    10'b0000100000 : {D,C,B,A} = 4'b0100;
    10'b0000010000 : {D,C,B,A} = 4'b0101;
    10'b0000001000 : {D,C,B,A} = 4'b0110;
    10'b0000000100 : {D,C,B,A} = 4'b0111;
    10'b0000000010 : {D,C,B,A} = 4'b1000;
    10'b0000000001 : {D,C,B,A} = 4'b1001;
           default : {D,C,B,A} = 4'b0000;
    endcase
  end
endmodule
```

3.2.2 Verilog HDL 程序的基本构成

从上面的实例可以看出，一个完整的 Verilog HDL 程序由三个基本部分构成：一是模块端口定义部分；二是信号类型说明部分；三是逻辑功能描述部分，其结构如图 3.2 所示。

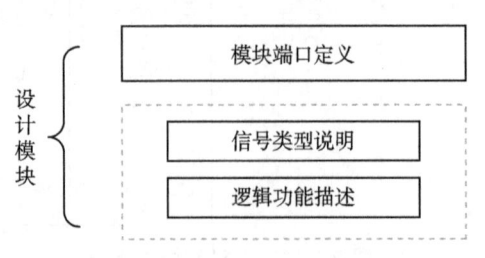

图 3.2 Verilog HDL 程序基本结构

1. 模块端口定义部分

对于硬件描述语言来说，一个程序代表了一个具有某种逻辑功能的电路，端口定义部分就描述了该电路的接口信息，即输入输出信号的信息。

端口定义部分的语法结构如下：

module 模块名 (端口信号 1，端口信号 2，端口信号 3，端口信号 4，……)；
input [width:0] 端口信号 1，端口信号 3，……；
output [width:0] 端口信号 2，端口信号 4，……；

程序以关键词 module 引导，模块名是设计者对于设计的电路所取的名字。在端口定义的第一行列出了所有进出该电路模块的端口信号，在第二、三行中定义了各端口信号流动方向。流动方向包括输入 (input)、输出 (output) 和双向 (inout)。[width:0] 表示信号的位宽，如果位宽没有特别说明，则系统默认为 1 位宽度。

【例 3-2】 端口定义举例

```
module    jiance_top(din,clk,q);
input[7:0]      din;
input           clk;
output[6:0]     q;
……
```

2. 信号类型说明部分

在 Verilog HDL 语法中，信号主要有两种数据类型：网线类型 (net 型) 和寄存器类型 (register 型)。在信号类型说明部分除了要对输入输出端口的信号类型进行

3.2 Verilog HDL 程序的构成

说明之外,还要对程序中定义的中间变量的数据类型进行说明。

信号类型说明部分的语法结构如下:

wire [width:0] 信号 1,信号 2,……;

reg [width:0] 信号 3,信号 4,……;

【例 3-3】 信号类型说明举例

```
module      counter(din,clk,q);
input       clk;
output[3:0] q;
reg[3:0]    q;
wire        clk;
……
```

3. 逻辑功能描述部分

逻辑功能描述部分对输入输出信号之间的逻辑关系进行了描述,是 Verilog HDL 程序设计中最主要的部分,在电路上相当于器件的内部电路结构。在 Verilog HDL 语言中,常用的逻辑功能描述语句可以分为三种。

(1) 例化语句:调用已经进行元件化封装的程序。这种语句常应用于层次化设计中的顶层文件设计。

【例 3-4】 例化语句举例

```
not  U1(selnot, sel);
and  U2(a1, a, selnot);
```

该语句分别调用了一个非门和与门电路模块。

(2) 连续赋值语句:描述信号之间简单的赋值关系。在连续赋值语句中,右边表达式中的信号无论何时发生变化,右边表达式都重新计算。这类描述通常以关键词 assign 引导。

【例 3-5】 连续赋值语句举例

```
assign  out=(sel & b) | (~sel & a);
assign  out= sel ? b : a;
```

(3) 过程语句:以关键词 always、initial 等引导的语句,描述了信号之间在一定条件下的赋值关系。这种变量数据被赋值后,值保持不变,直到下一次条件具备时对它们重新赋值。

【例 3-6】 过程语句举例

```
always@(sel or a or b)
begin
    if (sel)
```

```
        out = b;
    else
        out = a;
end
```

过程语句与连续赋值语句一样,都描述了输出信号与输入信号的赋值关系,但是过程语句赋值往往是一种比较复杂的条件赋值,例如上例就用了 if ⋯ else 语句描述了输出信号与输入信号的条件关系。

3.3 Verilog HDL 语法规则

本节介绍了 Verilog HDL 语法规则,包括文字规则、数据对象及运算符的使用等。

3.3.1 Verilog HDL 文字规则

1. 关键词与标识符

关键词是 Verilog HDL 中预先定义的单词,例如 module、end 等,它们在程序中有特别的使用含义,因此已经被用作关键字的单词不可以在程序中另作他用。不同版本的 Verilog HDL 语言中定义的关键词数目略有变化,Verilog-1995 的关键字有 97 个,Verilog-2001 共 102 个。

标识符是用户编程时给对象定义的名称,对象包括:常量、变量、模块、寄存器、端口、连线、示例等元素。定义标识符时应遵循如下规则:

(1) 由 26 个大小写英文字母、数字和下划线组成;
(2) 第一个字符必须是英文字母或下划线;
(3) 字符中的英文字母区分大小写。

【例 3-7】 判断下面标识符是否合法

```
2reg        //非法,数字开头
exs$        //非法,出现非法字符
end         //非法,使用了关键词
D100        //合法
_A_B_C      //合法
always      //非法,使用了关键词
D100%       //非法,出现了非法字符
```

2. 注释

像 C 语言一样,硬件描述语言中的注释也不能被编译。在 Verilog HDL 中有

3.3 Verilog HDL 语法规则

两种形式的注释方式。

第一种形式：采用/ ∗∗ /，一般多用于多行的注释。

第二种形式：采用//，用于单行注释。

【例 3-8】 注释举例

```
jiance  k1(.a(din),.y(out1));            / * 本句调用了一个检测模块,
                    检测模块的功能是计算所入的8位二进制中1的个数   * /
assign  out=(sel & b)|(~sel & a);//实现了二选一的数据选择器的功能
```
在实际使用中,不支持中文注释。

3. 常数的表示

在 Verilog HDL 中,常数用来表示在程序中不随意变化的量,常数分为整数、实数及字符串三大类型。

(1) 整数型常数,是数字电路中最常用的类型。

在 Verilog HDL 中有两种表示方法：

- 简单的十进制格式：例如 −50、6 等。
- 基数格式：< 位宽 >'< 进制符号 > < 数值 >

基数格式中的 < 位宽 > 是十进制表示的常数化成二进制时对应的宽度,< 进制符号 > 用进制符号 b 或 B(二进制)、o 或 O(八进制)、d 或 D(十进制)、h 或 H(十六进制) 表示常数的进制格式,常用二进制、八进制、十进制、十六进制这四种进制数表示。如果没有定义位宽,数字的位宽可以默认,由具体机器系统决定 (至少是 32 位)。

【例 3-9】 常数表示方法举例

```
8'b10111000      //8位二进制数
5'O7             //八进制数,5是该数化为二进制后的宽度
4'D10            //十进制数
4'B1_01 4        //二进制数,下划线只是为了增加数值的可读性,没有具体含义
7'H7             //十六进制数
(2+3)'b10        //非法,位长不能够为表达式
```

(2) 实数型常数,通常用来表示带小数点的常数。实数也有两种表示方法：一种是十进制计数法；另一种是科学计数法。注意小数点两侧必须有数字,否则是错误的表示。

【例 3-10】 实数表示方法举例

```
1000.27          //十进制计数法
3375.1e2         //等于337510
```

(3) 字符串型常数，字符串是双引号内的字符序列，它必须写在同一行中。例如："Hi Kitty"。在表达式和赋值语句中，字符串在内部被转换成无符号整数，每一个字符由一个 8 位 ASCII 码代表。例如：字符串"ab"等价于 16'h5758。存储字符串 "Hi Kitty"，需要定义 8×8 位的变量。

3.3.2 数据对象

在 Verilog HDL 中，凡是可以被赋值的对象就称为数据对象，它类似于一种容器，可以接受不同类型的赋值，在 Verilog HDL 中，数据对象有两种：常量和变量。

1. 常量

常量就是在设计过程中不会发生变化的数据对象，Verilog HDL 允许用标识符来代表一个常量，称为符号常量。符号常量的定义和设置通常是为了设计中的常数更容易阅读和修改。

符号常量定义的格式为：

parameter 参数名 1= 常量表达式 1，参数名 2= 常量表达式 2，······；

【例 3-11】 符号常量定义举例

parameter attery=3, xt=8, PI=3.14;

2. 变量

变量是在设计过程中数值可以改变的数据对象。在 Verilog HDL 中，变量有两大数据类型：一类是线网类型 (Nets Type)，另一类是寄存器类型 (Register Type)。

1) 线网类型 (Nets Type)

Nets 线网类型可以看作是硬件电路中元件之间实际连线。它不能存储值，必须受到连续赋值语句的驱动，输出值始终根据输入变化而更新，如果没有驱动，那么它将会是高阻态。Verilog HDL 提供的 Nets 型变量常见类型如表 3.1 所示。

表 3.1 线网类型变量及其说明

线网类型	功能
wire, tri	对应于标准的互连线 (缺省)，两者功能完全相同
supply1, supply2	对应于电源线 (逻辑 1) 或接地线 (逻辑 0)
wor, trior	对应于有多个驱动源的线或逻辑连接，两者功能完全相同
wand, triand	对应于有多个驱动源的线与逻辑连接，两者功能完全相同
tri1, tri0	对应于需要上拉或下拉的连接

在以上的若干线网类型中，常用的是 wire 类型。
其定义的格式如下：
wire [n-1:0] 变量名 1，变量名 2，······，变量名 n；

3.3 Verilog HDL 语法规则

[n-1:0] 表示信号的位宽为 n 位,若没有特别的说明,被定义的信号往往被默认为一位宽度的 wire 类型变量。

【例 3-12】 线网类型变量定义举例

```
wire    x,y;           //定义了一位宽度的两个线网类型的变量
wire[7:0]  databus     //定义了八位宽度的一个线网类型的变量
```

2) 寄存器类型 (Register Type)

寄存器类型表示一个抽象的数据存储单元,不与具体硬件对应。它具有状态保持作用。寄存器变量的初时值为不确定态。寄存器类型变量共有四种数据类型,如表 3.2 所示。

表 3.2　寄存器类型变量及其说明

寄存器类型	功能
reg	无符号整数变量,可以选择不同的位宽
integer	有符号整数变量,32 位宽,算术运算可产生 2 的补码
real	有符号的浮点数,双精度
time	无符号整数变量

在以上的若干寄存器类型中,reg 型变量是数字系统中存储设备的抽象,常用于具体的硬件描述,因此是最常用的寄存器型变量。

其定义的格式如下:

reg [n-1:0] 变量名 1,变量名 2,……,变量名 n;

[n-1:0] 表示信号的位宽为 n 位,若没有特别的说明,被定义的信号往往被默认为一位宽度的 reg 类型的变量。

【例 3-13】 寄存器变量类型举例

```
reg       x,y;      //定义一位宽度的两个reg型变量x,y
reg[7:0]  bus;      //定义八位宽的一个reg型变量,最高位是bus[7],
                      最低位是bus[0]
```

若把一个变量定义成 integer、real 和 time 等寄存器类型,其方法同定义 reg 类型一样。integer 型变量通常用于对整型常数进行存储和运算。必须注意,integer、real 和 time 等寄存器类型宽度是固定的,因此在定义时不能加入位宽。

【例 3-14】 寄存器变量类型举例

```
integer   x,y;      //定义两个整型变量x,y,位宽为32
real      x,y;      //定义两个实型变量x,y,位宽为64
time      x,y;      //定义两个时间型变量x,y,位宽为64
```

3.3.3 运算符

Verilog HDL 中定义了九类运算符，分别是算术运算符、关系运算符、等式运算符、逻辑运算符、位运算符、缩位运算符、移位运算符、条件运算符和拼接运算符。Verilog HDL 中的常用运算符如表 3.3 所示。

表 3.3　Verilog HDL 中常用运算符

运算符类别	运算符号	举例
算术运算符	＋　－　＊　／　％	x=4'b1001, y=4'b0010 则　x + y = 4'b1011, x%y = 4'b0001
移位运算符	<<　>>	x=4'b1001, m = x >> 1 则　m=4'0100
关系运算符	<　<=　>　>=	x=4'b1001, y=4'b0010 则　x > y
等式运算符	==　!=	x=4'b1001, y=4'b1001 则　x != y
位运算符	~　&　|　^　~^	x=4'b1001 , y=4'b0010 则　x & y = 4'b0000 , ~x = 4'b0110
逻辑运算符	!　&&　||	x=4'b1001 , y=4'b0010 则　! x = 1'b0, x && y = 1'b1
条件运算符	?　:	out= sel ? b : a;
拼接运算符	{ }	datb = {data[3:0], data [7:0] }

3.4　Verilog HDL 中的语句

Verilog HDL 程序中对电路逻辑功能的描述是通过语句完成的，在 Verilog HDL 程序中逻辑功能描述语句主要分为并行语句和顺序语句。

3.4.1　并行语句

由于在数字电路中，电路单元都是并行工作的，因此描述这些电路单元工作状态必须是并行关系的语句。在 Verilog HDL 中主要的并行语句有：连续赋值语句、例化语句、过程语句等。下面分别对每种语句进行介绍。

1. 连续赋值语句

1) 连续赋值语句的格式

assign 变量 = 表达式;

【例 3-15】　连续赋值语句举例

……

wire[7:0]　　a, b, c, d ;

3.4 Verilog HDL 中的语句

```
assign   a= b - c ;
assign   d= b + c ;
```

2) 使用注意事项

(1) 连续赋值语句以关键词 assign 引导，赋值号是 "="。

(2) 在连续赋值语句中，被赋值变量的数据类型必须是 "wire" 类型。

(3) 连续赋值语句是并行的，与其书写的先后顺序无关。只要语句右端表达式中操作数的值变化 (即有事件发生)，连续赋值语句即被执行。

(4) 连续性赋值语句逻辑结构上就是用等式右边驱动等式左边，因此连续性赋值语句总是综合成组合逻辑电路。

3) 连续赋值语句应用举例

【例 3-16】 试用连续赋值语句描述一位全加器电路

一位全加器的电路符号及真值表如图 3.3 所示。

A	B	C	CO	SO
0	0	0	0	0
0	0	1	0	1
0	1	0	0	1
0	1	1	1	0
1	0	0	0	1
1	0	1	1	0
1	1	0	1	0
1	1	1	1	1

图 3.3 一位全加器的电路符号及真值表

根据真值表可得逻辑表达式如下：

$$SO = \overline{A}\,\overline{B}C + \overline{A}B\overline{C} + A\overline{B}\,\overline{C} + ABC$$

$$CO = \overline{A}BC + A\overline{B}C + AB\overline{C} + ABC$$

根据上面的逻辑表达式，其设计程序为：

```
module adder_1(A,B,C,SO,CO);
input    A,B,C;
output   SO,CO;
assign   SO = (~A&~B&C)|(~A&B&~C)|(A&~B&~C)|(A&B&C);
assign   CO = (~A&B&C)|(A&~B&C)|(A&B&~C)|(A&B&C);
endmodule
```

2. 例化语句

在原理图的设计方法中，我们通过调用库中的元件，很方便地完成了电路的设计。在 Verilog HDL 程序中，借鉴同样的思路，我们可以将程序模块化，对其进行封装打包，在其他程序或者顶层文件中进行调用，同样可实现层次化的设计，使得程序结构清晰、明了。

对模块化的程序进行调用的语句就叫例化语句，例化语句格式如下：

模块名　调用名 (端口名表项)；

【例 3-17】　例化语句举例

not　U1(selnot,sel);

not 为模块名，U1 为调用名，括号内为端口名表项，表示端口信号之间的连接关系

在 Verilog HDL 语言中，被调用的模块有两种来源：第一种是 Verilog HDL 提供的基本门电路模型；第二种是自定义模块。

1) 基本门电路模型

Verilog HDL 中提供了下列基本门电路模型，在例化语句中可以直接调用。

(1) 多输入门

and, nand, or, nor, xor, xnor

这些逻辑门只有单个输出，1 个或多个输入。

(2) 多输出门

buf, not

这些门都只有单个输入，一个或多个输出。

(3) 三态门

bufif0, bufif1, notif0, notif1

这些门有一个输出、一个数据输入和一个控制输入。

(4) 上拉、下拉电阻

pullup, pulldown

这类门设备没有输入只有输出，上拉电阻将输出置为 1，下拉电阻将输出置为 0。

(5) MOS 开关

cmos, nmos, pmos, rcmos, rnmos, rpmos

这类门用来为单向开关建模，即数据从输入流向输出，并且可以通过设置合适的控制输入关闭数据流。

(6) 双向开关

tran, tranif0, tranif1, rtran, rtranif0, rtranif1

这些开关是双向的，即数据可以双向流动，并且当数据在开关中传播时没有延时。后 4 个开关能够通过设置合适的控制信号来关闭。tran 和 rtran 开关不能被关闭。

3.4 Verilog HDL 中的语句

【例 3-18】 试用基本门电路模型描述如图 3.4 所示的电路。

```
module mulgate (An,Bn,Cn,Dn,Cn+1);
input    An,Bn,Cn;
output   Dn,Cn+1;
wire     E,F;
xor      u0(E,Bn,Cn),
xor      u1(Dn,An,E);
not      u2(F,An),
nand     u3(Cn+1,E,F);
endmodule
```

图 3.4 组合电路

图 3.4 中由两个或门、一个与非门及一个非门组成，由于这三个门电路都是 Verilog HDL 语言中提供的基本门电路模型，所以程序中可以用例化语句直接调用。

2) 自定义模块

除了调用基本门电路模型，例化语句还支持调用不同方式表述的自定义模块元件来完成电路硬件结构的设计，下面通过一个具体实例说明自定义模块的例化过程。

【例 3-19】 采用例化语句的方式描述图 3.5 所示的电路。

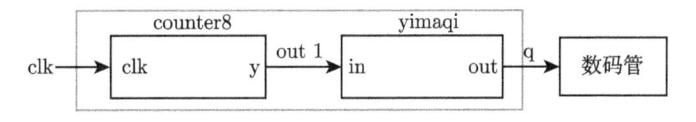

图 3.5 模 8 计数及译码电路结构图

从图 3.5 可知，电路由模 8 计数电路 counter8 和七段译码电路 yimaqi 构成，为了在顶层文件中采用例化语句，首先必须建立模 8 计数器和七段译码器的程序，之后将其看作封装的模块，在顶层文件中调用。

(1) counter8 模块的程序

```
module counter8 (clk,y);
```

```verilog
input       clk;
output[2:0] y;
reg[2:0]    y;
always@(posedge clk)
y=y+1;
endmodule
```

(2) yimaqi 模块的程序 (数码管共阳极)

```verilog
module yimaqi (in,out);
input[3:0]   in;
output[6:0]  out;
wire[3:0]    in;
reg[6:0]     out;
always@(in)
begin
    case(in)
    4'd0:out=7'b1000000;
    4'd1:out=7'b1111001;
    4'd2:out=7'b0100100;
    4'd3:out=7'b0110000;
    4'd4:out=7'b0011001;
    4'd5:out=7'b0010010;
    4'd6:out=7'b0000010;
    4'd7:out=7'b1111000;
    4'd8:out=7'b0000000;
    4'd9:out=7'b0010000;
    default :out=7'b1111111;
    endcase
end
endmodule
```

(3) 顶层文件结构描述

```verilog
module counter8_top(clk,q);
input       clk;
output[6:0] q;
wire[6:0]   q;
wire[2:0]   out1;
```

```
counter8      u1(.clk(clk),.y(out1) ) ;        //例化语句1
yimaqi        u2(out1, q ) ;                    //例化语句2
endmodule
```

在顶层文件中调用了计数模块 counter8 和七段译码器模块 yimaqi，可以看到调用语句中用了不同的端口名表项表示方法。

元件例化语句中端口名表项表示方式有两种。方式一：位置对应调用方式。在这种方式下，被调用模块的端口名都可以省去，只要列出当前系统中连接端口名即可，但是必须注意端口信号的排列顺序要与被调用的模块端口的信号一一对应。例化语句 2 就采用了这种连接方式。方式二：端口名对应调用方式。在这种方式下，被调用的模块端口名及当前系统中的连接端口名都必须存在，但是端口名的顺序可以是任意的。例化语句 1 就采用了这种连接方式。

3. 过程语句

在 Verilog HDL 中的过程语句主要由 initial 和 always 两种语句组成，一个程序中可以包含任意多个 initial 或 always 语句。这些语句相互并行执行，即这些语句的执行顺序与其在模块中的顺序无关。在过程语句中，被赋值变量的数据类型必须是 "reg" 类型。本章主要介绍 always 语句。

1) always 语句格式

always@(敏感信号表)
begin
    顺序块语句或并行块语句；
end

2) 应用举例

【例 3-20】 always 语句应用举例

……

```
always@(posedge sysclk)
begin
    if(hcount==799)
        hcount<=0;
    else
        hcount<=hcount+1;
end
always@(posedge sysclk)
begin
    if(hcount<=0)
```

```
begin
    if(vcount<=524 )
    vcount<=0;
    else
    vcount<=vcount+1;
end
```
……

3) 敏感信号表的构成

在 always 语句中特别要注意敏感信号表的构成及写法，always 语句是一个无限循环语句，它可以多次被执行。它描述的电路只有两种工作状态：等待或执行。当它执行完一次后就自动返回 always 的第一个语句处于等待状态，敏感信号表相当于模块工作的启动信号。当敏感信号发生更新时，模块就重复执行一次，如此循环往复。

Verilog HDL 中逻辑电路的敏感信号有两种类型：电平敏感信号和边缘触发信号。

(1) 在组合逻辑电路中，输入信号的变化导致输出信号的变化，输入信号被称为敏感电平。因此，在组合逻辑电路中，敏感信号就是组合逻辑电路的所有输入信号。当敏感信号由多个信号构成时，多个信号之间用 "or" 连接或者用逗号连接。

将所有的输入信号都列入敏感信号表是个非常好的习惯，对于没有把输入信号全部写入敏感信号表的不完全敏感信号表，不同的综合工具处理有所不同，有的把这种写法当作非法，有的产生一个警告。

【例 3-21】 组合逻辑电路
```
always@(a or b or c)   //或者always@(a,b,c)
begin
    if(a)   y=c;
    else    y=b;
end
```
变量 a、b、c 中任意一输入变量的电平发生变化，后面的过程赋值语句就会执行一次。

(2) 如果组合逻辑电路的输入信号特别多，为了避免编写的繁琐或者出错，Verilog HDL 中还提供了另外两种符号@ * 和@ (*) 来代表所有的输入变量，简化敏感信号表的表示。

【例 3-22】 若程序中 a,b,c,d,e,f 是程序的输入信号，下面的语句 1 就可以用语句 2 代替。
```
always@(a or b or c or d or e or f)    //语句1
always@(*)      //语句2
```

3.4 Verilog HDL 中的语句

(3) 在时序电路中,触发器的状态变化仅发生在信号的上升沿或下降沿,这就是边缘触发事件。敏感信号表达式中用 posedge 和 negedge 这两个关键字来声明事件是由信号的上升沿或下降沿触发。时序电路又可以分为同步时序电路和带有异步清零的同步时序电路,在同步时序电路中,由于电路的工作只受时钟的控制,因此同步时序电路的敏感信号就只有时钟。在带有异步清零的同步时序电路中,敏感信号有时钟和异步清零信号。

【例 3-23】 同步时序电路
```
always@(posedge clk)
    b=c;
```
本例是一个同步时序电路,时钟信号的上升沿到来时,过程赋值语句就会执行一次。

【例 3-24】 带有异步清零的同步时序电路
```
always@(posedge cp or negedge clr)
   if(~clr)
        y=0;
   else  y=a;
```
本例是一个异步清零的时序电路,清零信号为低电平时,输出信号清零,否则时钟信号上升沿到来,过程赋值语句就会执行一次。

3.4.2 顺序语句

顺序语句是相对于并行语句而言的,顺序语句的特点是在执行的过程中是与程序书写的顺序一致,顺序语句一般出现在过程语句中。在 Verilog HDL 中常用的顺序语句有过程赋值语句、条件赋值语句、循环语句等。

1. 过程赋值语句

过程性赋值是在 initial 语句或 always 语句内的赋值,它只能对寄存器数据类型的变量赋值。在过程语句内部的赋值有两种类型:阻塞型赋值语句和非阻塞型赋值语句。

1) 阻塞型赋值语句

阻塞型赋值语句的一般表达形式:

目标变量:= 表达式;

阻塞型赋值语句的特点是在当前的赋值完成前阻塞或停止其他语句的赋值行为,也就是说,阻塞语句按照它们在程序中的顺序依次执行,前一条语句没有完成赋值后面的语句不可能被执行,即前面的语句阻塞了后面语句。由此可见,阻塞式赋值语句的执行与高级语言中顺序执行语句相似。

【例 3-25】 使用阻塞型赋值语句完成数据传递

```
module DDF2(CLK,a,b,D,Q);
input      CLK,D;
output     a,b,Q;
reg        a,b,Q;
always@(posedge CLK)
begin
    a=D;
    b=a;
    Q=b;
end
endmodule
```

图 3.6 是程序的仿真波形,从图 3.6 可以看到,当采用阻塞型语句进行赋值时,在时钟的上升沿到来后,数据被接力一样传递给下一个信号,直到最后一个信号。

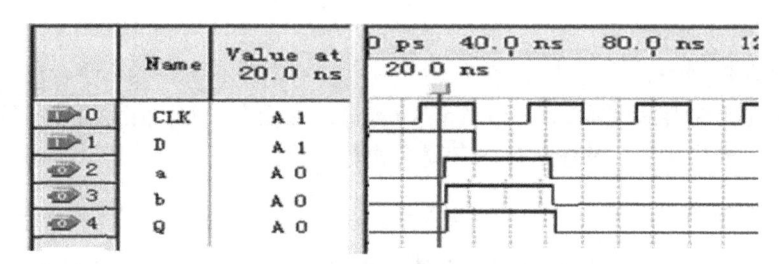

图 3.6　阻塞型赋值语句的仿真波形

2) 非阻塞型赋值语句

非阻塞型赋值语句的一般表达形式:

目标变量 <= 表达式;

非阻塞型赋值语句的特点就是在执行当前语句时,对于其他语句的执行情况不加限制,不加阻塞。但是非阻塞赋值语句有个特殊的延时操作,所有赋值语句在这个延时到来后,才整体完成赋值操作。所以,非阻塞型赋值语句很像是并行运行。

【例 3-26】 使用非阻塞型赋值语句完成赋值

```
module DDF1(CLK,a,b,D,Q);
input      CLK,D;
output     a,b,Q;
reg        a,b,Q;
always@(posedge CLK)
```

3.4 Verilog HDL 中的语句

```
begin
   a<=D;
   b<=a;
   Q<=b;
end
endmodule
```

从图 3.7 可以看到，当采用非阻塞型语句进行同样数据的赋值，在时钟的上升沿到来后，被赋值的信号接收到的数据都是上升沿到来之前输入端的数据。

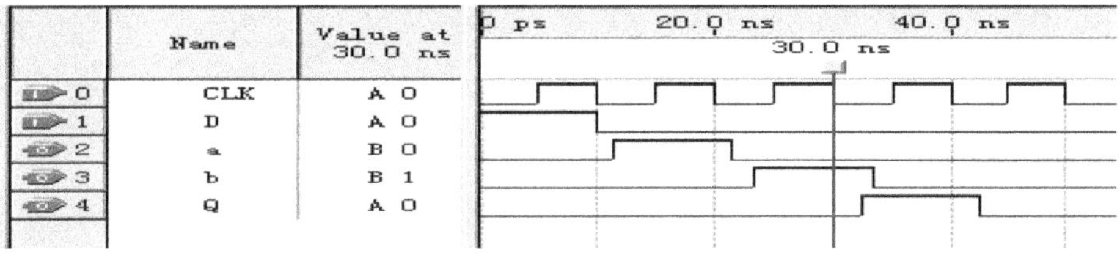

图 3.7 非阻塞型赋值语句的仿真波形

2. 条件赋值语句

1) if 条件赋值语句

if 语句是 Verilog HDL 设计中最重要和最常用的顺序条件语句，它根据设定的条件，决定下一步的赋值情况。if 语句可以归纳出下面三种结构：

①if（表达式）
　begin
　　语句块；
　end

②if（表达式）
　begin
　　语句块1；
　end
　else
　begin
　　语句块2；
　end

③if（表达式1）
　begin
　　语句块1；
　end
　else if（表达式2）
　begin
　　语句块2；
　end
　……
　else
　begin
　　语句n；
　end

第①种结构是一种不完整的条件语句，它的工作过程是：当表达式满足时，将顺序执行语句块中的各条语句，否则直接结束 if 语句。但是这种 if 结构有个隐含的语句,即当表达式不满足时,各变量将保持原来的结果。这种描述的语句,通常在电路综合后会产生锁存器,使原来组合型的逻辑电路变为时序逻辑电路。第②种和第③种结构都是多分支的条件语句,与第①种结构不同的是,对每一种条件,程序都指明了其输出结果。因此这种语句是一种完整的条件语句。其电路的综合结果就是受条件控制的纯组合逻辑电路。

【例 3-27】 用结构①if 语句对 EN=1 时,Q<=D+1 进行描述

```
module dlatch1(EN,D,Q);
input      EN,D;
output     Q;
reg        Q;
always@(EN or D)
if (EN)
      Q<=D+1;
endmodule
```

【例 3-28】 用第② 种结构 if 语句对上例描述

```
module dlatch(EN,A,Q);
input      EN,A;
output     Q;
reg        Q;
always@(EN or A )
   if (EN)
       Q<=D+1;
    else
       Q<=Q;
endmodule
```

2) case 语句

case 语句是一种多分支的条件语句,case 语句也有三种结构,分别是 case、casez、casex 表达的 case 语句。本书只介绍最常用的 case 格式:

```
case (表达式)
         选择值1 :       语句1;
         选择值2 :       语句2;
            ……
         选择值n :       语句n;
          default :      语句n+1;
    endcase
```

3.4 Verilog HDL 中的语句

该语句的执行过程为：把表达式的值与下面的各选择值进行比对，两值相同时就执行该选择值对应的语句。注意：在列出程序的选择值时，除非所有的选择值能完整地覆盖 case 语句中表达式的取值，否则最末一个条件句子中的选择值必须是 default。关键词 default 引导的语句表示本语句完成以上已列出的所有选择值之外的其他取值的操作语句，这样的写法能够避免电路的 bug 出现。

【例 3-29】 用 case 语句对 4 线 -2 线编码器建模

```
module encoder(in, out_coding);
input[3:0]   in;
output[1:0]  out_coding;
reg[1:0]     out_coding ;
wire[3:0]    in;
always@(in)
begin
    case(in)
            4'b1000: out_coding = 2'b11;
            4'b0100: out_coding = 2'b10;
            4'b0010: out_coding = 2'b01;
            4'b0001: out_coding = 2'b00;
            default: out_coding = 2'b00;
    endcase
end
endmodule
```

if 语句与 case 语句在应用上有很大的相似之处。但是对于某些具有优先等级的多条件分支时，if 语句能够更清晰地描述其中的优先等级逻辑，case 语句却难以达到。

在电路的综合上，if 语句由于具有优先等级，判断的条件越多，所形成的电路的路径也会越长，而 case 语句的条件没有优先等级，综合后是一个并行的多路选择器。因此，当判断的条件较多时，应尽量使用 case 语句。

3. 循环语句

常用的循环语句有 for 语句、while 语句、repeat 语句，这里主要介绍 for 语句。

for 语句的语法格式为

for (循环初值；循环控制表达式；循环变量增值表达式)
begin

语句；
end

for 语句执行过程：获取循环的初值，与循环控制表达式的计算结果进行比较，若结果为真，则执行循环体内的语句，然后根据循环变量增值表达式计算出循环变量的值，再次与循环控制表达式的结果进行比较，直到比较的结果为假时结束循环，退出 for 循环语句。

【例 3-30】 用 for 语句检测 7 位二进制中 1 的个数

```
module   jiance1(a,y);
input[7:0]   a;
output[3:0]  y;
wire[3:0]    y;
reg[3:0]     tmp;
reg[3:0]     n;
always@(a)
begin
     tmp=0;
     for(n=0; n<8; n=n+1)
     begin
          if(a[n]==1'b1)    tmp=tmp + 1;
          else              tmp=tmp;
     end
end
assign   y=tmp;
endmodule
```

3.5 Modelsim 仿真工具的使用

Modelsim 是由 Mentor Graphics 公司的子公司 ModelTech 开发的，是业界最优秀语言仿真器。支持 VHDL 和 Verilog 混合仿真，编译仿真速度快，仿真精度高，在 FPGA 设计领域被广泛应用。Altera 公司的 Quartus II 可以与 Modelsim 无缝连接，在安装 Quartus II 软件的同时也安装了 Modelsim，通常版本为 Modelsim-Altera 版。本节以 Quartus II 11.0 中自带的 Modelsim-Altera 6.6a 版本为例，介绍该软件的使用方法。Modelsim 软件的使用流程由于设计代码中是否调用宏功能模块而略有不同，下面分别就这两种情况说明使用步骤。

3.5 Modelsim 仿真工具的使用

3.5.1 程序中无宏功能模块的 Modelsim 使用流程

本小节以下述模 32 计数器程序的仿真为例说明 Modelsim 的使用流程。设该模 32 计数器设计已完成并存于 D:/model/mod1 文件夹中。

【例 3-31】 设计模 32 计数器

```
module counter6(clk,clr,q);
  input         clk,clr;
  output[4:0]   q;
  reg[4:0]      q;
  always@(posedge clk or negedge clr)
  if(~clr)
      q=0;
  else
      q=q+1;
endmodule
```

1. **建立 Modelsim 仿真工程**

在如图 3.8 所示 Modelsim 的打开界面上，点击 File，选择 New 中的 Project 创建一个新的工程。在弹出如图 3.9 所示新窗口的 Project Name 栏中填写 Modelsim 的仿真工程名 (工程名和设计文件名可以相同)；Project Location 为工作目录路径，可通过 Browse... 指向设计文件所保存的位置；Default Library Name 通常采用默认的 work，点击 OK。

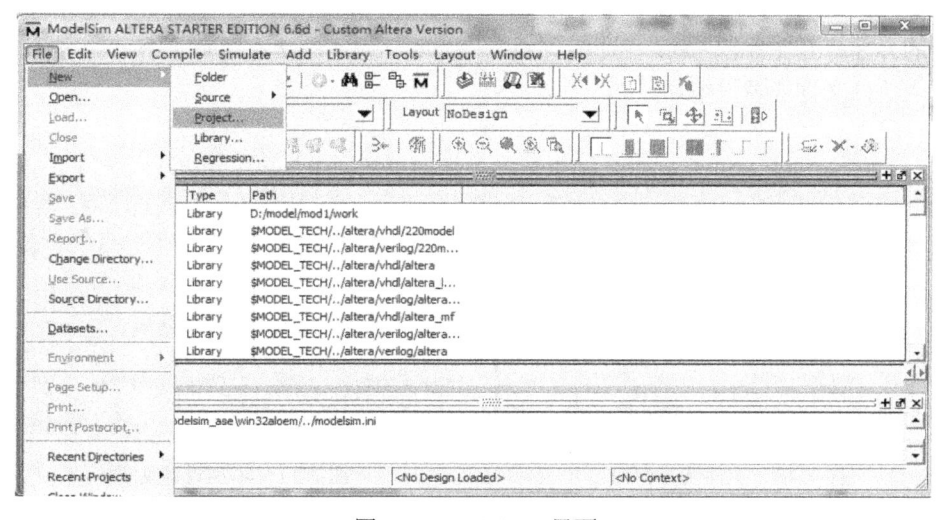

图 3.8 Modelsim 界面

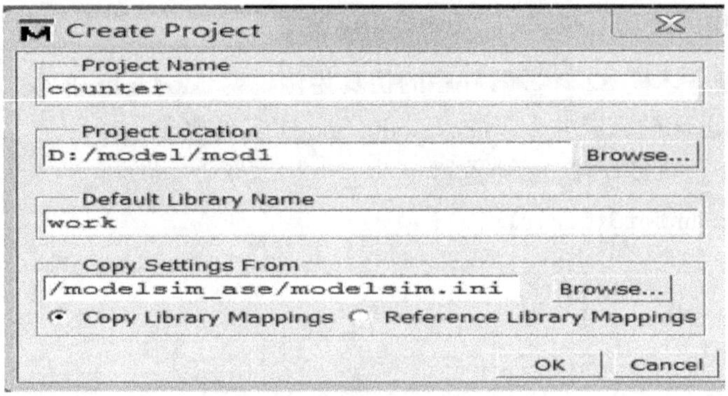

图 3.9 创建仿真工程

2. 导入设计文件

如图 3.10 所示的 Add items to the project 窗口，该界面的四个图标分别是：Create New File (创建新的文件)、Add Existing File (添加已存在的文件)、Create Simulation (创建仿真文件) 及 Create New Folder (创建新文件夹)。若设计程序及测试文件已经写好并存放在文件夹中，则选择 "Add Existing File" 图标，否则选 "Create New File" 图标。

本例中模 32 计数器已设计好并存于设计文件夹中，所以点击 Add Existing File，出现如图 3.11 所示界面。在 File Name 栏通过浏览器 Browse… 找到设计文件 counter6.v；点击 OK 后界面如图 3.12 所示，点击 counter6.v 文件名，就可在右面的界面打开文件。注意，在左侧 Workspace 区，程序的状态栏有一个 "?" 号，表示当前的文件未经过编译。

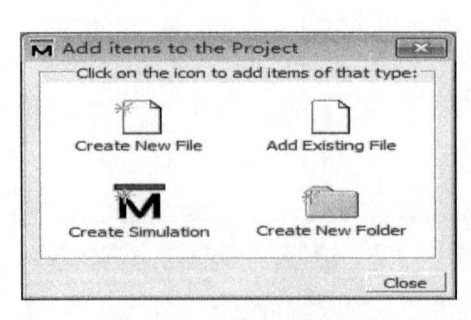

图 3.10　文件选择窗口 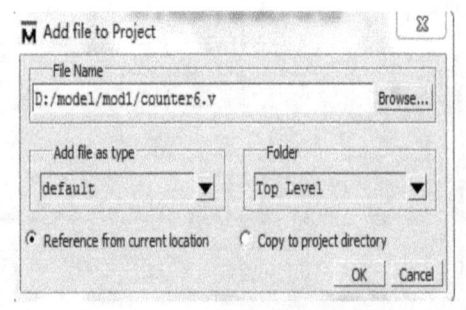　　　　　图 3.11　添加设计文件

3.5 Modelsim 仿真工具的使用

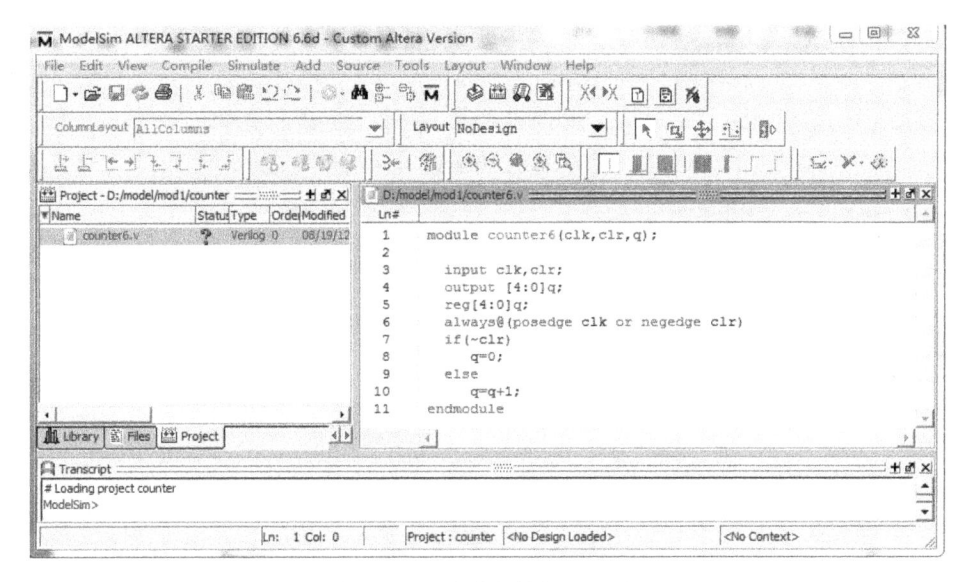

图 3.12 设计文件打开界面

3. 编译所有的文件

counter6.v 是本设计唯一的设计文件，选中左侧栏中 counter.v 文件名并右击，在出现的选项中选择 Compile 目录下的 Compile All，编译文件。在脚本窗口中将出现编译信息，编译成功的信息将以绿色显示，且在状态栏中原来 "?" 处显示 "√" 号，若程序中有语法错误，则会出现红色的 "×" 号，可根据提示信息进行修改，修改之后保存，再次如上所述进行编译，直到成功为止。

4. 启动仿真器

点击菜单中的 Simulate，选择 Start Simulation，出现如图 3.13 所示界面。展开 Design 选项卡中的 work 库，选中其中的 counter，即设计文件，点击 OK。

5. 添加仿真波形

在如图 3.14 所示的界面上，选中左侧栏中 counter，点击右键选择 Add 中的 To Wave 选项，并进一步选择 All items in design，在弹出的波形窗口中将出现项目中所有的输入输出信号。

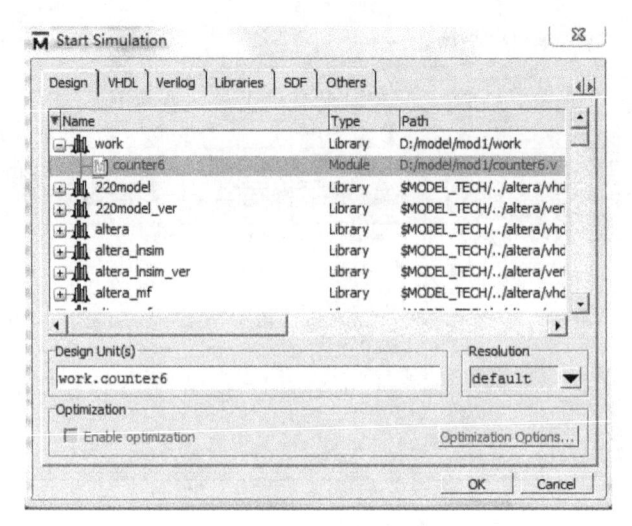

图 3.13 选择仿真文件

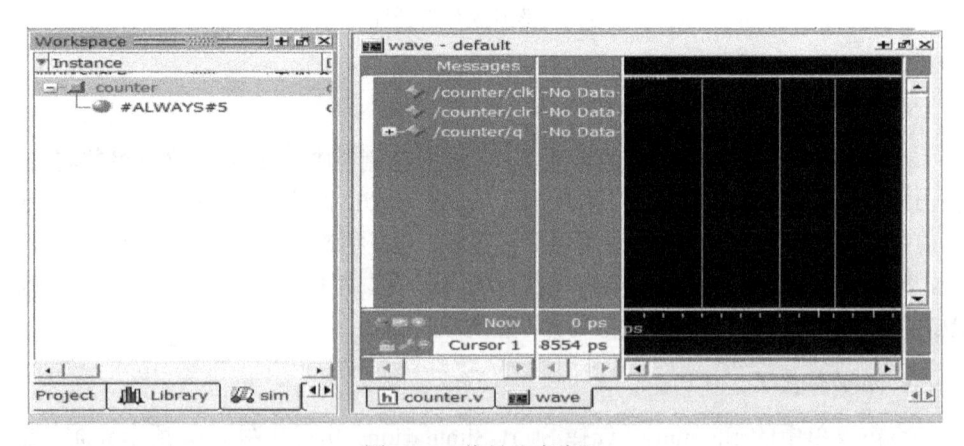

图 3.14 信号仿真窗口

6. 设置输入信号

在仿真开始前，需要对设计中的输入信号进行赋值。若输入信号较多或变化复杂，则需要另行编写 Testbench 测试文件。本例中由于输入信号只有时钟 clk 及清零信号 clr，信号变化比较简单，所以采用了如下方式进行设置：选中 clk 信号，右键选择 Clock …，弹出的窗口如图 3.15 所示。其中 Clock Name 表示需要赋值的时钟信号名称；Offset 表示该信号的初始值；Duty 表示信号的占空比；Period 表示时钟的周期 (ps)；Logic Values 表示高低电平的值；First Edge 表示信号开始时的沿跳变类型。按照需要对这些参数进行设置，或采用默认。对 clr 信号，右键选择

3.5 Modelsim 仿真工具的使用

Force ..., 进行相应的设置, 点击 OK。

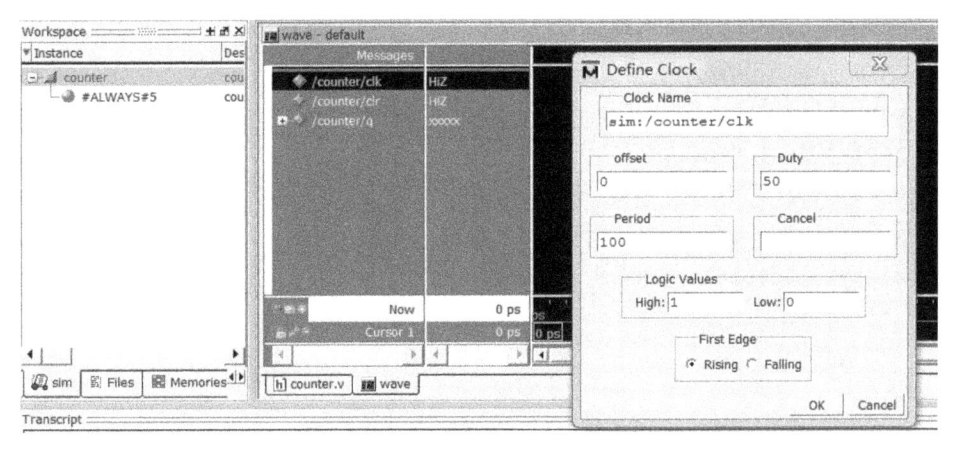

图 3.15 设置时钟信号参数

7. 运行仿真

点击 Simulate 菜单中的 run->run-all, 则仿真开始, 此时可以看到输出信号波形如图 3.16 所示。从仿真图中可以看到输出信号 Q 从 0 到 31 周期性变化, 计数器模块得到了仿真验证。若要停止仿真则选择 Simulate 中的 Break。

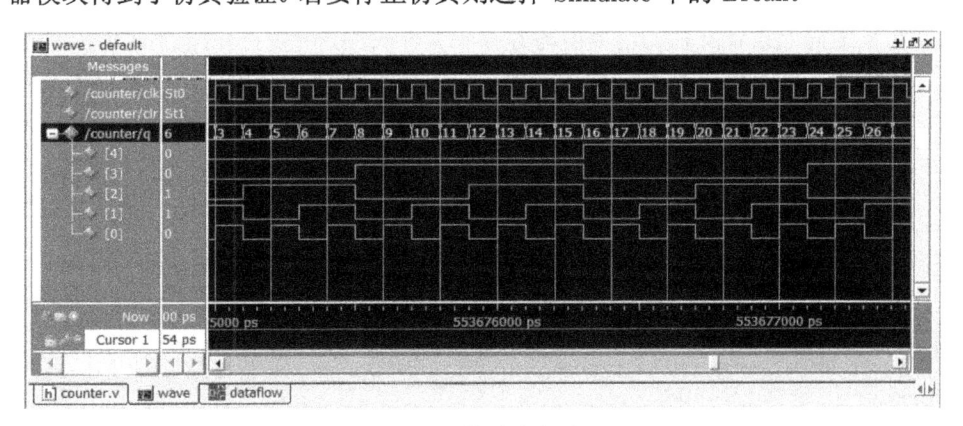

图 3.16 信号仿真波形

3.5.2 宏功能模块的 Modelsim 使用流程

本节将以正弦波信号发生器程序的仿真为例, 介绍设计项目中包含宏功能模块时 Modelsim 仿真的使用流程。

【例 3-32】 正弦波顶层文件如下, 其中 data_rom 为调用宏功能模块形成的存储器, 用来存储正弦波一个周期的幅值。该设计中所有文件已保存在设计文件夹中。
```
module counter_top(clk,clr,q);
input        clk,clr;
output[7:0]  q;
reg[5:0]     add;
wire[5:0]    add1;
wire[7:0]    q;
always@(posedge clk or negedge clr)
if(~clr)
    add=0;
else
    add=add+1;
  assign add1=add;
  data_rom u1(.address(add1),.clock(clk),.q(q));
endmodule
```

1. 新建工程

如上节所述，在图 3.8 界面上选择工程的存放路径并输入新工程名，点击 OK。本次仿真所需的设计文件均已提前写好存于文件夹中，所以在弹出的图 3.10 添加文件界面中，选择 Add Existing File，找到正弦波信号发生器设计文件保存的文件夹，将所有文件添加进来，如图 3.17 所示。文件包括：counter_top.v，data_rom.v 及 test_counter_top.v 文件。其中 counter_top.v 和 data_rom.v 是正弦波信号发生器的设计文件，test_counter_top.v 文件是用于 Modelsim 仿真的测试文件。

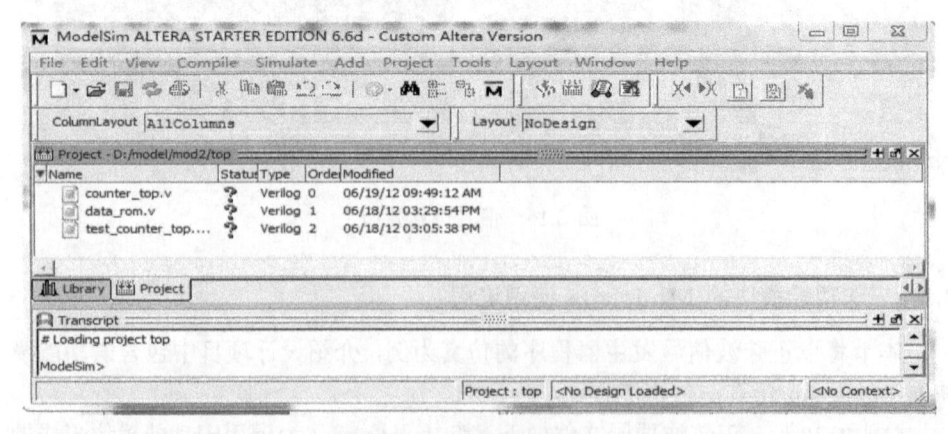

图 3.17 添加设计文件

3.5 Modelsim 仿真工具的使用

2. 加入 Altera 仿真库

由于正弦波发生器设计中用到了宏功能模块 (LPM_ROM), 这样 Modelsim 就不能直接对设计进行仿真，需要将 Quartus II 软件中自带的仿真库添加到 Modelsim 中。

仿真库添加的方法：选中图 3.17 中的任意一个.v 文件点击右键，在列表中选择 Add to project 中的 Existing Files..., 在出现的界面上找到 Quartus II 软件中的仿真库存放的路径：Quartus II 11.0\quartus\eda\sim_lib。选中本设计中用到的 220model.v 及 altera_mf.v 两个库文件，如图 3.18 所示。

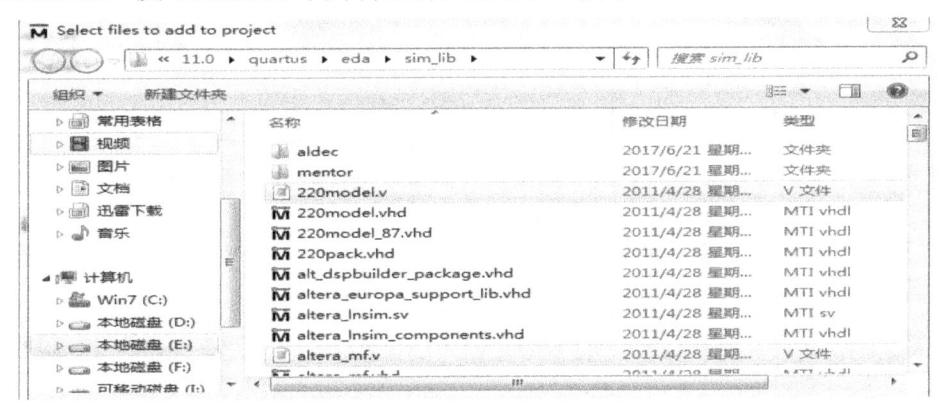

图 3.18 Altera 库文件

3. 编译程序

双击图 3.19 所示界面左侧窗口中各文件，可以查看各个文件的设计代码，其中 counter_top.v 和 test_counter_top.v 程序代码分别如图 3.19、图 3.20 所示。

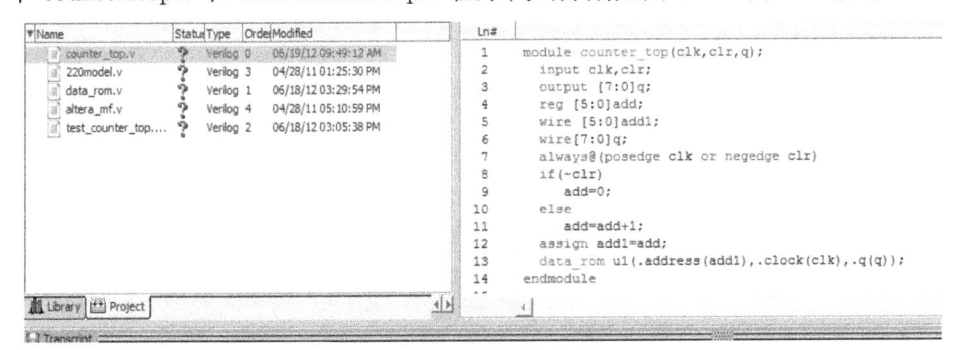

图 3.19 counter_top.v 程序

上述已知 test_counter_top.v 文件是本例中的测试文件，即输入信号的描述文件。采用 Modelsim 软件进行仿真时可采用两种方法对输入信号赋值，一种是节的 3.5.1 节 (6) 中所述，在波形界面直接对信号进行设置，这种方法用于对简单周期性信号赋值。另一种方法则是编写测试文件，以程序描述信号的变化规律，这种方式更适合于设置复杂的输入信号。本设计采用了第二种方法设置了输入信号。

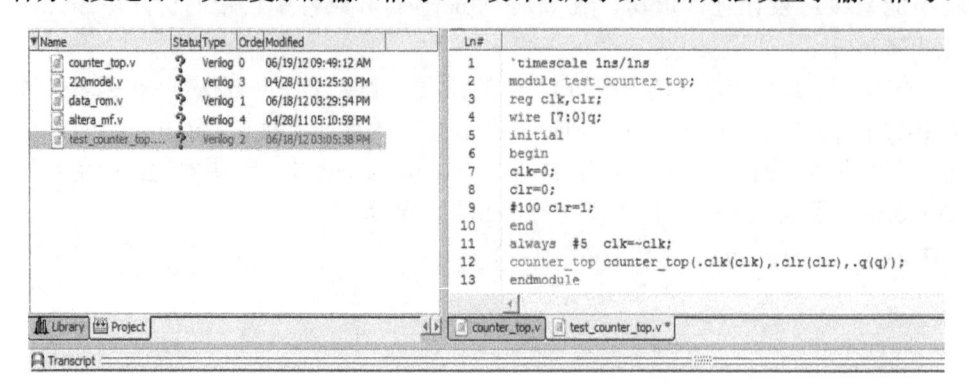

图 3.20 test_counter_top.v 程序

选中上述程序中的任一程序，右击选择 Compile 中的 Compile All 编译文件，直至所有程序编译成功出现绿色对勾，如图 3.21 所示。

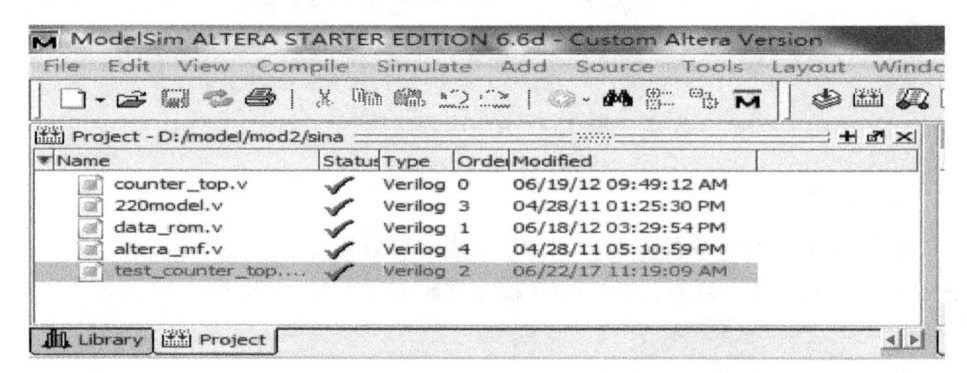

图 3.21 文件编译成功

4. 启动仿真文件

点击 Simulate 中的 Start Simulation 选项，在展开的 Work 库中，指定 Modelsim 仿真的测试文件如图 3.22 所示，本设计中为测试文件 test_counter_top，点击 OK。

5. 查看仿真波形

在弹出的 workspace 窗口中选中左侧栏中的 test_counter_top 信号，点击右键选中 Add 中的 To Wave 选项，并进一步选择 All items in design，在 Wave 窗口中显示出项目的所有信号。点击菜单 Simulate 中的 run->run-all，就可看到仿真

3.5 Modelsim 仿真工具的使用

结果。

仿真信号的输出一般默认是数字形式，也可将波形中的正弦波信号显示方式设置为模拟形式：选中正弦波输出信号 q，点击右键，在弹出的菜单中选择 Format 中的 analog 选项，在出现的对话框中设置显示的最大值 255 和最小值 0，点击 OK 按钮，信号以模拟波形输出，如图 3.23 所示。

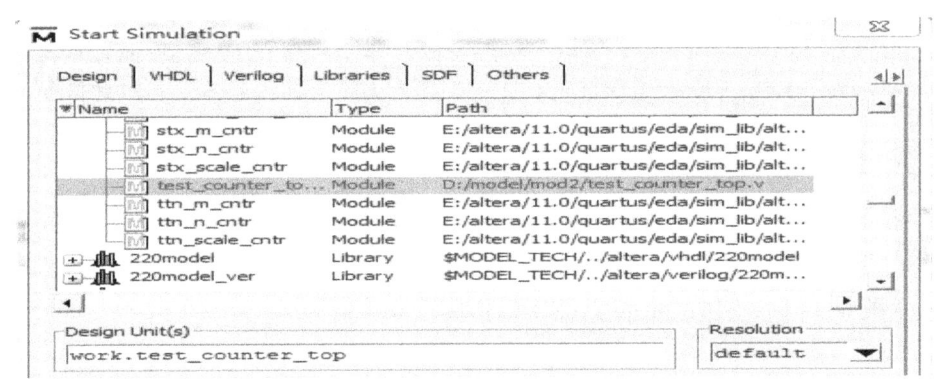

图 3.22 选择仿真文件

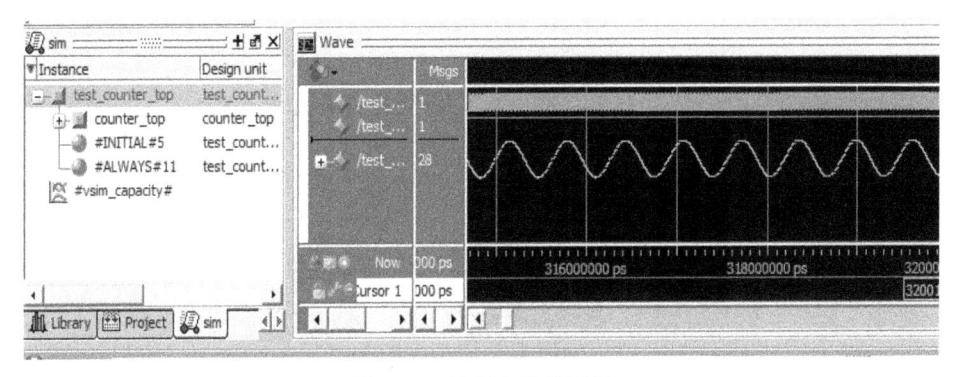

图 3.23 信号的模拟显示

3.5.3 Testbench 文件的编写

在前面已经介绍过，在使用 Modelsim 进行仿真时通常需要为设计文件编写输入信号的描述文件，即测试程序，用它来对硬件描述语言设计的电路进行仿真验证，测试文件又简称为 Testbench 文件。一般由四个部分组成：① 模块声明 (module)；② 信号声明 (signal)；③ 设计文件例化；④ 激励信号设置。

测试程序编写常用到一些语句及函数，下面先分别对这些语句及函数进行介绍。

1. 用 always 语句产生测试时钟

仿真必须有时钟才能进行，在 Testbench 文件中通常采用 always 语句产生所需要的时钟信号。

【例 3-33】 使用 always 产生占空比为 50%的时钟

```
……
always  #(period/2)   Clk=~Clk;    //产生了周期为period的时钟信号
always  #20  Clk=~Clk;             //产生了周期为40单位的时钟信号
```

2. 用 initial 语句产生测试信号

在测试文件中，除了时钟信号，还有一些输入信号需要描述出其变换情况，例如清零信号、复位信号等。这些信号通常采用 initial 语句进行设置。

【例 3-34】 使用 initial 产生初始化信号

```
……
initial
begin
    clk=0;
    clr=0;         //清零信号初始状态为0
    #100  clr=1;   //经过100个时间单位，清零信号变为1
end
```

【例 3-35】 异步置位信号的设置

```
……
initial
begin
    rst = 1;          //置位信号初始状态为1
    #100 rst = 0;     //经过100个时间单位，置位信号变为0
    #200 rst = 1;     //再经过100个时间单位，置位信号再次变为1
end
```

3. timescale 语句定义时间常数

在测试文件中，测试信号的时间经常由时间单位进行控制，timescale 语句定义了时间单位的长度及仿真的精度。

【例 3-36】 使用 timescale 语句定义时间单位长度及精度

```
`timescale  1ns/1ns   //仿真的时间单位为1ns,仿真的时间精度为1ns
```

3.5 Modelsim 仿真工具的使用

4. 应用举例

【例 3-37】 设计 DDS 电路模块,其设计文件如下
```
module mydds(clk,fcw,rstn,sin);
input          clk;
input[19:0]    fcw;
input          rstn;
output[8:0]    sin;
wire[9:0]      addr;
mycounter      u1 (.clk(clk),.rstn(rstn),.din(fcw),.dout(addr));
sinx           u2 (.clka(clk),.adda(addr),.douta(sin));
endmoduletest
```
则根据该顶层文件,可写出如下的 testbench 测试文件。

【例 3-38】 testbench 测试文件如下
```
`timescale 1ns/1ns    //表示仿真的时间单位为1ns,仿真的精度为1ns
module    test_mydds;  //测试文件名
 reg       clk;        //与被测模块的输入端口相连的变量定义为reg型
 reg[19:0] fcw;
 reg       rstn;
 wire[8:0] sin;        //与被测模块输出端口相连的变量定义为wire型
 mydds uut (.clk(clk),.fcw(fcw),.rstn(rstn),.sin(sin));
                       //例化被测试的模块
 initial               //设置激励信号
 begin
     clk = 0;
     fcw = 0;
     rstn = 0;
     #1000    rstn=1;
     #1000000 fcw=30000;
     #1000000 fcw=60000;
     #1000000 fcw=90000;
 end
 always    #5 clk=~clk; //产生测试时钟
endmodule
```
从图 3.24 可以看出,当频率控制字发生变化时,输出的正弦波周期跟随变化。

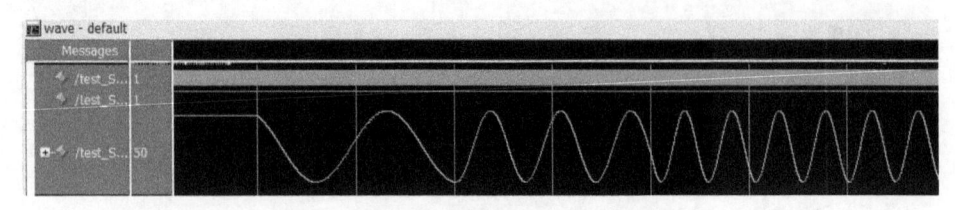

图 3.24 DDS 电路的 Modelsim 仿真波形

实验：

设计电子钟，要求：

(1) 具有时、分、秒显示；

(2) 具有校对功能 (时、分)；

(3) 具有闹钟功能；

(4) 利用软件实现防抖动功能。

第4章 有限状态机设计

在数字系统中,有限状态机是一种十分重要的电路设计方法。以有限状态机进行的设计,具有结构清晰、层次分明的优点,因此有限状态机常用于数字系统关键模块的设计。本章介绍有限状态机的概念、分类以及硬件描述语言实现有限状态机设计的方法。

4.1 有限状态机设计简介

4.1.1 有限状态机的特点及分类

一个复杂的时序电路可以分解成若干个有限的状态,满足一定的条件,状态之间能够进行转换。有限状态机的设计就是从状态的角度进行的时序电路设计。在实现一个电路的不同设计中,有限状态机的设计往往是实现高效率、高可靠性和高速系统的一种重要方法。

有限状态机分为 Moore 型有限状态机和 Mealy 型有限状态机两种类型。Moore 型有限状态机的特点是输出信号仅与当前状态有关,即输出是当前状态的函数。Mealy 型有限状态机的输出信号不仅与当前状态有关,而且还与所有的输入信号有关,即输出是当前状态和所有输入信号的函数。

4.1.2 基于有限状态机的电路设计步骤

结合数字电路及本章内容,利用硬件描述语言进行有限状态机的设计,其设计步骤归纳如下:

(1) 根据设计要求,确定电路设计中所用到的所有状态。状态的确定是有限状态机设计的关键环节,状态的个数取决于电路完成逻辑功能的过程中需要记忆的信息数量,每一种需要记忆的信息对应着一个状态。

(2) 确定设计类型 (Moore 或 Mealy),根据题目要求,画出状态转移表或状态图。对于一个时序逻辑电路来说,用 Moore 型或 Mealy 型去实现其逻辑功能并没有差别,只是用 Moore 型逻辑电路的输出比 Mealy 型逻辑电路的输出迟一个时钟。

(3) 利用硬件描述语言实现设计。

上述三个步骤,前两步已在数字电路课程中进行了介绍,本章侧重点是用硬件描述语言对前两步的设计结果进行实现。

4.2　Moore 型有限状态机的设计

对于时序逻辑电路来说，描述电路逻辑功能的方法很多，例如逻辑方程、状态转移真值表、状态图、波形图等，但是对于有限状态机设计而言，最直观的方法就是状态转移真值表和状态图。对于一个状态转移真值表或状态图已经确定的电路，用硬件描述语言很容易描述其逻辑功能。

如前所述，有限状态机的设计要首先区分 Moore 型和 Mealy 型，每种类型在用硬件描述语言实现时都可采用一段式、两段式和三段式 (即程序中以一个、两个或三个过程语句) 进行设计，本章着重对两段式设计方法加以介绍。

图 4.1 所示是 Moore 型状态转移表和状态图，图中可以看出该电路划分了四个状态 S0/S1/S2/S3，X 是输入信号，Z 是输出信号，S^{n+1} 是次态。

S \ X	S^{n+1} 0	S^{n+1} 1	Z
S0	S1	S3	0
S1	S2	S0	5
S2	S3	S1	5
S3	S0	S2	8

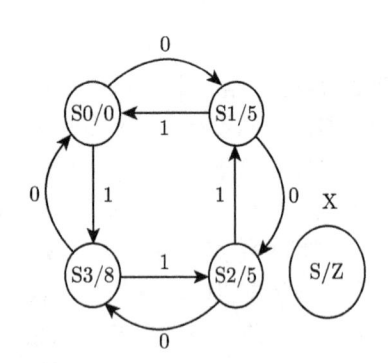

图 4.1　Moore 型状态转移表和状态图

【例 4-1】　一段式 Moore 型程序设计

```
module moore1(x,clk,reset,z);
input        x;
input        clk, reset;
output[3:0]  z;
parameter    s0=2'b00, s1=2'b01, s2=2'b10, s3=2'b11;
reg[1:0]     state ;
reg[3:0]     z;
always@(posedge clk or negedge reset)
begin
    if (~reset)
        state<=s0;
```

4.2 Moore 型有限状态机的设计

```
            else
            begin
                    case(state)
                    s0:begin z=0;
                        if(x==1'b0)     state<=s1;
                        else            state<=s3; end
                    s1:begin z=5;
                        if(x==1'b0)     state<=s2;
                        else            state<=s0; end
                    s2:begin z=5;
                        if(x==1'b0)     state<=s3;
                        else            state<=s1; end
                    s3:begin z=8;
                        if(x==1'b0)     state<=s0;
                        else            state<=s2; end
                    endcase
            end
end
endmodule
```

【例 4-2】 两段式 Moore 型程序设计

```
module moore2(x,clk,reset,z);
input       x;
input       clk, reset;
output[3:0] z;
parameter   s0=2'b00, s1=2'b01, s2=2'b10, s3=2'b11;
reg[1:0]    current_state, next_state ;
reg[3:0]    z;
always@(posedge clk or negedge reset)
begin
    if (~reset)
            current_state<=s0;
    else
            current_state<= next_state;
end
always@(current_state)
```

```
begin
    case(current_state)
    s0:begin z=0;
             if(x==1'b0)    next_state<=s1;
             else           next_state<=s3; end
    s1:begin z=5;
             if(x==1'b0)    next_state<=s2;
             else           next_state<=s0; end
    s2:begin z=5;
             if(x==1'b0)    next_state<=s3;
             else           next_state<=s1; end
    s3:begin z=8;
             if(x==1'b0)    next_state<=s0;
             else           next_state<=s2; end
    endcase
end
endmodule
```

【例 4-3】 三段式 Moore 型程序设计

```
module moore3(x,clk,reset,z);
input       x;
input       clk,reset;
output[3:0] z ;
parameter   s0=2'b00,s1=2'b01,s2=2'b10,s3=2'b11;
reg [1:0]   current_state,  next_state ;
reg [3:0]   z;
always@(posedge clk)
begin
if (~reset)
        current_state<=s0;
else
        current_state<= next_state;
end
always@(current_state or  next_state)
begin
    case(current_state)
```

```
            s0: begin
                 if(x==1'b0) next_state=s1;
                 else next_state<=s3; end
            s1: begin
                 if(x==1'b0) next_state=s2;
                 else next_state=s0; end
            s2: begin
                 if(x==1'b0) next_state=s3;
                 else next_state=s1; end
            s3: begin
                 if(x==1'b0) next_state=s0;
                 else next_state=s2; end
            endcase
end
always@(posedge clk or negedge reset)
begin
   if (~reset)
         z=0;
   else
   begin
      case(current_state)
      s0: z=0;
      s1: z=5;
      s2: z=5;
      s3: z=8;
      endcase
   end
end
endmodule
```
在这三种描述方式中，每种方法各有其特点，但两过程的有限状态机描述方法具有逻辑清晰、结构简单的特点，应用更为广泛。

4.3 Mealy 型有限状态机的设计

图 4.2 所示是 Mealy 型状态转移表和状态图。采用两段式 (两过程) 方法对该

电路进行描述，程序代码设计如下：

X \ S	S^{n+1}/Z			
	00	01	11	10
S0	S0/0	S1/1	S0/0	S3/0
S1	S1/1	S1/1	S0/0	S2/1
S2	S0/0	S2/1	S0/0	S2/1
S3	S3/1	S2/1	S0/0	S3/1

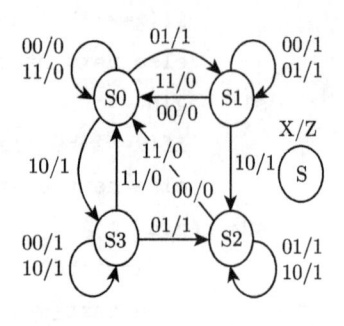

图 4.2　Mealy 型状态转移表和状态图

【例 4-4】 两段式 Mealy 型程序设计

```
module mealy(x,clk,reset,z);
input[1:0]   x;
input        clk,reset;
output       z;
parameter    s0=2'b00,s1=2'b01,s2=2'b10,s3=2'b11;
reg[1:0]     current_state,next_state;
reg          z;
always@(posedge clk or  negedge reset)
begin
    if （~reset)
        current_state<=s0;
    else
        current_state<= next_state;
end
always@(current_state)
begin
    case(current_state)
    s0: if((x==2'b00) || (x==2'b11))
            begin  next_state<=s0; z<=0; end
        else if(x==2'b01)
            begin  next_state<=s1; z<=1;end
        else
            begin  next_state<=s3; z<=0;end
```

```
        s1: if((x==2'b00) || (x==2'b01))
                 begin    next_state<=s1; z<=1; end
            else if(x==2'b10)
                 begin    next_state<=s2; z<=1;end
            else
                 begin    next_state<=s0; z<=0; end
        s2: if((x==2'b00) ||  (x==2'b11))
                 begin    next_state<=s0; z<=0; end
            else
                 begin    next_state<=s2; z<=1; end
        s3: if ((x==2'b00) ||  (x==2'b10))
                 begin    next_state<=s3; z<=1; end
            else if(x==2'b01)
                 begin    next_state<=s2; z<=1;end
            else
                 begin    next_state<=s0; z<=0; end
        endcase
    end
endmodule
```

4.4 有限状态机设计举例：十字路口交通灯控制电路

4.4.1 设计要求

十字路口甲、乙两条道路分别有 RGY 三色交通灯，由交通管理控制电路控制，如图 4.3 所示。该交通管理器是由控制器和受其控制的 3 个定时器以及 6 个灯组成。3 个定时器分别确定乙路绿灯时间 T1(30 秒) 和甲路绿灯时间 T3(25 秒)(G1\G2)，以及公共黄灯时间 T2(5 秒)(Y1\Y2)。

4.4.2 设计分析

该交通管理控制电路由控制器及 3 个定时器构成。根据电路实现的功能，其控制器选用 Moore 型有限状态机的方法进行设计实现。根据题目的条件，可以将电路划分为四种状态。

S0: 甲路禁止，乙路通行。甲路红灯亮，乙路绿灯亮，持续时间 30 秒
S1: 甲路禁止，乙路暂停。甲路红灯亮，乙路黄灯亮，持续时间 5 秒
S2: 甲路通行，乙路禁止。甲路绿灯亮，乙路红灯亮，持续时间 25 秒

S3：甲路暂停，乙路禁止。甲路黄灯亮，乙路红灯亮，持续时间 5 秒

根据上面的分析，可画出电路的状态转移表和状态转移图，如图 4.4 和图 4.5 所示。图中 c1、c2 和 c3 分别是 3 个定时器的工作使能端，w1、w2 和 w3 分别是 3 个定时器的溢出标志位，当计时时间到时，输出为 1，否则输出为 0。

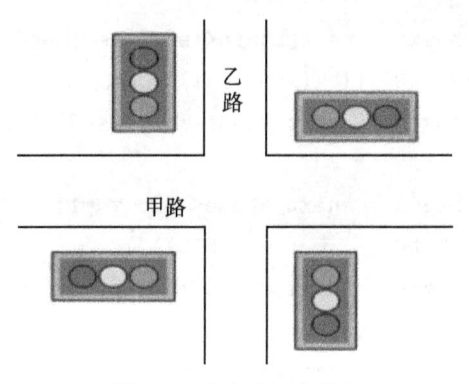

图 4.3 十字路口交通灯

时间	\multicolumn{2}{c}{w1(30 秒)}	\multicolumn{2}{c}{w2(5 秒)}	\multicolumn{2}{c}{w3(25 秒)}	输出
S	0	1	0	1	0	1	
S0	S0	S1					30秒计时（c1 使能），乙绿，甲红
S1			S1	S2			5秒计时（c2 使能），乙黄，甲红
S2					S2	S3	25秒计时（c3 使能），甲绿，乙红
S3			S3	S0			5秒计时（c2 使能），甲黄，乙红

图 4.4 交通灯控制电路状态转移表

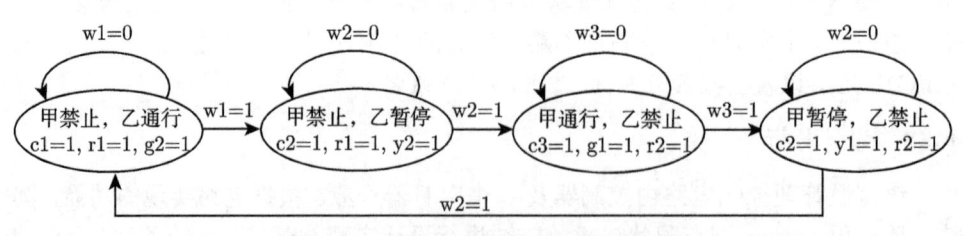

图 4.5 交通灯控制电路状态转移图

4.4 有限状态机设计举例：十字路口交通灯控制电路

4.4.3 设计实现

1. 控制器的 Verilog HDL 的描述

代码清单：控制电路程序代码

```verilog
module traffic_control(clk,reset,c1,c2,c3,w1,w2,w3,r1,r2,y1,y2,g1,g2);
input           clk,reset,w1,w2,w3;
output          c1,c2,c3,r1,r2,y1,y2,g1,g2;
reg             c1,c2,c3,r1,r2,y1,y2,g1,g2;
parameter[1:0]  s0=2'b00,s1=2'b01,s2=2'b10,s3=2'b11;
reg[1:0]        current_state,next_state;
always@(posedge clk or negedge reset)
begin
    if(~reset) current_state<=s0;
    else current_state<=next_state;
end
always@(current_state or next_state)
begin
    case(current_state)
    s0: begin c1<=1;r1<=1;g2<=1;c2<=0;c3<=0; //00甲道禁止,乙道通行,
                                              启动30秒计时
            r2<=0;g1<=0;y2<=0;y1<=0;
            if(w1==1) next_state<=s1;
            else next_state<=s0;
        end
    s1: begin c2<=1;r1<=1;y2<=1;c1<=0;c3<=0; //01甲道禁止,乙道暂停,
                                              启动5秒计时
            r2<=0;g1<=0;g2<=0;y1<=0;
            if(w2==1)  next_state<=s2;
            else  next_state<=s1;
        end
    s2: begin c3<=1;g1<=1;r2<=1;c1<=0;c2<=0; //11甲道通行,乙道禁止,
                                              启动25秒计时
            r1<=0;g2<=0;y2<=0;y1<=0;
            if(w3==1) next_state<=s3;
            else next_state<=s2;
```

```
            end
    s3: begin c2<=1;y1<=1;r2<=1;c1<=0;c3<=0; //10甲道暂停,乙道禁止,
                                                    启动5秒计时
              r1<=0;g1<=0;y2<=0;g2<=0 ;
              if(w2==1) next_state<=s0;
              else next_state<=s3;
        end
    endcase
end
    endmodule
```

2. 定时器模块，以 5 秒的定时器为例

代码清单：5 秒定时器程序代码

```
module counter5(clk,en,c,cnt);
input       clk,en;
output      c;
output[2:0] cnt;
reg         c;
reg[2:0]    cnt;
always@(posedge clk)
if(en)
    if(cnt==4)
        begin   cnt<=0; c<=1'b1; end
    else
        begin   cnt<=cnt+1; c<=1'b0; end
endmodule
```

3. 交通管理控制电路的顶层文件

顶层文件采用了原理图的方法进行设计，如图 4.6 所示，可以很清晰地看出各模块之间的关系，系统由控制模块及 3 个计数器组成。

将设计文件编译仿真后下载到实验板中，可以看到电路达到了设计要求。

4.4 有限状态机设计举例：十字路口交通灯控制电路

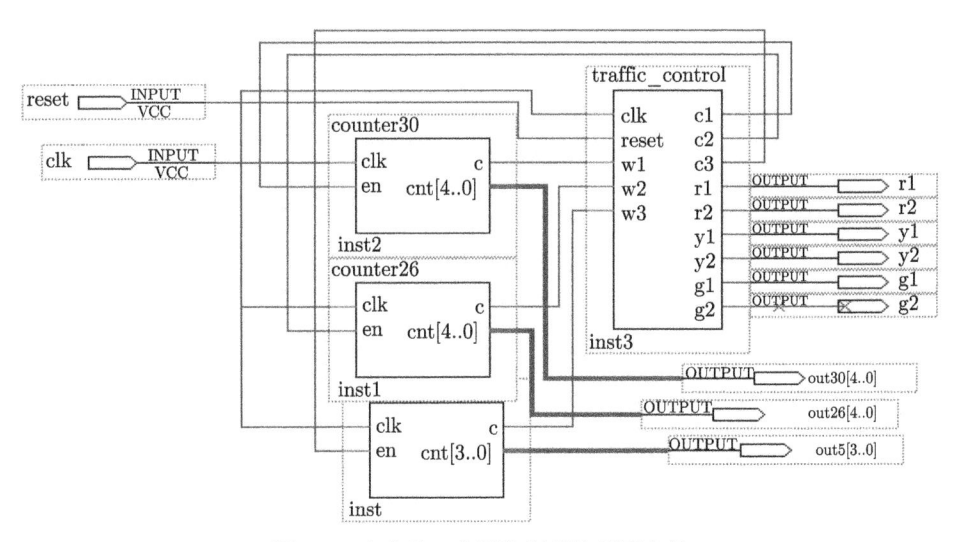

图 4.6 十字路口交通控制系统顶层文件

实验：

设计串口通信模块，要求：

(1) 实现通信数据的发送和接收；

(2) 在数码管上显示接收或发送的数据。

第 5 章 常用功能电路设计

本章主要介绍数字电路中常用功能电路的设计及实现过程。通过本章学习，读者将逐步具备基于 FPGA 技术的电路设计及应用能力。

5.1 DDS 电路

DDS 是 Direct Digital Frequency Synthesizer(直接数字频率合成器) 的简称，由 Joseph Tierney 等三人在 1971 年提出。这种频率合成技术具有较高的频率分辨率，在通信领域应用广泛。

5.1.1 DDS 原理

DDS 的工作原理：将一个完整 360° 的周期信号 (以正弦波为例) 等间距取 2^N 个点，并将这 2^N 个点的幅值经过量化后存储到波形存储器 ROM 中。波形存储器 ROM 的地址 (正弦波的相位信息) 由相位累加器的输出产生，在系统时钟的触发下，N 位相位累加器对频率控制字 F_{cw} 进行累加，产生波形存储器 ROM 的地址，从 ROM 中输出量化的正弦波的采样点幅值。经过 T 秒后，波形存储器 ROM 地址循环一次，输出一个完整的正弦波。这些量化了的幅值经过 D/A 转化和低通滤波器就得到一个平滑的正弦波，上述工作原理如图 5.1 所示。

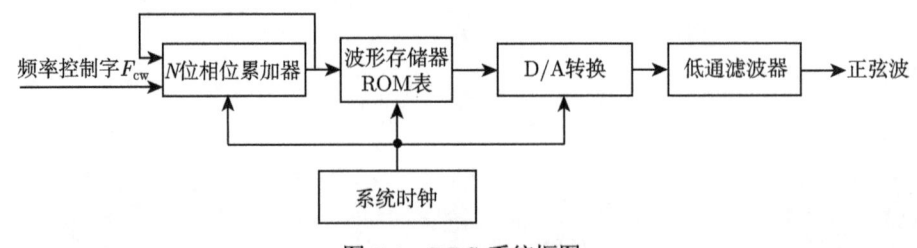

图 5.1 DDS 系统框图

正弦波的频率 f_{out} 可推导如下：假设系统时钟为 f_{clk}，相位累加器为 N 位，则 ROM 的地址线就为 N 宽，产生 2^N 个地址。若频率控制字 $F_{cw} = 1$，即每经过 $\dfrac{1}{f_{clk}}$ 秒后，ROM 的地址加 1，则输出的正弦波频率：

$$f_{out} = \frac{f_{clk}}{2^N}$$

5.1 DDS 电路

若频率控制字 $F_{\text{cw}} = k$ 时,即每经过 $\dfrac{1}{f_{\text{clk}}}$ 秒,ROM 的地址加 k,则输出的正弦波频率变为原来的 k 倍,见式 (5-1)。由此式可知改变 k 值就可得到不同频率的正弦波。

$$f_{\text{out}} = k \cdot \frac{f_{\text{clk}}}{2^N} \tag{5-1}$$

5.1.2 基于 FPGA 的 DDS 电路实现

从式 (5-1) 可知,正弦波的输出频率取决于系统时钟 f_{clk},相位累加器的宽度 N 和频率控制字。一般来说,系统时钟 f_{clk},相位累加器的宽度 N 在设计中都是固定不调的,所以信号的输出频率只能通过调节频率控制字改变。

本设计所选用 DE2 或 DE2-115 实验板提供的时钟频率为 50MHz,经过倍频后得到的系统时钟频率 f_{clk} 为 100MHz。为了得到平滑的输出波形,相位累加器的位宽取 $N = 30$。若频率控制字为 k,输出正弦波的频率是

$$f_{\text{out}} = k\frac{f_{\text{clk}}}{2^N} = k\frac{100M}{2^{30}} \approx 0.1k$$

从上面分析可以看出,当选用如上的设计参数时,本设计可达到的频率精度为 0.1Hz,调节 k 值可以输出不同频率。

在实现过程中,如果直接以相位累加器的宽度 $N = 30$ 作为 ROM 的地址线的位宽,则需要波形存储器 ROM 的容量为 2^{30} 即 1G。本设计所使用的 FPGA 内部的 ROM 容量有限,无法满足要求,即使是高端的 FPGA 也很难有这么大的存储资源,所以不能直接用累加字的宽度作为寻址宽度。我们采用累加字的高 10 位对 ROM 进行寻址,因此 ROM 的容量可以定义为 2^{10}=1K。这种方法可以理解为:不管低 20 位的值是否相同,只要高 10 位的值相同,则输出的幅度值都是相同的。

根据上面的分析,DDS 电路的 FPGA 设计由两个模块构成:30 位宽度的相位累加器模块和存储了 2^{10} 个正弦波幅值的 ROM 模块。

1. ROM 表的生成

ROM 表中的数据可以借助 Matlab 生成。ROM 存储器调用 LPM_ROM 模块实现,其方法如 2.3.1 节所示。

正弦波幅值可由 Matlab 生成,部分 Matlab 代码如下:

```
x=linspace(0,2*pi,1024);
y=200*sin(x)+250;
fid=fopen('F:/sin_coe.txt','wt');
fprintf(fid,'%16.0f\n',y);
fclose(fid);
```

2. 相位累加器模块

代码清单：相位累加器模块程序代码

```verilog
module dds_counter(clk,rstn,k,dout);
input           clk;
input           rstn;
input[19:0]     k;           //频率控制字
output[9:0]     dout;
reg[29:0]       cnt;
always@(posedge clk or negedge rstn)
begin
    if(!rstn)   cnt<=0;
    else    begin cnt<=cnt+k; end
end
assign  dout=cnt[29:20];
endmodule
```

3. 顶层文件

顶层文件包含了三个模块：锁相环模块、相位累加器模块和波形幅值存储器 ROM 模块。在顶层文件中，采用例化语句的方式调用这三个模块。

代码清单：DDS 频率合成器电路顶层文件代码

```verilog
module mydds(clk,fcw,rstn,sin);
input           clk;
input[19:0]     fcw;              //频率控制字
input           rstn;
output[8:0]     sin;              //正弦波
wire[9:0]       addr;             //存储器地址
wire clk1;
pll pll1(.clk(clk),.c0(clk1));       //锁相环模块
dds_counter  ddsc1 (.clk(clk1),.rstn(rstn),.k(fcw),.dout(addr));
                                  //例化相位累加器模块
sinU   mysinU (.clock(clk1),.address(addr),.q(sin));
                                  //例化ROM模块
endmodule
```

5.1.3 仿真与分析

代码清单：DDS 设计文件测试程序代码

```verilog
`timescale 1ns/1ns
module test_mydds;
reg        clk;
reg[19:0]  fcw;
reg        rstn;
wire[8:0]  sin;
mydds uut (.clk(clk), .fcw(fcw), .rstn(rstn), .sin(sin));
                              //例化设计文件
initial                       //初始化数据
begin
    clk = 0;
    fcw = 0;
    rstn = 0;

    #1000     rstn=1;
    #1000000  fcw=30000;    //每过1000000ns频率控制字变化一次
    #1000000  fcw=60000;
    #1000000  fcw=90000;
end
always  #5 clk=~clk;
endmodule
```

本例采用 Modelsim 仿真工具对程序进行仿真，仿真结果如图 5.2 所示，分别设置 30000、60000、90000 三个频率控制字，而且设置的时间长度一样。当频率控制字为 30000 时，在这个时间段出现的正弦波有 2.5 个，在频率控制字为 60000 的这段时间，出现的正弦波个数有 5 个。该模块逻辑功能完全符合输出频率与频率控制字成正比的结论。

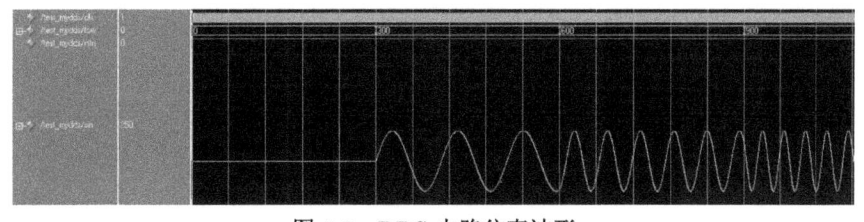

图 5.2　DDS 电路仿真波形

5.2 m 序列信号产生电路

5.2.1 m 序列信号产生原理

m 序列也称为伪随机序列码，在通信系统中有着非常重要的作用，伪随机序列一般用二进制表示，每个码片只有 "0" 或 "1" 两种取值。在一个周期中，"1" 码出现 $2n-1$ 次，"0" 码出现 $2n-1-1$ 次，即 0、1 出现的概率几乎相同。m 序列发生器是一种反馈移位型结构的电路，所以称为最长线性序列码发生器。m 序列产生器的结构主要分成两类：一类是简单型码序列发生器 (SSRG)，另一类是模块型码序列发生器 (MSRG)。本节主要讨论简单型码序列发生器 (SSRG) 的设计。

对于 SSRG 结构的 m 序列发生器，其特征多项式的一般表达式为

$$f(x) = C_0 x^0 + C_1 x^1 + C_2 x^2 + \cdots + C_r x^r \tag{5-2}$$

其中 $C_0, C_1, C_2, \cdots, C_r$ 是多项式的系数，也是反馈系数。系数取值为 1 表示反馈支路连通，0 表示反馈支路断开。式 (5-2) 表达式的 SSRG 电路结构如图 5.3 所示。

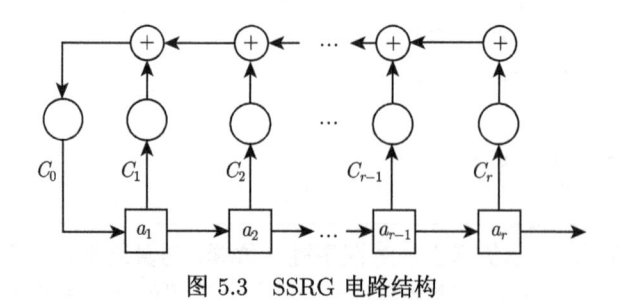

图 5.3 SSRG 电路结构

5.2.2 设计举例

利用 SSRG 电路结构产生一个 m 序列，其数学表达式为

$$f_1(x) = 1 + x^2 + x^3 + x^6 + x^8$$

根据多项式的系数及上面的原理可以构造出 SSRG 结构的电路如图 5.4 所示，利用 D 触发器级联的方式完成移位寄存器的功能。

5.2 m 序列信号产生电路

代码清单：SSRG 结构 m 序列发生器电路代码

```
module MS(clk,clrn,out);
input       clk,clrn;
output      out;
reg         out;
reg[8:0]    mserreg;
always@(posedge clk or negedge clrn)
begin
    if(!clrn )
        mserreg <= 9'b00000_0000;
    else
      begin
        mserreg[8:1] <= mserreg[7:0];
        mserreg[0] <=~(mserreg[8] ^ mserreg[6] ^ mserreg[3] ^
                       mserreg[2]);
        out <= mserreg[8];
      end
end
endmodule
```

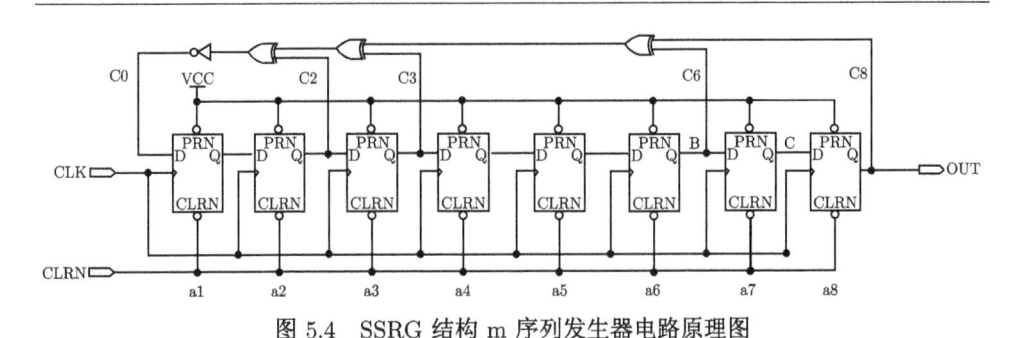

图 5.4 SSRG 结构 m 序列发生器电路原理图

5.2.3 仿真与分析

代码清单：SSRG 结构 m 序列发生器电路测试程序代码

```
`timescale 1ns/1ns
module test_MS;
reg   clk, clrn;
wire  out;
```

```
MS  U(.clk(clk),.clrn(clrn),.out(out));
initial                          //初始化数据
begin
    clk = 0;
    clrn = 0;
    #100  clrn = 1;
end
always  #5 clk=~clk;
endmodule
```

图 5.5 给出了 SSRG 结构 m 序列发生器仿真波形，从图中可以看出，out 产生了 m 序列信号。

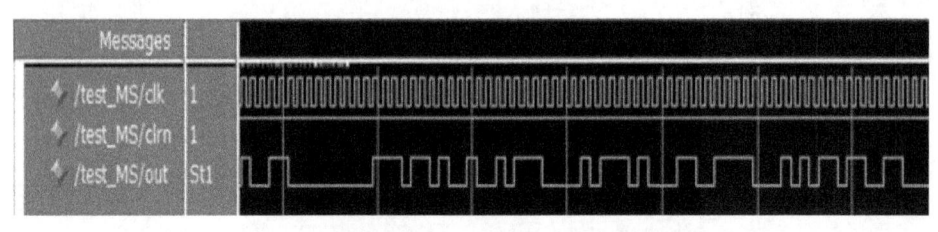

图 5.5　SSRG 结构 m 序列发生器仿真波形

5.3　SPI 接口电路

SPI(Serial Peripheral Interface) 是 Motorola 首先提出的 4 根线同步串行总线，4 根线分别是数据输入、数据输出、时钟和片选。SPI 以主从方式工作，通信原理较简单，这种特性使它在要求速度高、功耗低的系统中得到广泛应用，目前越来越多的芯片集成了这种通信协议。

5.3.1　SPI 通信协议

当进行单向传输时 (例如由 FPGA 向芯片传递数据)，SPI 通常使用 3 根线：SCL 为串口时钟信号，由主设备 (FPGA) 产生，SDA 为串行数据信号，SCEN 为串口使能信号，由主设备控制。SPI 协议的读写时序如图 5.6 所示，其中 SDA 数据中的前 6 位 A5~A0 指定芯片中操作寄存器的地址，第 7 位为读写标志位 (低电平为写入)，第 8 位为应答位，SDA 端被拉至高阻，第 9~16 位为写入寄存器的数据位，地址位和数据位均是高位在前。从传输开始到第 16 个 SCL 信号的上升沿到达后，一次传输结束，数据被真正写入寄存器。在一个传输周期中若 SCL 信号多于或不足 16 个周期，则数据不被接受。

5.3 SPI 接口电路

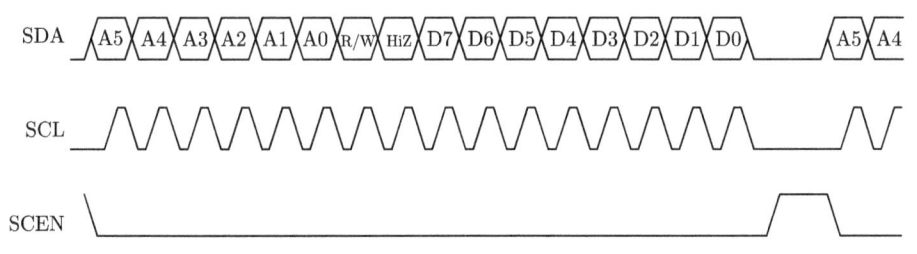

图 5.6 SPI 串口读写时序

5.3.2 基于 FPGA 的 SPI 通信协议实现

SPI 中的 SCEN 是主设备控制从设备的串口使能信号，只有当串口使能信号为预先规定的使能信号时 (高电位或低电位)，对芯片的操作才有效。因此在完成一次数据传输中，串口使能信号要始终保持有效。SCL 为串口时钟信号，其频率根据芯片要求可以进行改变。本设计选用了 10kHz。

代码清单：SPI 串行总线控制模块代码

```
module    SPI_controller(iCLK,iRST,iDATA,iSTR,ACK,oRDY,oCLK,oSCEN,
                        SDA,oSCLK);
input      iCLK;              //50MHz
input      iRST;
input      iSTR;              //传输启动标志
input[15:0] iDATA;            //16位数据
output     oACK;              //应答信号
output     oRDY;              //一次传输结束信号
output     oCLK;              //同mSPI_CLK
output     oSCEN;             //串口使能信号
inout      SDA;               //串口数据线
output     oSCLK;             //串口时钟，=SCL
reg        mSPI_CLK;          //10kHz，数据传输频率,连续波形
reg[15:0]  mSPI_CLK_DIV;      //分频系数
reg        mSEN;
reg        mSDATA;
reg        mSCLK;
reg        mACK;
reg [4:0]  mST;
parameter  CLK_Freq=50000000;
```

```
parameter   SPI_Freq=20000;
always@(posedge iCLK or negedge iRST)//50MHz的时钟分频得到10kHz的
                                      SPI控制时钟
begin
    if(!iRST)
    begin
        mSPI_CLK<=0;  mSPI_CLK_DIV<=0;
end
    else
    begin
        if(mSPI_CLK_DIV< (CLK_Freq/SPI_Freq))        //分频计数值为2500
            mSPI_CLK_DIV<=mSPI_CLK_DIV+1;
        else
        begin
            mSPI_CLK_DIV<=0;  mSPI_CLK<=~mSPI_CLK;   //10K
        end
    end
end
always@(negedge mSPI_CLK or negedge iRST)    //并转串传输，共有16
                                              位有效数据
begin
    if(!iRST)
     begin
         mSEN<=1'b1;
         mSCLK<=1'b0;
         mSDATA<=1'bz;
         mACK<=1'b0;
         mST<=4'h00;
     end
     else
     begin
        if(iSTR)
        begin
            if(mST<17)
                mST<=mST+1'b1;
```

```
                if(mST==0)
                begin
                    mSEN<=1'b0;  mSCLK<=1'b1;
                end
                else if(mST==8)
                    mACK<=SDA;                        //接收应答信号
                else if(mST==16 && mSCLK)
                begin
                    mSEN<=1'b1;  mSCLK<=1'b0;
                end
                if (mST<16)
                    mSDATA<=iDATA[15-mST];
                end
            else
            begin
                mSEN<= 1'b1;
                mSCLK<=1'b0;
                mSDATA <=1'bz;
                mACK<=1'b0;
                mST<=4'h00;
            end
        end
end
assign    oACK=mACK;
assign    oRDY=(mST==17)?1'b1:1'b0;              //一次传输结束标志
assign    oSCEN=mSEN;
assign    oSCLK=mSCLK &mSPI_CLK;
assign    SDA =(mST==8)?1'bz:(mST==17)?1'bz:mSDATA
                                                 //8及16、17位为非有效数据
assign    oCLK=mSPI_CLK;
endmodule
```

5.3.3 应用举例

显示驱动芯片 TPG110 是 LCD 控制驱动电路的核心部分，其内部共有 35 个寄存器用来设置液晶屏的分辨率、颜色及亮度等参数。本模块将要通过 SPI 通信协议对芯片 TPG110 内部地址分别是 0x02—0x04、0x11—0x22 的 20 个寄存器进行写操作，将 FPGA 中的配置字写入寄存器中，用来控制显示屏的工作模式及对图像显示的修正，寄存器控制字的说明详见 TPG110 的使用手册。

每个寄存器的配置分为五步，由状态机设计完成。第一步和第二步，进行状态转换；第三步送入一个寄存器数据 (16 位)，并启动传输控制信号，开始调用 SPI 串行通信模块。该模块通过 SPI 串行总线方式，进行一次数据的传输。第四步检测传输结束信号，如果检测到一次数据传输结束信号 (m3wire_rdy=1)，若应答信号 m3wire_ack 不正常，则返回第一步，重新发送数据；如果信号正常，则进入第五步，将寄存器引索 lut_index 加 1，准备下个信号的传输。此过程循环直至索引信号 lut_index 的值为 19。

代码清单：LCD 串行总线应用程序代码

```
module    lcd_spi_cotroller (iCLK,iRST_n,xp_SCLK,xp_SDAT,xp_SCEN,
                             o3WIRE_BUSY_n);
output       o3WIRE_BUSY_n;           //20个寄存器配置结束信号
input        iCLK;                    //50MHz
input        iRST_n;
output       xp_SCLK;                 //SPI信号
inout        xp_SDAT;
output       xp_SCEN;
parameter    LUT_SIZE=20;             //共配置20个寄存器
reg          m3wire_str;              //每个寄存器配置字传输开始信号
wire         m3wire_rdy;              //每个寄存器配置字传输结束信号
wire         m3wire_ack;              //应答信号
wire         m3wire_clk;              //数据传输时钟
reg[15:0]    m3wire_data;             //每个寄存器配置字
reg[15:0]    lut_data;                //配置字
reg[5:0]     lut_index;               //寄存器索引号
reg[3:0]     msetup_st;               //状态机序号索引
reg          o3WIRE_BUSY_n;           //全部配置结束标志
wire         v_reverse;
wire         h_reverse;
wire[9:0]    g0,g1,g2,g3,g4,g5,g6,g7,g8,g9,g10,g11;
                                      //配置信息
assign       h_reverse = 1'b0;
assign       v_reverse = 1'b1;        //使能垂直翻转功能
```

5.3 SPI 接口电路

```verilog
//调用SPI_controller控制器
SPI_controller   u0 (.iCLK(iCLK),.iRST(iRST_n),
              .iDATA(m3wire_data),.iSTR(m3wire_str),
              .oACK(m3wire_ack),.oRDY(m3wire_rdy),
              .oCLK(m3wire_clk),.oSCEN(xp_SCEN),
              .SDA(xp_SDAT),.oSCLK(xp_SCLK));
always@(posedge m3wire_clk or negedge iRST_n)
begin
 if(!iRST_n)                              //复位
 begin
        lut_index<=0;
        msetup_st<=0;
        m3wire_str<=0;
        o3WIRE_BUSY_n<=0;
 end
 else
 begin
        if(lut_index<LUT_SIZE)
        begin
        o3WIRE_BUSY_n<=0;
           case(msetup_st)
           0:  begin   msetup_st<=1; end
           1:  begin   msetup_st<=2; end
           2:  begin
                  m3wire_data<=lut_data;  //配置字传输
                  m3wire_str<=1;
                  msetup_st<=3;
              end
           3:  begin
                  if(m3wire_rdy)          //检测一次写入是否结束
                  begin
                     if(m3wire_ack)
                     msetup_st<=4;
                     else
                     msetup_st<=0;
```

```
                        m3wire_str<=0;
                    end
                end
            4:  begin
                    lut_index<=lut_index+1;  //配置下一个寄存器
                    msetup_st<=0;
                end
            endcase
        end
        else    o3WIRE_BUSY_n<=1;
    end
end
//配置信息(查阅TPG110的使用手册)
assign g0=106;      assign g1=200;      assign g2=289;
assign g3=375;      assign g4=460;      assign g5=543;
assign g6=625;      assign g7=705;      assign g8=785;
assign g9=864;      assign g10=942;     assign g11=1020;

always@(*)                              //20个寄存器的配置字
begin
 case(lut_index)
 0:  lut_data<={6'h11,2'b01,g0[9:8],g1[9:8],g2[9:8],g3[9:8]};
 1:  lut_data<={6'h12,2'b01,g4[9:8],g5[9:8],g6[9:8],g7[9:8]};
 2:  lut_data<={6'h13,2'b01,g8[9:8],g9[9:8],g10[9:8],g11[9:8]};
 3:  lut_data<={6'h14,2'b01,g0[7:0]};
 4:  lut_data<={6'h15,2'b01,g1[7:0]};
 5:  lut_data<={6'h16,2'b01,g2[7:0]};
 6:  lut_data<={6'h17,2'b01,g3[7:0]};
 7:  lut_data<={6'h18,2'b01,g4[7:0]};
 8:  lut_data<={6'h19,2'b01,g5[7:0]};
 9:  lut_data<={6'h1a,2'b01,g6[7:0]};
 10: lut_data<={6'h1b,2'b01,g7[7:0]};
 11: lut_data<={6'h1c,2'b01,g8[7:0]};
 12: lut_data<={6'h1d,2'b01,g9[7:0]};
 13: lut_data<={6'h1e,2'b01,g10[7:0]};
```

```
14: lut_data<={6'h1f,2'b01,g11[7:0]};
15: lut_data<={6'h20,2'b01,4'hf,4'h0};
16: lut_data<={6'h21,2'b01,4'hf,4'h0};
17: lut_data<={6'h03, 2'b01, 8'hdf};
18: lut_data<={6'h02, 2'b01, 8'h07};
19: lut_data<={6'h04, 2'b01, 6'b000101,!v_reverse,!h_reverse};
default:    lut_data<=16'h0000;
endcase
end
endmodule
```

5.4 RAM 存储器接口电路

RAM(Random-Access Memory) 存储器是一种随机存取存储器。RAM 存储器如果保持通电，存储器中的数据就会保持不变，当断电后，其存储的数据会消失，这是它与 ROM 和 FLASH 存储器的主要区别。RAM 存储器的性能较高，存取速度快，但它的集成度比较低，体积大，掉电时不能保存数据。

5.4.1 SRAM 存储器

1. SRAM 存储器的基本结构及引脚

本节主要介绍 DE2 实验板上配置的 SRAM 存储器芯片 IS61LV25616，它是一种高速的静态存储器，其规格为 256K×16。芯片封装如图 5.7 所示，引脚含义如表 5.1 所示。

2. SRAM 存储器的读写

SRAM 存储器进行读写操作时，各个引脚的状态如表 5.2 所示，从表可以看出，当 WE 信号为高电平时 SRAM 存储器处于读状态，在该状态下，只要把 OE、CE、LB 和 UB 信号拉低，并且给出地址信号和数据，即可实现对数据的读取。当 WE 信号为低电平时 SRAM 存储器处于写状态，在该状态下，与读操作相似，只要将 CE、LB 和 UB 信号拉低并给出地址信号和数据，即可实现写数据。

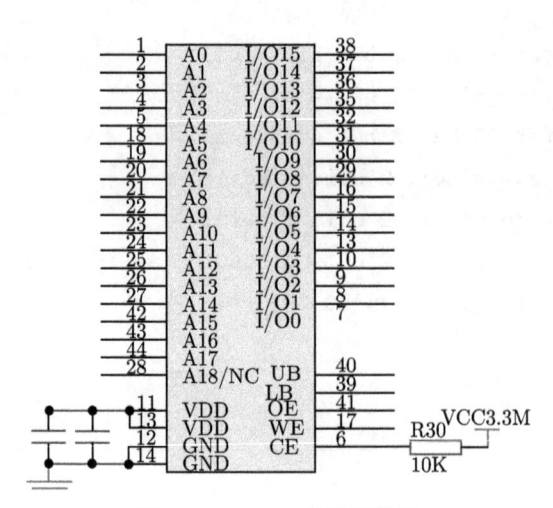

图 5.7 SRAM 芯片封装图

表 5.1 IS61LV25616 引脚含义

名称	含义
A0-A17	地址输入
I/O0-I/O15	数据输入/输出
CE	芯片输入使能
OE	输出使能
WE	读写使能
LB	低字节控制 (I/O0-I/O7)
UB	高字节控制 (I/O8-I/O15)
VCC	电源
GND	接地

表 5.2 SRAM 存储器进行读写操作的控制信号

模式	WE	CE	OE	LB	UB	I/O0-I/O7	I/O8-I/O15
	H	L	L	L	H	D_{out}	高阻
读操作	H	L	L	H	L	高阻	D_{out}
	H	L	L	L	L	D_{out}	D_{out}
	L	L	X	L	H	D_{in}	高阻
写操作	L	L	X	H	L	高阻	D_{in}
	L	L	X	L	L	D_{in}	D_{in}

5.4.2 基于双 RAM 乒乓操作的数据存储电路

典型的乒乓操作如图 5.8 所示，输入数据流通过"输入数据选择单元"将数据流等时分配到两个数据缓存区。在第 1 个周期，将输入的数据流缓存到"数据缓存模块 1"，与此同时，"数据缓存模块 2"中缓存的数据通过"输出数据流选择单元"

5.4 RAM 存储器接口电路

的选择,送到显示电路。在第 2 个周期,将输入的数据流缓存到"数据缓存模块 2",与此同时,"数据缓存模块 1"中缓存的数据通过"输出数据流选择单元"的切换,送到显示电路。乒乓操作的最大特点是通过"输入数据选择单元"和"输出数据选择单元"按节拍、相互配合地切换,将经过缓冲的数据流没有停顿地送到"数据流运算处理模块"进行运算与处理。把乒乓操作模块当作一个整体,站在这个模块的两端看数据,输入数据流和输出数据流都是连续不断的,没有任何停顿,因此非常适合对数据流进行流水线式处理。

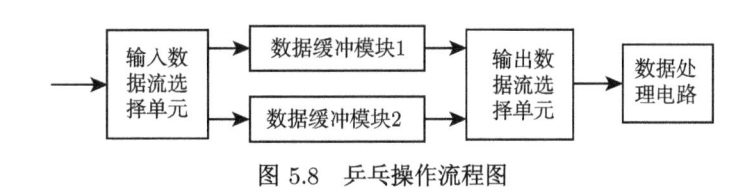

图 5.8 乒乓操作流程图

乒乓操作常常应用于流水线式算法,完成数据的无缝缓存与处理。现以一个 32 点的 FFT 运算来说明:假设数据输入的速率是 10M,每接收 32 个数据需要信号处理器进行一次处理。若 ADI 信号处理器的系统时钟为 100M,每处理一次 32 点的 FFT 运算约需 20 个系统时钟,那么由于数据传输及接收的速率不匹配,处理器每处理一次 32 点就会有若干个传输数据不能得到及时接收,有可能造成数据丢失。所以,为了防止上述情况发生,通常的做法是对输入数据进行乒乓操作。选用存储容量为 32×2 的 RAM,分别用 A/B 两个端口进行控制,每个端口控制的存储容量为 32。以乒乓操作的方式分别对 A/B 端口进行读写操作,即当对 A 端口的 32 个数据进行写操作时,同时对 B 端口已写入的 32 个数据进行读操作并送入处理器进行处理。A/B 端口读写的时钟根据设计要求可以设置成不同频率。例如上例,写入数据时钟为 10M,读出数据时钟为 100M,可以算出写入 32 个数据需要的时间是 32×10=320 个处理器系统时钟,读出 32 个数据及数据处理所需要的时间是 32+20=52 个处理器系统时钟,可见当 A 端口进行数据接收时,B 端口进行上一轮数据的读出和处理,在时间上是能够匹配的,保证了数据的连续性。

1. 双端口 RAM 的设置

数据缓存模块可以是任何存储模块,比较常用的存储单元为双口 RAM、单口 RAM、FIFO 等,本设计将调用 Quartus II 软件中的宏功能模块双端口 RAM,作为乒乓操作中的数据缓存模块。双端口 RAM 调用及设置过程如下:

(1) 打开 Quartus II,点击 Tools 菜单,选择 MegaWizard Plug-In Manager 选项,出现如图 5.9 所示对话框,选择第一项 Creat a new costom megafunction variation。

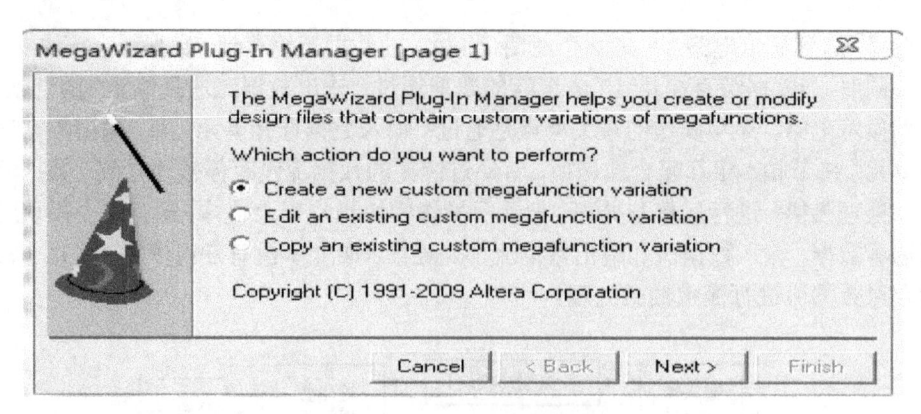

图 5.9　宏功能模块界面

(2) 点击 Next 按钮，出现如图 5.10 所示界面。在界面中选择 Verilog HDL 语言，在 Memory Compiler 选项中选择 RAM：2-PORT，将文件保存在 D 盘 my_work 文件夹中，将设计的存储器文件起名为 ram2。

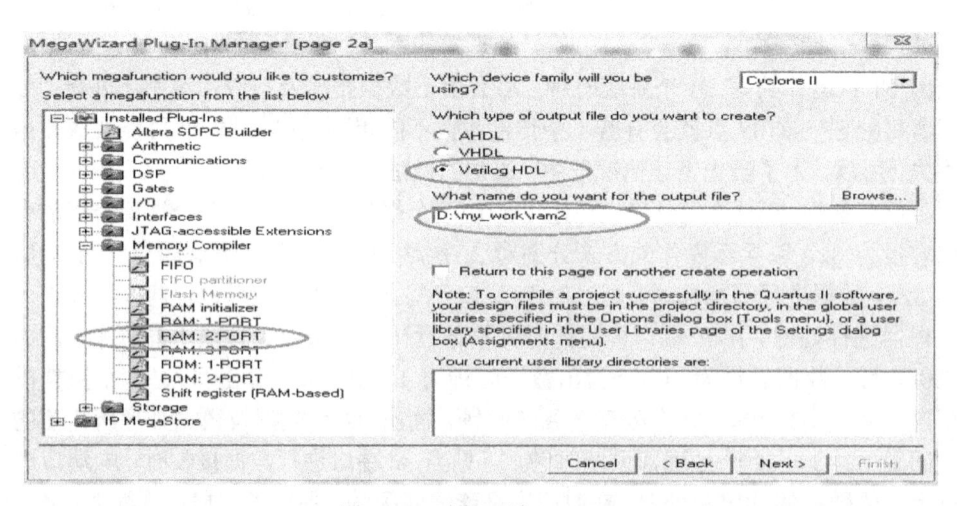

图 5.10　选择双端口 RAM

(3) 点击 Next 按钮，出现如图 5.11 所示界面。在端口选项中选择 with two read/write ports。

(4) 点击 Next 按钮，出现如图 5.12 所示界面。在存储容量选项中选择 1024 个字，输出数据的宽度选项为 8。

(5) 点击 Next 按钮，直到出现如图 5.13 所示界面。选择图中的双时钟选项。之后点击 Next 按钮，直到 Finish 完成设计。

5.4 RAM 存储器接口电路

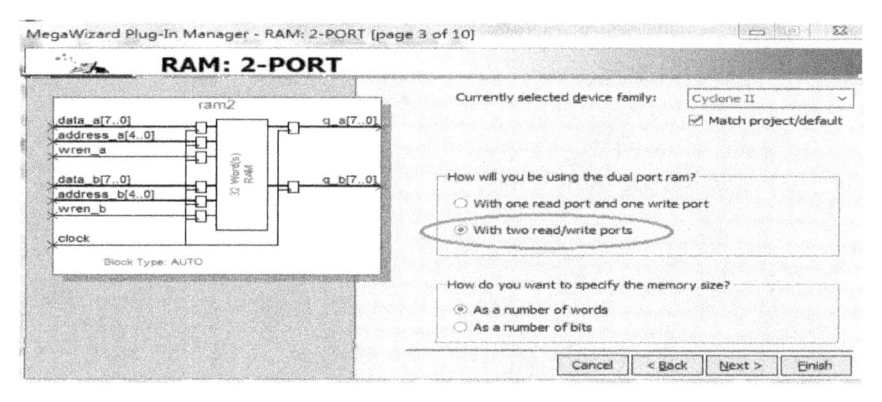

图 5.11 端口参数设置

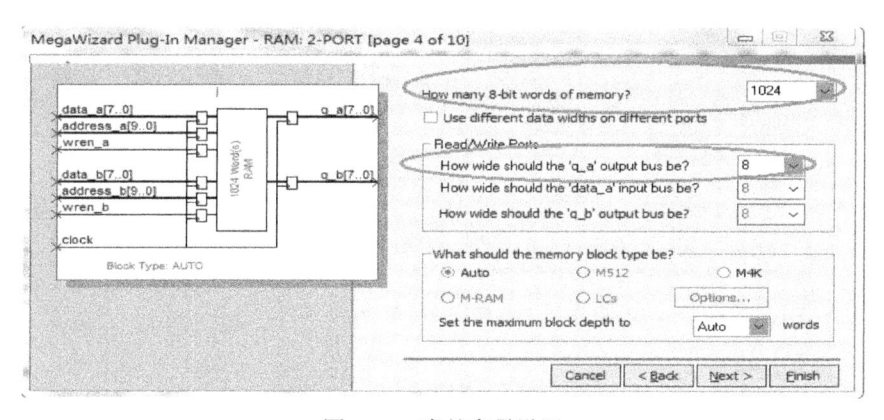

图 5.12 存储容量设置

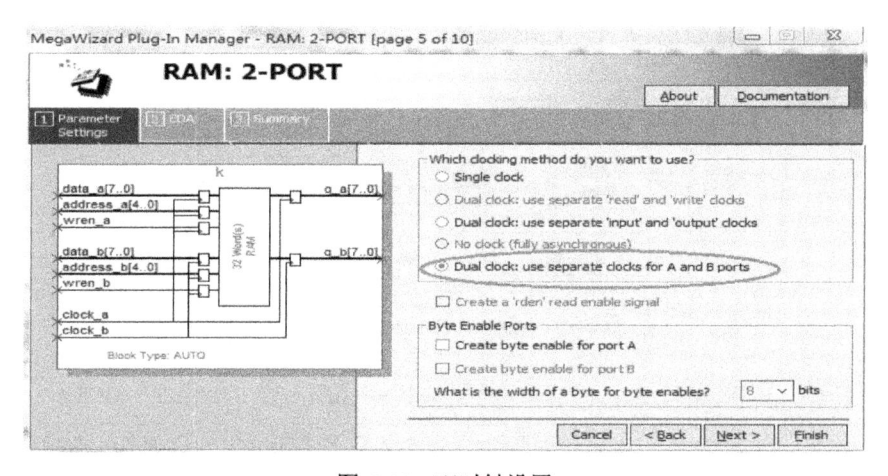

图 5.13 双时钟设置

(6) 打开 my_work 文件夹中的 ram2.v 文件，可见如图 5.14 所示的设计程序，双端口 RAM 电路设计完成。

```
37      `timescale 1 ps / 1 ps
38      // synopsys translate_on
39      module ram2 (
40          address_a,
41          address_b,
42          clock_a,
43          clock_b,
44          data_a,
45          data_b,
46          wren_a,
47          wren_b,
48          q_a,
49          q_b);
50
51      input   [4:0]   address_a;
52      input   [4:0]   address_b;
53      input           clock_a;
54      input           clock_b;
55      input   [7:0]   data_a;
56      input   [7:0]   data_b;
57      input           wren_a;
58      input           wren_b;
59      output  [7:0]   q_a;
60      output  [7:0]   q_b;
```

图 5.14 双端口 RAM 的.v 文件

2. 乒乓操作的设计实现

基于以上步骤调用了一个双端口存储器 RAM，其内部结构示意图如图 5.15 所示，同一个存储器具有两组相互独立的读写控制线路，因此可用这两组控制线路同时对存储器进行读写操作。但是必须注意，不能对一个地址同时进行读写操作。

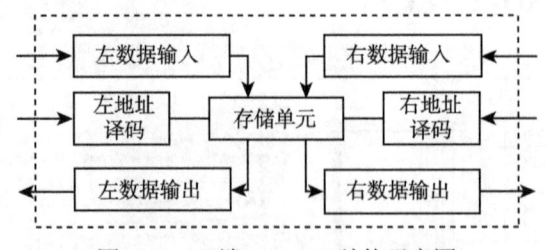

图 5.15 双端口 RAM 结构示意图

代码清单：双端口 RAM 实现乒乓操作程序代码

```
module dul_port_c1024(iDATA,clr,iHSYNC,Y_CLOCK1,Y_CLOCK2,oDATA,
                     I,countera1,countera2,counterb1,counterb2,
                     DATA_a,DATA_b,I_a,I_b);
```

5.4 RAM 存储器接口电路

```
    input[7:0]      iDATA;              //传输数据
    input           clr;                //清零
    input           iHSYNC;             //读写的起始标志
    input           Y_CLOCK1;           //写入时钟
    input           Y_CLOCK2;           //读出时钟
    output[7:0]     oDATA;              //存储器输出数据
    //用于仿真观测的信号
    output reg      I;                  //读写交换标志
    output reg[4:0] countera1;          //A口写地址
    output reg[4:0] countera2;          //A口读地址
    output reg[5:0] counterb1;          //B口写地址
    output reg[5:0] counterb2;          //B口读地址
    output[7:0]     DATA_a;             //A口输出数据
    output[7:0]     DATA_b;             //B口输出数据
    output          I_a;                //A口读写控制
    output          I_b;                //B口读写控制

always@(negedge iHSYNC or negedge clr)
    if(!clr)  I=0;else    I=~I;
always@(negedge iHSYNC or posedge Y_CLOCK1)//端口A的写地址，前32个地址
begin
    if(!iHSYNC) countera1=0; else countera1=countera1+1;
end
always@(negedge iHSYNC or posedge Y_CLOCK2)//端口A的读地址，前32个地址
begin
    if(!iHSYNC) countera2=0; else countera2=countera2+1;
end
always@(negedge iHSYNC or posedge Y_CLOCK1)//端口B的写地址，后32个地址
begin
    if(!iHSYNC) counterb1=32; else counterb1=counterb1+1;
end
always@(negedge iHSYNC or posedge Y_CLOCK2)//端口B的读地址，后32个地址
begin
    if(!iHSYNC) counterb2=32;
    else
```

```
            if(counterb2>=63)  counterb2=32;      //否则会从0开始
            else    counterb2=counterb2+1;
    end
        /////////2-port address assign//////
        assign    I_a=I;
        assign    I_b=~I;
        wire[9:0]COUNTER_a=(I)? countera1:countera2;
                                                    //端口A的读、写地址交换
        wire[9:0]COUNTER_b=(!I)? counterb1:counterb2;
                                                    //端口B的读、写地址交换
        wire CLOCK_a= (I)? Y_CLOCK1:Y_CLOCK2;  //端口A的读、写时钟交换
        wire CLOCK_b=(!I)? Y_CLOCK1:Y_CLOCK2;  //端口B的读、写时钟交换
//////dual-port RAM//////
        RAM2 u2(
        .data_a (iDATA),                    //a port
        .wren_a (I_a),                      //wren =1, write; wren =0, read
        .address_a (COUNTER_a),
        .clock_a (CLOCK_a),
        .q_a (DATA_a),
        .data_b (iDATA),                    //b port
        .wren_b (I_b),
        .address_b (COUNTER_b),
        .clock_b (CLOCK_b),
        .q_b (DATA_b)
    );
/////datax2 output/////
assign    oDATA=(!I) ? DATA_a: DATA_b;
endmodule
```

3. 仿真及分析

对上述程序编写 testbench 仿真测试文件如下：

代码清单：双端口 RAM 乒乓操作程序的测试代码

```
`timescale 1ns/1ns
module dul_port_c1024_test;
reg[7:0]    iDATA;
```

5.4 RAM 存储器接口电路

```
reg         iHSYNC;
reg         clr;
reg         Y_CLOCK1;
reg         Y_CLOCK2;
wire[7:0]   oDATA;
wire        I;
wire[4:0]   countera1,countera2;
wire[5:0]   counterb1,counterb2;
wire[7:0]   DATA_a,DATA_b;
wire        I_a,I_b;
dul_port_c1024  u1 (.iDATA(iDATA),.I(I),.iHSYNC(iHSYNC),
            .Y_CLOCK1(Y_CLOCK1),.Y_CLOCK2(Y_CLOCK2),
            .oDATA(oDATA),.clr(clr),.countera1(countera1),
            .countera2(countera2),.counterb1(counterb1),
            .counterb2(counterb2),.DATA_a(DATA_a),
            .DATA_b(DATA_b),.I_b(I_b),.I_a(I_a));
initial
begin
    Y_CLOCK1=0;
    Y_CLOCK2=0;
    clr=0;
    #1000 clr=1;
end
always  #10   Y_CLOCK1=~Y_CLOCK1;            //写时钟
always  #5    Y_CLOCK2=~Y_CLOCK2;            //读时钟
always@(posedge Y_CLOCK1 or negedge clr)     //产生输入数据
    if(!clr)
    begin   iDATA=0;   iHSYNC=0;   end
    else if ((iDATA>=31))
    begin   iDATA=0;   iHSYNC=0;   end
    else
    begin   iDATA=iDATA+1;   iHSYNC=1;   end
endmodule
```

仿真结果如图 5.16 所示,从图上可以看出,A/B 两个端口读写操作交替进行,读写操作采用不同的频率，保证了读出的数据能够在写操作完成之前完成数据的处理，保证了数据传输的流畅性。

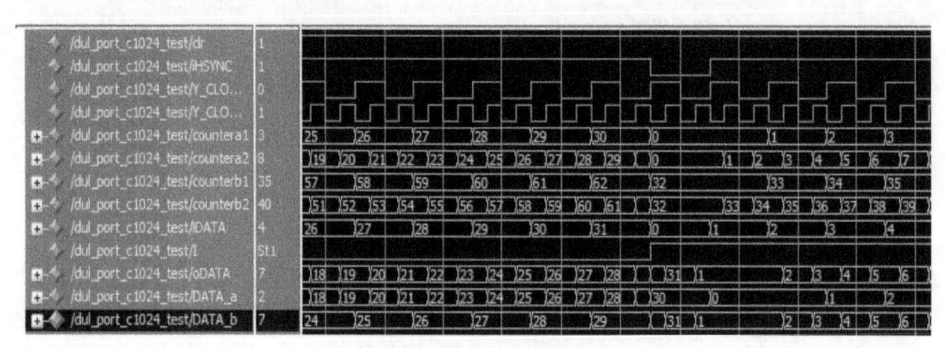

图 5.16　双端口 RAM 的仿真波形

5.5　CRC 校验电路

在通信的过程中，由于外界干扰或者电路本身不稳定因素的影响，通信系统中不可避免地会受到干扰，为了保证通信的可靠性，经常在通信数据中添加校验附加码。这些附加码与信息数据之间以某种确定的规则相互关联，接收端按照这些规则监督信息传输的正确性。本节所介绍的 CRC 校验由于编码简单且误判率较低，在串行通信中被广泛应用。

5.5.1　CRC 校验原理

串行传送的信息可以表示为一串 k 位的二进制码序列，CRC 校验的基本思想是利用线性编码理论，在发送端根据要传送的 k 位二进制码序列，以一定的规则产生一个校验用的监督码 (CRC 码) r 位，并附在信息后边，构成一个新的二进制码序列数共 $(k+r)$ 位，最后发送出去。在接收端，则根据信息码和 CRC 码之间所遵循的规则进行检验，以确定传送中是否出错。

在纠错编码代数中，把串行传送的二进制信息看成一个多项式，例如 1100101 表示为

$$M(x) = a_6x^6 + a_5x^5 + a_4x^4 + a_3x^3 + a_2x^2 + a_1x^1 + a_0x^0$$
$$= x^6 + x^5 + x^2 + 1$$

多项式 $M(x)$ 也称为信息代码多项式，二进制序列代码代表多项式的系数。

在信息代码多项式 $M(x)$ 后再增加 r 位的校验码，表示为 $x^rM(x)$，假设校验码的生成多项式为 $G(x)$，用该多项式去除多项式 $x^rM(x)$，得到的商为 $Q(x)$，余式

5.5 CRC 校验电路

为 $\dfrac{R(x)}{G(x)}$，则可写成

$$x^r \dfrac{M(x)}{G(x)} = Q(x) + \dfrac{R(x)}{G(x)}$$
$$x^r M(x) = Q(x)G(x) + R(x)$$

由于模 2 的加法和减法运算结果相同，上式又可以写成

$$x^r M(x) + R(x) = Q(x)G(x) \tag{5-3}$$

可以看到 $x^r M(x) + R(x)$ 一定能被校验码生成的多项式 $G(x)$ 除尽。因此采用 CRC 校验码进行信息传递的过程为：在发送端，在信息代码多项式 $M(x)$ 的基础上生成新的信息代码多项式 $x^r M(x) + R(x)$ 进行发送，在接收端，将接收到的 $x^r M(x) + R(x)$ 除以生成多项式 $G(x)$，若所产生的余数为零，则接收到的信息无误，否则就在传输过程中发生了误码。

5.5.2 CRC 校验码的编码原理

从上面的分析可以看出，采用 CRC 校验码的编码，关键是根据生成多项式 $G(x)$ 确定其余数多项式 $R(x)$，即 CRC 校验码。针对 CRC 校验码的 FPGA 实现，目前有三种方法：逐比特比较法、查找表法和并行计算法。

这三种方法各有优缺点：逐比特比较法根据多项式的定义，采用模 2 加减法完成除法功能。该方法实现简单，容易理解，但是运行速度受到一定限制。查找表法设计简单，但是查找表的大小取决于信息位数，当信息位数较大时，查找表建立及储存有一定难度。并行计算法根据校验码的多项式反馈特性，将串行反馈特性等效成并行等效计算。这种方法计算速度最快，但是在编程前必须事先推导出各反馈系数的表达式。本节将采用第一种方法进行实现。

1. CRC 生成多项式

从上述过程可知，生成多项式 $G(x)$ 是求解 CRC 校验码的重要组成部分，表 5.3 列出了部分常用标准的 CRC 码生成多项式。

表 5.3 常用标准的 CRC 码生成多项式

CRC 码	生成多项式	二进制比特序列
CRC-3	$x^3 + x + 1$	1011
CRC-4	$x^4 + x^3 + 1$	11001
CRC-8	$x^8 + x^5 + x^4 + 1$	100110001
CRC-12	$x^{12} + x^{11} + x^3 + x + 1$	1100000001011
CRC-16	$x^{16} + x^{15} + x^2 + 1$	11000000000000101

2. 基于逐比特比较法的 CRC 校验码的设计原理

假设二进制信息序列 $M(x)$ 为 10110011，选择 CRC 码的生成多项式为 $G(x) = x^4 + x^3 + 1$，求出二进制序列的 CRC 校验码设计过程如下：

(1) 把生成多项式 $G(x)$ 转换成二进制序列。生成多项式 $G(x) = x^4 + x^3 + 1$ 对应的二进制比特序列为 11001。根据前面的原理可知，CRC 校验码的位数是 $G(x)$ 最高次数 4。

(2) 确定 CRC 校验码。根据前面的原理，将原来的二进制信息系列 10110011 扩展 4 位。即在 10110011 后面加 4 个 0，得到 101100110000。把这个数除以生成多项式 $G(x)$ 的二进制比特序列 11001，最后的余数即为 CRC 校验码。运算过程如图 5.17 所示。

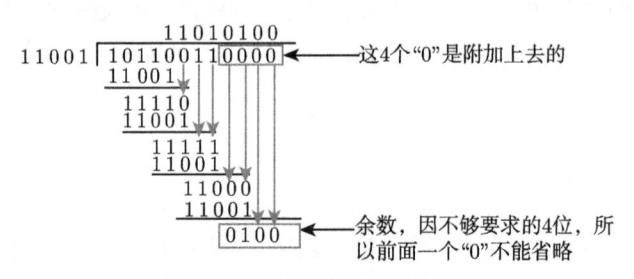

```
                  11010100
         11001 ) 101100110000   ← 这4个"0"是附加上去的
                  11001
                  11110
                  11001
                   11111
                   11001
                    11000
                    11001
                     0100   ← 余数，因不够要求的4位，所
                              以前面一个"0"不能省略
```

图 5.17 CRC 校验码计算示例

3. 模 2 加减法的硬件实现

上述设计步骤 (2) 中需要多次进行二进制减法运算，因为涉及借位的问题，所以在硬件实现上有一定的难度。通过对二进制加减运算的研究，可以发现二进制中的加减运算结果等同于二进制的逻辑异或运算结果，即两者对应位相同则结果为 "0"，不同则结果为 "1"。这样就可以用逻辑异或运算代替二进制的加减运算，硬件电路设计变得简单易实现。

5.5.3 基于 FPGA 的逐比特比较法求解 CRC 校验码设计实现

代码清单：CRC 校验码逐比特比较法的程序代码

```
module crc(clk,indata,clr,crc);
    input[7:0]      indata;             //信息二进制
    input           clk;
    input           clr;
    output[3:0]     crc;                //CRC校验码
    reg[3:0]        crc;
    wire[11:0]      stemp;
```

```
reg[11:0]        exp;
parameter        scxiang=5'b11001;           //生成多项式二进制
assign           stemp={indata,4'b0000};
always@(posedge clk or negedge clr)
begin
    if(!clr)
    begin
        crc<=0; exp<=stemp;
    end
    else
    begin
         if(exp[11])
             exp[11:7]<=exp[11:7]^ scxiang;
        else if(exp[10])
            exp[10:6]<=exp[10:6]^ scxiang;
        else if(exp[9])
            exp[9:5]<=exp[9:5]^ scxiang;
        else if(exp[8])
            exp[8:4]<=exp[8:4]^ scxiang;
        else if(exp[7])
            exp[7:3]<=exp[7:3]^ scxiang;
        else if(exp[6])
            exp[6:2]<=exp[6:2]^ scxiang;
        else if(exp[5])
            exp[5:1]<=exp[5:1]^ scxiang ;
        else if(exp[4])
            exp[4:0]<=exp[4:0]^ scxiang ;
        else
            crc<=exp[3:0];
    end
end
endmodule
```

5.5.4 仿真与分析

对上述程序编写 testbench 仿真测试文件如下：

代码清单：CRC 校验码逐比特比较法程序测试代码

```verilog
module crc_test;
reg         clk;
reg[7:0]    indata;
reg         clr;
wire[3:0]   crc;
crc uut (.clk(clk),.indata(indata),.clr(clr),.crc(crc));
initial
begin
  clk=0;
  indata=0;
  clr=0;
  #1000   indata =8'b10110011;   //第一个测试数据
  #50    clr=0;                  //clr =0时置第一个测试数据
  #50    clr=1;                  //计算CRC
  #1000   indata =8'b11001100;   //第二个测试数据
  #50    clr=0;                  //置第二个数
  #50    clr=1;                  //计算
  #1000   indata =8'b10100101;   //第三个测试数据
  #50    clr=0;
  #50    clr=1;
  #1000   indata =8'b10110100;   //第四个测试数据
  #50    clr=0;
  #50    clr=1;
  #1000   indata =8'b11110000;   //第五个测试数据
  #50    clr=0;
  #50    clr=1;
end
always #10   clk=~clk;
endmodule
```

仿真结果如图 5.18 所示，在测试文件中输入了 5 个测试数据，从图上可以看出，5 个测试数据产生的 CRC 验证码分别是 0100,1111,1110,1001 和 1100。经验证，仿真结果与实际计算结果相同。

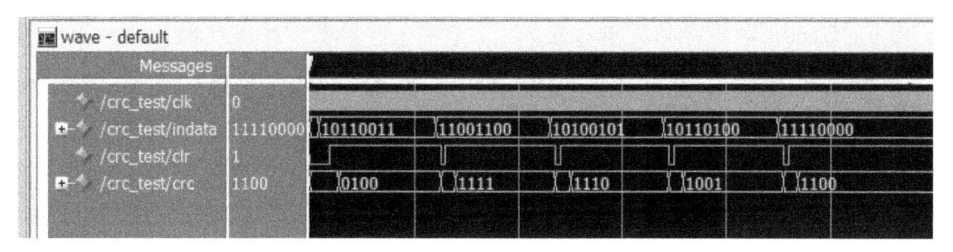

图 5.18 CRC 验证码的仿真波形

5.6 LCD 控制电路

5.6.1 LCD 简介

液晶显示模块具有体积小、功耗低、显示内容丰富、超薄轻巧等优点，在袖珍式仪表和低功耗应用系统中得到广泛的应用，目前字符型液晶显示模块已经是 FPGA 应用设计中最常用的信息显示器件。本节以 LCD1602 液晶显示屏为例，说明液晶显示控制模块的设计。

1. LCD1602 的引脚功能

LCD1602 液晶显示模块可以显示两行，每行 16 个字符，采用 +5V 电源供电，外围电路配置简单，价格便宜，具有很高的性价比。LCD1602 采用标准的 16 脚接口，各引脚功能如下所示。

第 1 脚：VSS 为电源地，接 GND。

第 2 脚：VDD 为电源，接 +5V 电源。

第 3 脚：VL 为液晶显示器对比度调节端，接地时对比度最高，接正电源时对比度最弱，在使用时可以通过一个 10K 左右的电位器来调整其对比度。

第 4 脚：RS 为寄存器选择端，低电平时选择指令寄存器，高电平时选择数据寄存器。

第 5 脚：RW 为读写信号线端，低电平时进行的是写操作，高电平时进行的是读操作。如果不需要读操作，那么该引脚可直接接地。

第 6 脚：E 端为使能端，当 E 端由高电平转变为低电平时，液晶模块开始执行命令。

第 7~14 脚：D0~D7 为 8 位双向数据线。

第 15 脚：BLA 背光电源正极 (+5V) 输入引脚。

第 16 脚：BLK 背光电源负极，接 GND。

2. LCD1602 中字符的显示原理

LCD1602 中有 3 类存储器 DDRAM、CGROM 和 CGRAM。DDRAM 称作显示数据 RAM，用于存储当前所要显示字符的代码。DDRAM 的地址对应着显示屏上的各字符位，见表 5.4。DDRAM 容量有 80 个字节，一般情况下，只用到 32 个字节显示 2 行字符，此时，LCD 屏上第一行自左至右的 16 个字符位地址编码为 0x00~0x0f(对应的十进制为 0~15)，第 2 行自左至右的 16 个字符位地址编码为 0x40~0x4f(对应的十进制为 64~79)。这样，在 LCD 屏上显示字符的操作实际上就是向 DDRAM 地址中写入字符代码的操作。

表 5.4 地址和屏幕的对应关系

显示位置		1	2	3	4	5	6	7	…	40
DDRAM 地址	第一行	00H	01H	02H	03H	04H	05H	06H	…	27H
	第二行	40H	41H	42H	43H	44H	45H	46H	…	67H

CGROM 称为字符发生 ROM，已经存储了 160 个不同的点阵字符图形，这些字符有：阿拉伯数字、英文字母的大小写、常用的符号和日文假名等，每一个字符都有一个固定的代码，比如大写的英文字母"A"的代码是 01000001B(41H)，模块把地址 41H 中的点阵字符图形显示出来，显示屏上就能看到字母"A"。

CGRAM 即字符发生 RAM，其作用是存储用户自定义的字符代码。用户自定义字符代码有 2 种格式：5×7 点阵格式和 5×10 点阵格式。

3. LCD1602 操作指令说明

LCD1602 液晶模块内部的控制器共有 11 条控制指令，LCD1602 液晶显示器的读写操作，屏幕和光标操作都是通过编程来完成的。常用的指令如下所示。

1) 清屏指令

指令功能	指令编码									执行时间/ms
	RS	R/W	DB7	DB6	DB5	DB4	DB3	DB2	DB1	DB0	
清屏	0	0	0	0	0	0	0	0	0	1	1.64

功能：(1) 清除液晶显示器，即将 DDRAM 的内容全部填入"空白"的 ASCII 码 20H；

(2) 光标归位，即将光标撤回液晶显示屏的左上方；

(3) 将地址计数器 (AC) 的值设为 0。

5.6 LCD 控制电路

2) 光标归位指令

指令功能	指令编码										执行时间/ms
	RS	R/W	DB7	DB6	DB5	DB4	DB3	DB2	DB1	DB0	
光标归位	0	0	0	0	0	0	0	0	1	X	1.64

功能：(1) 把光标撤回到显示器的左上方；
(2) 把地址计数器 (AC) 的值设置为 0；
(3) 保持 DDRAM 的内容不变。

3) 进入模式设置指令

指令功能	指令编码										执行时间/μs
	RS	R/W	DB7	DB6	DB5	DB4	DB3	DB2	DB1	DB0	
进入模式设置	0	0	0	0	0	0	0	1	I/D	S	40

功能：设定每次进入 1 位数据后光标移位方向，并且设定每次写入的一个字符是否移动。

I/D=0：写入新数据后光标左移；I/D =1：写入新数据后光标右移。
S=0：写入新数据后显示屏不移动；S=1：写入新数据后显示屏整体向右 (I/D=1) 或向左 (I/D=0) 移动 1 个字符。

4) 显示开关控制指令

指令功能	指令编码										执行时间/μs
	RS	R/W	DB7	DB6	DB5	DB4	DB3	DB2	DB1	DB0	
显示开关控制	0	0	0	0	0	0	1	D	C	B	40

功能：控制显示器开/关、光标显示/关闭以及光标是否闪烁。
D= 0：显示功能关；D=1：显示功能开。C =0：无光标；
C=1：有光标。B=0：光标闪烁；B=1：光标不闪烁。

5) 设定显示屏或光标移动方向指令 (一屏模式)

指令功能	指令编码										执行时间/μs
	RS	R/W	DB7	DB6	DB5	DB4	DB3	DB2	DB1	DB0	
设定显示屏或光标移动方向	0	0	0	0	0	1	S/C	R/L	X	X	40

功能：使光标移位或使整个显示屏幕移位。参数设定的情况如下：
S/C R/L：设定情况
0   0：光标左移 1 格，且 AC 值减 1；
0   1：光标右移 1 格，且 AC 值加 1；

1　　0：显示器上字符全部左移一格，但光标不动；

1　　1：显示器上字符全部右移一格，但光标不动。

6) 功能设定指令

指令功能	指令编码										执行时间/μs
	RS	R/W	DB7	DB6	DB5	DB4	DB3	DB2	DB1	DB0	
功能设定	0	0	0	0	1	DL	N	F	X	X	40

功能：设定数据总线位数、显示的行数及字型。参数设定的情况如下：
DL=0：数据总线为 4 位；DL=1：数据总线为 8 位。N=0：显示 1 行；
N=1：显示 2 行。F=0：5×7 点阵/字符；F=1：5×10 点阵/字符。

7) 设定 CGRAM 地址指令

指令功能	指令编码										执行时间/μs
	RS	R/W	DB7	DB6	DB5	DB4	DB3	DB2	DB1	DB0	
设定 CGRAM 地址	0	0	0	1	CGRAM 的地址 (6 位)						40

功能：设定下一个要存入数据的 CGRAM 的地址。

8) 设定 DDRAM 地址指令

指令功能	指令编码										执行时间/μs
	RS	R/W	DB7	DB6	DB5	DB4	DB3	DB2	DB1	DB0	
设定 DDRAM 地址	0	0	1	DDRAM 的地址 (7 位)							40

功能：设定下一个要存入数据的 DDRAM 的地址。

第一行首地址：8'h80+8'h00=8'h80

第二行首地址：8'h80+8'h40=8'hc0

9) 读取忙碌信号或 AC 地址指令

指令功能	指令编码										执行时间/μs
	RS	R/W	DB7	DB6	DB5	DB4	DB3	DB2	DB1	DB0	
读取忙碌信号或 AC 地址	0	1	FB	AC 内容 (7 位)							40

功能：(1) 读取忙碌信号 BF 的内容，BF=1：表示液晶显示器忙，暂时无法接收送来的数据或指令；BF=0：液晶显示器可以接收送来的数据或指令。

(2) 读取地址计数器 (AC) 的内容。

5.6 LCD 控制电路

10) 数据写入 DDRAM 或 CGRAM 指令

指令功能	指令编码										执行时间/μs
	RS	R/W	DB7	DB6	DB5	DB4	DB3	DB2	DB1	DB0	
数据写入 DDRAM 或 CGRAM	1	0	要写入的数据 D7~D0								40

功能：(1) 将字符码写入 DDRAM，以使液晶显示屏显示出相对应的字符；
(2) 将使用者自己设计的图形存入 CGRAM。

11) 从 CGRAM 或 DDRAM 读出数据的指令

指令功能	指令编码										执行时间/μs
	RS	R/W	DB7	DB6	DB5	DB4	DB3	DB2	DB1	DB0	
从 CGRAM 或 DDRAM 读出数据	1	1	要读出的数据 D7~D0								40

功能：读取 DDRAM 或 CGRAM 中的内容。

5.6.2 基于 FPGA 的 LCD 控制电路设计

1. 设计方案

根据工作原理，LCD 控制电路由分频模块和主程序组成。

由于 FPGA 实验板提供的频率太高，从手册是可查的 E 信号的最小周期为 1000ns，用分频的办法满足使能信号周期的最小时间。

主程序完成初始化及数据的写入功能。初始化：液晶在上电过程中，必须进行初始化，否则模块无法正常显示。数据写入：液晶初始化完成以后，便可以写入数据。写入数据时，首先选择要写数据的地址，再写入数据。

上述主程序的控制过程是利用状态机来完成的，状态机执行的顺序如图 5.19 所示。

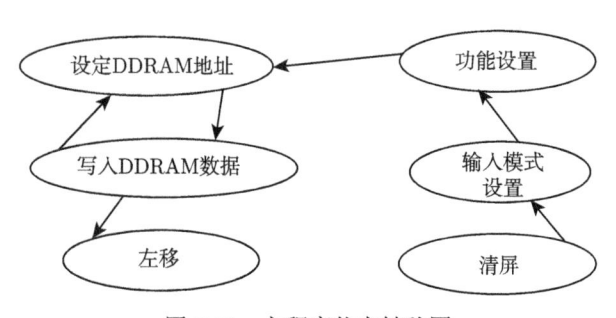

图 5.19 主程序状态转移图

2. LCD 液晶显示器控制电路程序的实现

代码清单：LCD 液晶显示器控制电路程序代码

```verilog
module   lcd1602(clk,rst,rw,rs,en,on,blon,data);
input         clk,rst;
output        rw,rs,en,on,blon;
output[7:0]   data;
wire          clk,rst;
wire          clk1,rw,en,on,blon;
reg           rs;
reg[7:0]      data;
reg[7:0]      state;
reg[4:0]      addcount;                //每行字符计数
reg[127:0]    databuf1,databuf2;       //用于寄存显示的字符
                                       //定义8种状态
parameter[7:0] clear= 8'b0000_0001;
parameter[7:0] setmode= 8'b0000_0010;
parameter[7:0] xianshi= 8'b0000_0100;
parameter[7:0] shift= 8'b0000_1000;
parameter[7:0] addr= 8'b0001_0000;
parameter[7:0] write1= 8'b0010_0000;
parameter[7:0] write2= 8'b0100_0000;
parameter[7:0] zuoyi= 8'b1000_0000;
                                       //LCD上显示的字符
parameter   data1 = "today is sunny ";
parameter   data2 = "the sky is blue";
assign      rw=0;                      //读写控制信号
assign      on=1;
assign      blon=1;
assign      en=clk1;                   //采用时钟作为使能信号
fenpin m1(.clk2(clk),.rst2(rst),.clk_odd(clk1));//例化分频电路模块
always@(posedge clk1 or negedge rst)
 if (!rst)
 begin
      state<=clear;rs<=0;data<=0;addcount<=0;
```

5.6 LCD 控制电路

```
        end
    else
        case(state)
            clear: begin                        //指令1: clear 清屏
                    data<=8'h01;
                    state<=setmode;
                end
            setmode: begin                      //指令6: set 5×7 dot功能设置
                                                 （8条数据线）
                    data<=8'h38;
                    state<=xianshi;
                end
            xianshi: begin                      //指令4: set on or off
                                                 屏幕及光标设置
                    data<=8'h0d;
                    state<=shift;
                end
            shift:  begin                       //指令3:  shift输入模式
                    data<=8'h06;
                    state<=addr;
                end
            addr:   begin                       //指令8: DDRAM地址设置;
                                                 第一行:8'h80+8'h00
                    data<=8'h80;
                    state<=write1;
                    databuf1<=data1;
                end
            write1: begin
                    if(addcount==15)
                    begin
                        rs<=0;
                        data<=8'hc0;            //指令8:  DDRAM地址设置;
                                                 第二行8'h80+8'h40
                        addcount<=0;
                        state<=write2;
```

```
                    databuf2<=data2;
            end
            else
            begin
                    rs<=1;              //指令10: 向DDRAM中写数据1
                    data<=databuf1[127:120];
                    databuf1<=(databuf1<<8);
                    addcount<=addcount+1;
                    state<=write1;
            end
        end
write2: begin
            if(addcount==15)
            begin
                    addcount<=0;
                    state<=zuoyi;
            end
            else
            begin
                    rs<=1;              //指令10: 向DDRAM中写数据2
                    data   <=databuf2[127:120];
                    databuf2<=(databuf2<<8);
                    addcount<=addcount+1;
                    state   <=write2;
            end
        end
zuoyi: begin                            //指令5: 显示左移
            rs<=0; data<=8'h18;
            state<=zuoyi;
        end
default:  state <= clear;
    endcase
endmodule
```

3. 分频电路模块

代码清单：分频电路代码

```
module  fenpin(clk2,rst2,clk_odd);
input      clk2,rst2;
output     clk_odd;
reg        clk_odd;
reg[32:0]  count;
always@(posedge clk2)               //控制信号的周期为200ms
begin
        if(!rst2)
        begin count<=0; clk_odd<=0; end
        else
            if(count==5999999)
            begin   count<=0;clk_odd<=~clk_odd; end
            else
            begin   count<=count+1;clk_odd<=clk_odd; end
end
endmodule
```

4. 电路测试

对电路的测试如图 5.20 所示，从图中可以看到，LCD 上显示了预先设置的字符。

图 5.20 LCD 电路测试

5.7 VGA 控制电路

5.7.1 VGA 简介

VGA(Video Graphics Array) 是 IBM 在 1987 年推出的一种模拟信号的视频传输标准，有分辨率高、显示速率快、颜色丰富等优点，在彩色显示器领域得到了广泛的应用。VGA 的接口电路也叫作 D-Sub，如图 5.21 所示，采用非对称分布的 15 脚连接方式，共有 15 针。VGA 信号由红、绿、蓝三色信号和行、场同步信号共同组成，通过 15 针 VGA 接口输出至显示器，驱动显示器。

VGA 的工业标准如下：

640×480×60Hz

时钟频率 25.175MHz

输出五个信号：

R、G、B：三基色信号

HS：行同步信号

VS：场同步信号

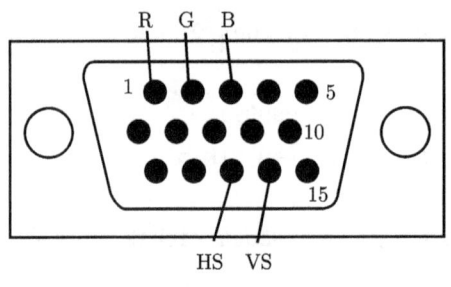

图 5.21　VGA 接口引脚

5.7.2　扫描原理

VGA 上图像显示是通过行扫描和帧扫描完成的。

(1) 行扫描：电子束沿水平方向的扫描称为行扫描。其中从左至右的扫描称为行扫描正程，简称行正扫。从右至左的扫描称为行扫描逆程，简称行回扫。行扫描正程时间长，逆程时间短。对于每一幅图像来说，扫描行数越多，对图像的分解力越高，图像越细腻。

(2) 帧扫描：电子束沿垂直方向的扫描称为帧扫描。其中，从上至下的扫描称为帧扫描正程，简称帧正扫；从下至上的扫描称为帧扫描逆程，简称帧回扫。同样，帧扫描正程时间远大于帧扫描逆程时间。

5.7.3　VGA 控制时序

VGA 的工业显示标准要求行、场同步都为负极性，显示过程为：当 VS=1、HS=1 时，为正向扫描过程；当扫描完一行时，行同步 HS=0；期间，进行消隐，电子束会转移到下一行左边的起始位置；当一场被扫描完后，场同步 VS=0，便会产生场同步信号，电子扫描线回到屏幕的左上角，即第一行第一列。图 5.22 分别为行、场扫描时序图。时序参数说明如表 5.5 和表 5.6 所示。

5.7 VGA 控制电路

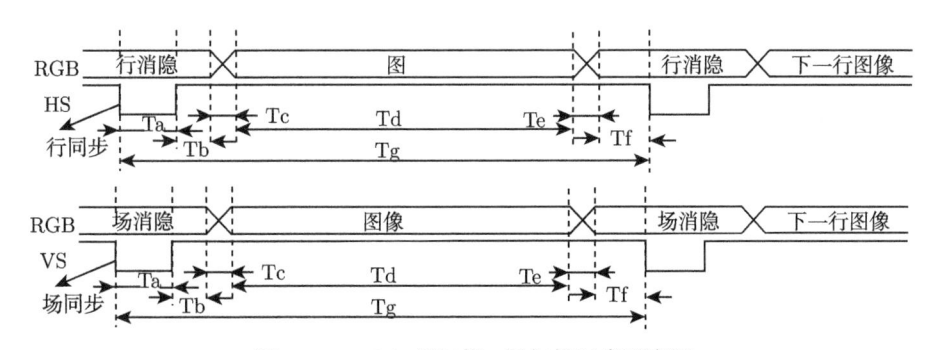

图 5.22 VGA 行扫描、场扫描时序示意图

表 5.5　行扫描时序要求　　　　　　　　　　（时间单位：像素）

	行同步时间	行消隐后沿	行图像	行消隐前沿	行周期
对应位置	Ta	Tb　　　Tc	Td	Te　　　Tf	Tg
时间 (Pixels)	96	40　　　　8	640	8　　　　8	800

表 5.6　场扫描时序要求　　　　　　　　　　（时间单位：行）

	场同步时间	场消隐后沿	场图像	场消隐后沿	场周期
对应位置	Ta	Tb　　　Tc	Td	Te　　　Tf	Tg
时间 (Lines)	2	25　　　　8	480	8　　　　2	525

图 5.22 中，行周期中每行显示 800 点，其中 640 点为有效显示区。HS 为行同步信号，每行有一个同步脉冲 Ta，行消隐前沿 Te 和 Tf(16 个点时钟) 和行消隐后沿 Tb 和 Tc(48 个点时钟)，共 160 个点时钟。VS 为场同步信号，场周期每场有 525 行，其中 480 行为有效显示行。场消隐期包含场同步脉冲宽度 Ta(2 行)、场消隐前沿 Te 和 Tf(10 行) 和场消隐后沿 Tb 和 Tc(33 行)，共计 45 行。

5.7.4　数模转换芯片 DAC ADV7123

以数字方式生成的图像数据，对于模拟显示设备，如模拟 CRT 显示器，必须进行数模转换。数模转换芯片 ADV7123 与 VGA 接口连线如图 5.23 所示。可以看到从 FPGA 中输出 8 个信号，其中 HS 和 VS 接入 VGA 接口，其余接入 ADV7123 芯片。

5.7.5　基于 FPGA 的 VGA 彩条控制电路设计

1. 方案设计

该模块的设计思想是：

(1) 由系统时钟 50MHz 经二分频后作为 VGA 的像素频率信号；根据行计数

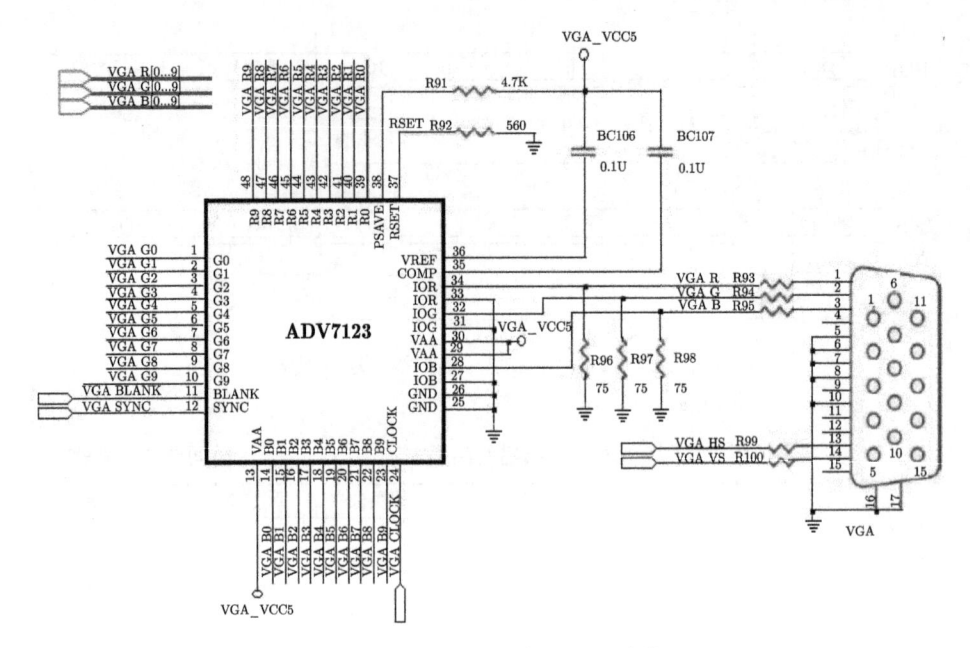

图 5.23 ADV7123 与 VGA 连线

和场计数信号产生图像数据 RGB、同步信号 VGA_HS(行同步) 和 VGA_VS(场同步)。

(2) VGA_BLANK 是复合消隐控制信号,当它为低时,RGB 输入将被忽略,在这期间 CRT 完成回扫,显示屏无图像。

在本设计程序中,将 VGA_BLANK 信号设定为行消隐信号和场消隐信号的逻辑与,在有效显示区,复合消隐信号为高电平,在非有效显示区域为低电平。

(3) 复合同步信号 VGA_SYNC 是 DAC7123 独立的视频同步控制输入端。VGA_SYNC 控制一个内部与 IOG 模拟输出端相连的电流源,为高时 IOG 模拟输出端会叠加 40IRE(约 8.05mA) 的电流,为低时则关掉。在本设计程序中,将 VGA_SYNC 信号设置为 0(接地)。

2. 程序设计

1) 顶层模块

代码清单:VGA 彩条电路顶层文件程序代码

```
module      VGA(clk,clr,HS,VS,r,g,b,mode,CLOCK,SYNC,BLANK);//top
input       clk,clr;
input[1:0]  mode;                    //显示模式
output      HS,VS,CLOCK;
```

5.7 VGA 控制电路

```
output[9:0]  r,g,b;
output       SYNC,BLANK;
assign       SYNC=1'b0;               //复合同步信号
PLL          CLKLOCK(clk,CLOCK);      //例化锁相环，将50MHz分频为25MHz
VGAcore      core(CLOCK,clr,mode,HS,VS,r,g,b,BLANK);
                                      //例化彩条产生模块
endmodule
```

2) 锁相环 (PLL) 模块

锁相环 (PLL) 模块是把 DE2 实验板上 50MHz 系统时钟经二分频产生 25MHz 时钟，作为 VGAcore 模块的时钟信号。

3) 彩条产生模块 (VGAcore)

VGAcore 模块根据 VGA 接口的时序要求，产生行场同步信号 HS、VS，复合消隐控制信号 BLANK，以及横彩条、竖彩条和方格等图像数据。

代码清单：彩条产生模块程序代码

```
module    VGAcore(sysclk,reset,mode,HS,VS,r,g,b,BLANK);
input         sysclk,reset;
input[1:0]    mode;
output        HS,VS;
output[9:0]   r,g,b;
output        BLANK;
wire          BLANK;
reg           HS,VS;
wire[9:0]     r,g,b;
reg           R,G,B;
reg[9:0]      hcount,vcount;
reg[2:0]      rgbv,rgbh;
parameter     h_Ta=96,h_Tb=40,h_Tc=8,h_Td=640,h_Te=8,h_Tf=8,
              h_Tg=800;    //行信号
parameter     v_Ta=2,v_Tb=25,v_Tc=8,v_Td=480,v_Te=8,v_Tf=2,
              v_Tg=525;    //场信号
always@(posedge sysclk)                               //列计数
begin
    if(hcount==h_Tg-1) hcount<=0;
     else hcount<=hcount+1;
```

```
        end
    always@(hcount)
    begin
        if(hcount<=h_Ta-1) HS<=0;
        else HS<=1;
    end
    always@(negedge hs)                              //行计数
    begin
        if(vcount==v_Tg-1) vcount<=0;
        else vcount<=vcount+1;
    end
    always@(vcount)
    begin
        if(vcount<=v_Ta-1) VS<=0;
        else VS<=1;
    end
    assign   BLANK=HS&VS;                            //复合消隐控制信号
    always@(posedge sysclk)                          //生成横竖彩条信号
    begin
//横彩条1
        if(vcount<=v_Ta+v_Tb+v_Tc-1)             rgbv<=3'b000; //黑
        else if(vcount<=v_Ta+v_Tb+v_Tc-1+60)     rgbv<=3'b111; //白
        else if(vcount<=v_Ta+v_Tb+v_Tc-1+120)    rgbv<=3'b110; //黄
        else if(vcount<=v_Ta+v_Tb+v_Tc-1+180)    rgbv<=3'b101; //青
        else if(vcount<=v_Ta+v_Tb+v_Tc-1+240)    rgbv<=3'b100; //绿
        else if(vcount<=v_Ta+v_Tb+v_Tc-1+300)    rgbv<=3'b011; //紫
        else if(vcount<=v_Ta+v_Tb+v_Tc-1+360)    rgbv<=3'b010; //红
        else if(vcount<=v_Ta+v_Tb+v_Tc-1+420)    rgbv<=3'b001; //蓝
        else if(vcount<=v_Ta+v_Tb+v_Tc-1+480)    rgbv<=3'b000; //黑
        else  rgbv<=3'b000;                                    //黑
//竖彩条1
        if(hcount<=h_Ta+h_Tb+h_Tc-1)             rgbh<=3'b000; //黑
        else if(hcount<=h_Ta+h_Tb+h_Tc-1+80)     rgbh<=3'b111; //白
        else if(hcount<=h_Ta+h_Tb+h_Tc-1+160)    rgbh<=3'b110; //黄
        else if(hcount<=h_Ta+h_Tb+h_Tc-1+240)    rgbh<=3'b101; //青
```

5.7 VGA 控制电路

```
            else if(hcount<=h_Ta+h_Tb+h_Tc-1+320)  rgbh<=3'b100;   //绿
            else if(hcount<=h_Ta+h_Tb+h_Tc-1+400)  rgbh<=3'b011;   //紫
            else if(hcount<=h_Ta+h_Tb+h_Tc-1+480)  rgbh<=3'b010;   //红
            else if(hcount<=h_Ta+h_Tb+h_Tc-1+560)  rgbh<=3'b001;   //蓝
            else if(hcount<=h_Ta+h_Tb+h_Tc-1+640)  rgbh<=3'b000;   //黑
            else  rgbh<=3'b000;                                    //黑
end
always@(mode or reset)                            //显示模式的选择
begin
    if(reset==0)   {G,R,B}=3'b111;                //白
    else
        if(mode==2'd1)   {G,R,B}<=rgbv;
        else if(mode==2'd2)  {G,R,B}<=rgbh;
        else if(mode==2'd3) {R,G,B}<=(rgbv+rgbh);
        else {G,R,B}<=3'b111;                     //白
end
assign r={R,R,R,R,R,R,R,R,R,R};
assign g={G,G,G,G,G,G,G,G,G,G};
assign b={B,B,B,B,B,B,B,B,B,B};
endmodule
```

3. 电路测试

图 5.24 是彩条产生模块测试图，从图中可以看到，当彩条控制模式 mode 设置成模式 0、1、2 三种模式时，VGA 上分别显示了三种模式下的条纹。

图 5.24　VGA 彩条电路测试图 (扫描封底二维码可看彩图)

实验:

(1) Fir 滤波器设计，要求:

① 利用硬件描述语言进行设计；
② 调用 IP 核实现滤波器功能。
(2) 利用 LCD 液晶显示屏实现电子钟的显示：
① 显示年月日；
② 显示分秒时。

第6章 应用设计实例

到本章为止，本书已经系统地阐述了 Altera FPGA 及其配套的 EDA 软件 Quartus II 的使用方法。虽然读者完成了很多有用的功能实验，但是想要独立地设计一个完整的数字系统，还需要具有综合考虑系统各部分相互关系，以及综合解决具体问题的能力。本章通过对几个应用系统设计过程的介绍，力图使读者能够逐渐掌握这种综合设计能力。

6.1 温湿度采集及显示

6.1.1 设计要求

(1) 利用温湿度传感器 DHT11 采集当前的温湿度数据；
(2) 将采集的温湿度数据显示到数码管上；
(3) 将采集的温湿度数据通过串口发送到 PC 端；
(4) 用 JAVA 对 PC 端接收到的温湿度数据进行处理，通过界面显示温湿度变化的曲线。

6.1.2 设计方案

本系统将实现温度和湿度数据的动态采集及显示功能，每秒钟采集一次数据，并将数据通过串口发送给 PC 机，通过 JAVA 的界面显示温湿度的历史性曲线。系统框图如图 6.1 所示，包含了六个功能模块。

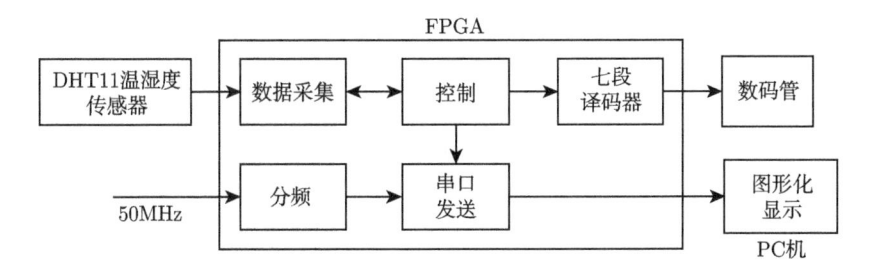

图 6.1 系统框图

(1) 数据采集模块：通过控制 DHT11 芯片采集当前的温湿度数据；
(2) 控制模块：实现数据采集和显示的控制；

(3) 译码器模块：将当前温湿度数据显示到数码管上；

(4) 分频模块：产生串口需要的波特率；

(5) 串口发送模块：将当前的温湿度数据通过串口发送到 PC 端上进行处理；

(6) 数据图形化显示模块：将 PC 端接收到的数据用 JAVA 进行处理，显示出温湿度变化的历史曲线。

6.1.3 相关原理简介

1. DHT11 数字温湿度传感器简介

DHT11 数字温湿度传感器是一款含有已校准数字信号输出的温湿度复合传感器。它应用了专用的数字模块采集技术和温湿度传感技术，采用单线制串行接口，信号传输距离可达 20m 以上，具有体积小、功耗低等特点，广泛应用于各种场合。

1) 引脚及电路连接

该芯片一共有四只引脚，但是实际只用到了三只，如图 6.2 所示，1 号引脚接 3~5.5V 电压，2 号引脚是数据端口，4 号引脚接地。

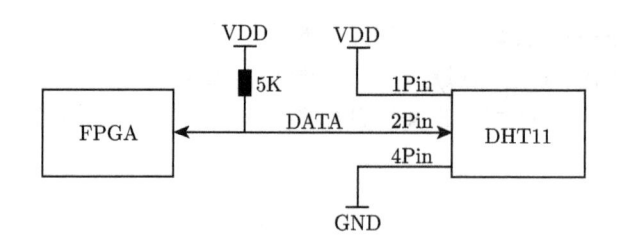

图 6.2 DHT11 引脚及电路连接图

2) DHT11 芯片数据格式

DHT11 芯片数据引脚用于微处理器与 DHT11 之间的通信和同步，采用单总线数据格式，一次通信时间 4ms 左右。数据分小数部分和整数部分，一次完整的数据传输为 40bit，高位先出。数据格式：8bit 湿度整数数据 +8bit 湿度小数数据 +8bit 温度整数数据 +8bit 温度小数数据 +8bit 校验和。数据传送正确时校验和数据等于"8bit 湿度整数数据 +8bit 湿度小数数据 +8bit 温度整数数据 +8bit 温度小数数据"所得结果的末 8 位。

3) 通信过程

(1) 通信的准备过程。总线空闲状态为高电平，主机把总线拉低发送开始信号，拉低必须大于 18ms，保证 DHT11 能检测到起始信号。然后延时等待 20~40μs，等待可以切换到输入模式，或者输出高电平均可。DHT11 接收到主机的开始信号后，等待上述的延时过程结束，然后发送 80μs 低电平响应信号，再把总线拉高 80μs，

6.1 温湿度采集及显示

准备过程结束,准备发送数据。该过程如图 6.3 所示。

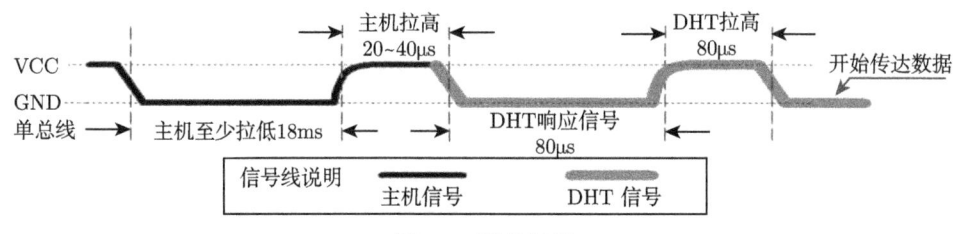

图 6.3 准备过程

(2) 数据传输过程。每 1bit 数据都以 50μs 低电平时隙开始,高电平的长短定了数据位是 0 还是 1,格式如图 6.4 所示。当最后 1bit 数据传送完毕后,DHT11 拉低总线 50μs,随后总线由上拉电阻拉高进入空闲状态,这样就完成 40bit 数据的传输。

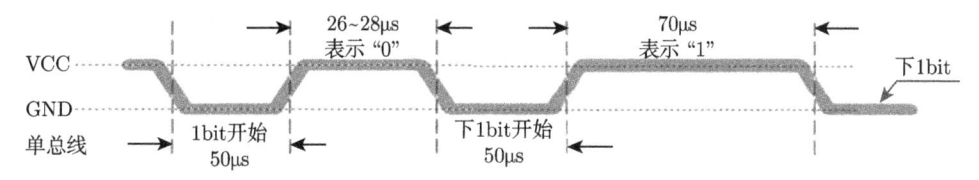

图 6.4 传输数据 "0" 和 "1" 的过程

2. 串口通信原理

1) 串口通信概述

串口通信是一种应用广泛的通信方式,串口按位发送和接收字节。尽管比按字节的并行通信慢,但是串口可以在使用一根线发送数据的同时用另一根线接收数据,传输长度可达 1200m。

2) 串口通信的参数

串口通信最重要的参数是波特率、数据位等。

波特率:串口传输的速度,常用的波特率有 9600bps 和 115200bps。9600bps 表示每秒可以传输 9600 位。

数据位:串口通信是以字节为单位的。每个字节的传输包括一个起始位、8bit 数据位、一到两个的结束位以及可选的校验位等。

3. JAVA GUI 设计原理

1) JAVA 概述

JAVA 是一门面向对象编程语言,不仅吸收了 C++ 语言的各种优点,还摒弃了 C++ 里难以理解的多继承、指针等概念,因此 JAVA 语言具有功能强大和简单易用两个特征。

2) GUI 概述

GUI 即人机交互图形化用户界面设计，是一种人与计算机通信的界面显示格式，允许用户使用鼠标等输入设备操纵屏幕上的图标或菜单选项，以选择命令、调用文件、启动程序或执行其他一些日常任务。

JAVA 世界中，目前最知名的三大 GUI 库分别是：

➢ AWT(Abstract Window Toolkit) 抽象窗口工具包库，包含于所有的 JAVA SDK 中。

➢ Swing 高级图形库，包含于 JAVA2 SDK 中。

➢ 来自 IBM Eclipse 开源项目的 SWT(Standard Widget Toolkit) 标准窗口部件库，不包含于 JDK 中，需要从 Eclipse 单独下载。

本设计使用的是第二种 Swing 高级图形库，是完全基于 JAVA 自绘制图形而实现的。

6.1.4 温湿度模块设计

1. 温湿度采集控制模块

该模块的主要功能是每秒钟发出一个采集命令给数据采集模块，当数据采集模块采集数据完成之后，控制模块读取数据，将 8 位二进制温度数据和 8 位二进制湿度数据（没有用小数）转换成十进制，传送给显示模块。该模块的输入、输出参数见表 6.1。

表 6.1 控制模块输入、输出参数表

信号	类型	信号描述
clk	input	时钟
data_rdy	input	接收数据完成标志
temperature	input	温度数据
humidity	input	湿度数据
sample_en,	output	启动采集信号
temp_10	output	转换为十进制后的温度数据
humi_10	output	转换为十进制后的湿度数据

代码清单：控制模块代码

```
module DHT11_cntrl(clk,clr,sample_en,data_rdy,temperature,
        humidity,temp_10,humi_10);
    input     clk,clr;
    input     data_rdy;                    //接收数据完成
```

6.1 温湿度采集及显示

```verilog
input[7:0] temperature,humidity;      //接收到的温度、湿度
output      sample_en;                //开始信号
output[7:0] temp_10,humi_10;          //显示的温度、湿度(十进制)
reg[7:0]    temp_10,humi_10;
reg         sample_en;
reg         state = 0;
reg[26:0]   power_up_cnt = 0;
wire[7:0]   t_low,t_high,h_low,h_high;
assign      t_high = (temperature/4'd10);   //取温度十位
assign      t_low = (temperature%4'd10);    //取温度个位
assign      h_high = (humidity/4'd10);      //取湿度十位
assign      h_low = (humidity%4'd10);       //取湿度个位
always @(posedge clk or negedge  clr)
begin
    if(!clr)
         power_up_cnt <= 0;
    else
    begin
         sample_en <= 0;
         power_up_cnt <= power_up_cnt + 1;
         if(power_up_cnt[26])              //1s计时
         begin
             power_up_cnt <= 0;
             sample_en <= 1;               //发出采集命令
         end
    end
end
always @(posedge clk)
begin
    if(data_rdy)                //如果一次数据采集完毕,送入数码管显示
        begin
            temp_10[7:4] <= t_high[3:0];
            temp_10[3:0] <= t_low[3:0];
            humi_10[7:4] <= h_high[3:0];
            humi_10[3:0] <= h_low[3:0];
        end
```

```
end
endmodule
```

2. 温湿度采集模块

该模块是整个系统的最核心的模块,它控制 DHT11 芯片的温湿度测量。该模块的设计时序如图 6.3、图 6.4 所示,模块的输入、输出参数如表 6.2 所示。

表 6.2 采集模块输入、输出参数表

信号	类型	信号描述
clk	input	时钟
sample_en	input	采样使能信号
data	inout	与传感器的通信数据
data_rdy	output	数据采集完成信号
temperature	output	温度数据
humidity	output	湿度数据

代码清单:温湿度采集模块代码

```
module DHT11_collet(clk,clr,sample_en,data,data_rdy,temperature,
            humidity);
input     clk,clr;
input     sample_en;           //采样使能信号
inout     data;                //数据
output    data_rdy;            //数据是否准备完毕
output[7:0] temperature;       //温度数据
output[7:0] humidity;          //湿度数据
reg       data_rdy;
reg       sample_en_tmp1,sample_en_tmp2;
always@(posedge clk)
begin
    sample_en_tmp1 <= sample_en;
    sample_en_tmp2 <= sample_en_tmp1;
end
wire   sample_pulse = (~sample_en_tmp2) & sample_en_tmp1;
                              //检测开始信号的上升沿

reg data_tmp1,data_tmp2;
```

6.1 温湿度采集及显示

```
always@(posedge clk)
begin
    data_tmp1 <=  data;
    data_tmp2 <=  data_tmp1;
end
wire  data_pulse = (~data_tmp2) & data_tmp1;//检测数据信号的上升沿
reg[3:0]    state = 0;
reg[26:0]   power_up_cnt = 0;              //2^26>50×10^6,故大于1s
reg[20:0]   wait_18ms_cnt = 0;
reg[11:0]   wait_40us_cnt = 0;

reg[39:0]   get_data;
reg[5:0]    num;
reg         data_reg;
reg         ack;                           //传感器应答标志位
always@(posedge clk or  negedge  clr )
if(!clr)
begin
                ack <= 1;                  //传感器应答标志位
                data_reg <= 1;             //总线空闲时为高电平
                state <= 4'd0;
    end
else
    begin
     case(state)
     4'd0:
     begin                                 //准备发送开始命令
                data_rdy <= 0;
                if(sample_pulse)           //启动转换命令
                begin
                    wait_18ms_cnt <= 0;    //主机拉低总线18ms以上
                    data_reg <= 0;
                    state <= 4'd1;
                end
                else   state <= 4'd0;
```

```verilog
        end
     4'd1:
        begin                               //18ms的低电平开始信号
                wait_18ms_cnt <= wait_18ms_cnt + 1;
                if(wait_18ms_cnt[20])
                begin
                    wait_18ms_cnt <= 0;
                    wait_40us_cnt <= 0;
                    data_reg <= 1;
                    state <= 4'd2;
                end
                else   state <= 4'd1
        end
     4'd2  :
        begin                               //延时等待40μsDHT的响应
                wait_40us_cnt <= wait_40us_cnt + 1;
                if(wait_40us_cnt[11])       //延时等待40μs
                begin
                    wait_40us_cnt <= 0;
                    ack <= 0;               //高阻,然后等待应答信号
                    state <= 4'd3;
                end
                else   state <= 4'd2
        end
     4'd3:
        begin
                if(data_pulse)              //响应结束
                begin
                    get_data <= 40'd0;
                    num <= 0;
                    state <= 4'd4;
                end
                else   state <= 4'd3
        end
     4'd4:          //数据中的上升沿,延时40μs,如果为低则为0,否则为1
```

6.1 温湿度采集及显示

```
                    //因为0对应的高电平时间26μs,1对应的高电平时间70μs
      begin
                if(data_pulse)
                 begin
                    wait_40us_cnt <= 0;
                    state <= 4'd5;
                 end
                else   state <= 4'd4
      end
    4'd5 :
      begin
                wait_40us_cnt <= wait_40us_cnt + 1;
                if(wait_40us_cnt[11])        //延时等待40μs
                    begin
                        wait_40us_cnt <= 0;
                        num <= num + 1; //已经传输的bit位的个数
                        if(data)        //如果是1,则接收到的数据为1
                            get_data <= {get_data[38:0],1'b1};
                        else            //如果是0,则接收到的数据为0
                            get_data <= {get_data[38:0],1'b0};
                        if(num == 39)   //四十位数据已经传输完毕
                        begin
                            num <= 0;
                            data_rdy <= 1;
                            state <= 4'd1;
                        end
                        else    state <= 4'd4;
                    end
                else   state <= 4'd5;
      end
      default:  state <= 4'd0;
    endcase
end
assign     data = ack ? data_reg : 1'bz;
assign     humidity = get_data[39:32];
```

```
assign         temperature = get_data[23:16];
endmodule
```

6.1.5 串口通信模块设计

1. 分频模块

该模块实现了 9600Hz 时钟的功能，为发送模块服务。此模块的输入为开发板的主时钟，输出为 9600Hz 的时钟。FPGA 开发板的主时钟为 50MHz，而采样频率为 9600Hz，所以该模块需要对时钟进行分频处理。通过计算：

$$50\text{MHz}/9600/2 = 2604$$

可以得到分频系数为 2604，分频可由计数器完成，计数器以 2604 为周期循环计数，每次计到 2603 时输出时钟就翻转一次。

代码清单：分频模块代码

```
module clk_9600bps_mod(clk,clk_9600bps);
    input       clk;                    //50MHz
    output      clk_9600bps;            //9600Hz
    reg         clk_9600bps;
    reg[12:0]   clk_count=0;
    always@(posedge clk)                //9600bps div
    begin
        clk_count<=clk_count+1;
        if(clk_count==2603)             //50MHz/9600/2 = 2604(二分频)
        begin
            clk_count<=0;
            clk_9600bps=~clk_9600bps;
        end
    end
endmodule
```

2. 串口发送模块

当温湿度采集模块采集完毕后，输出标志信号（设置为高电平）。将输入端发送来的数据放到内置的寄存器里面。发送一个起始位（低电平），然后计数器开始工作，将寄存器的数据一个一个地发送到 PC 端。当八个数据位都发送完毕之后，发送一个结束位，使能端关闭。这里要注意的是在未发送数据之前一定要发送高电平，否则会导致发送错乱。模块的输入、输出参数如表 6.3 所示。

6.1 温湿度采集及显示

表 6.3 发送模块输入、输出参数表

信号	类型	信号描述
clk	input	50M
clk_9600bps	input	9600Hz
data_rdy	input	发送使能端,也是采集完成的标位
hum	input	湿度数据
tem	input	温度数据
TX	output	串口发送的数据

代码清单:串口发送模块代码

```verilog
module TX_UART(clk,clk_9600bps,TI,TX,tem,hum);
input     clk;                //50MHz
input     clk_9600bps;        //9600Hz
input[7:0] tem                //温度湿度数据
input[7:0] hum;               //温度湿度数据
input     date_rdy;           //数据采集完成的标志
output    TX;                 //输出的每一位
reg       TX=1;
reg       T_En=0;             //发送的使能端
reg[5:0]  tx_count;           //模20的计数器
reg[7:0]  tem_buf,hum_buf;    //缓存器
always@(posedge clk)
begin
     if(data_rdy)
     begin
         T_En<=1;              //使能端设置为1,开始发送数据
     end
     if(tx_count>=5'd19)       //如果计数器为19,说明数据发送完成
     begin
         T_En<=0;              //结束发送数据
     end
end
always@(posedge data_rdy)      //将接收的数据放到缓存器里
begin
        tem_buf<=tem;
```

```verilog
            hum_buf<=hum;
    end
    always@(posedge clk_9600bps)
    begin
            if(T_En==0)
            begin
                tx_count<=0;
                TX<=1;                          //在发送之前,必须设置为1
            end
            else
            begin
                case(tx_count)
                5'd0:begin TX<=0;tx_count<=tx_count+1;end
                                            //发送一个起始位标志
                5'd1:begin TX<=tem_buf[0]; tx_count<=tx_count+1;end
                5'd2:begin TX<=tem_buf[1]; tx_count<=tx_count+1;end
                5'd3:begin TX<=tem_buf[2]; tx_count<=tx_count+1;end
                5'd4:begin TX<=tem_buf[3]; tx_count<=tx_count+1;end
                5'd5:begin TX<=tem_buf[4]; tx_count<=tx_count+1;end
                5'd6:begin TX<=tem_buf[5]; tx_count<=tx_count+1;end
                5'd7:begin TX<=tem_buf[6]; tx_count<=tx_count+1;end
                5'd8:begin TX<=tem_buf[7]; tx_count<=tx_count+1;end
                5'd9:begin TX<=1;  tx_count<=tx_count+1;end
                                            //发送一个结束位标志
                                            //第二组数据
                5'd10:begin TX<=0; tx_count<=tx_count+1;end
                                            //发送一个起始位标志
                5'd11:begin TX<=hum_buf[0]; tx_count<=tx_count+1;end
                5'd12:begin TX<=hum_buf[1]; tx_count<=tx_count+1;end
                5'd13:begin TX<=hum_buf[2]; tx_count<=tx_count+1;end
                5'd14:begin TX<=hum_buf[3]; tx_count<=tx_count+1;end
                5'd15:begin TX<=hum_buf[4]; tx_count<=tx_count+1;end
                5'd16:begin TX<=hum_buf[5]; tx_count<=tx_count+1;end
                5'd17:begin TX<=hum_buf[6]; tx_count<=tx_count+1;end
                5'd18:begin TX<=hum_buf[7]; tx_count<=tx_count+1;end
```

6.1 温湿度采集及显示

```
            5'd19:begin TX<=1;end       //发送一个结束位标志
            default: begin tx_count<=0; end
              endcase
          end
  end
endmodule
```

6.1.6　JAVA GUI 设计

通过使用相关的串口 jar 包,将 FPGA 发送的数据用 JAVA 程序来处理,进而再用 JAVA 语言编写的界面来显示整个温湿度变化的过程。

代码清单:JAVA 核心代码

```
接收串口数据:
private class SerialListener implements SerialPortEventListener {
        public void serialEvent(SerialPortEvent serialPortEvent) {
        switch(serialPortEvent.getEventType()) {
        case SerialPortEvent.BI:                    //通信中断
        ShowUtils.errorMessage("与串口设备通信中断");
        break;
        case SerialPortEvent.OE:                    //溢位(溢出)错误
        case SerialPortEvent.FE:                    //帧错误
        case SerialPortEvent.PE:                    //奇偶校验错误
        case SerialPortEvent.CD:                    //载波检测
        case SerialPortEvent.CTS:                   //清除待发送数据
        case SerialPortEvent.DSR:                   //待发送数据准备好了
        case SerialPortEvent.RI:                    //振铃指示
        case SerialPortEvent.OUTPUT_BUFFER_EMPTY://2输出缓冲区已清空
        break;
        case SerialPortEvent.DATA_AVAILABLE:        //串口存在可用数据
            byte[] data = null;
            String dataStr = "";
            try {
             if(serialport == null) {
                ShowUtils.errorMessage("串口对象为空! 监听失败!");
             }
```

```
            else {                           //读取串口数据
              data=SerialPortManager.readFromPort(serialport);
              dataStr=ByteUtils.byteArrayToHexString(data,true);
              dataView.append( dataStr+ "\r\n");
            }
            if(null != chart_test){
        //温度和湿度的中间是以空格隔开的,第一个为温度,第二个是湿度
              int temp=Integer.parseInt(dataStr.split(" ")[0])'
              int humi=Integer.parseInt(dataStr.split(" ")[1]);
              addValue(temp,humi);
              chart_test.repaint();
             }
        } catch (Exception e) {
            ShowUtils.errorMessage(e.toString());
            System.exit(0);//发生读取错误时显示错误信息后退出系统
          }
          break;
        }
      }
    }
```

数据的存储：
```
//两个数组分别存储温度和湿度,最多保留50个数据
public void addValue(int value1,int value2) {
        //循环地使用一个接受数据的空间
        if(tem.size() > MAX_COUNT_OF_VALUES) {
            tem.remove(0);
        }
        if(hum.size() > MAX_COUNT_OF_VALUES) {
            hum.remove(0);
        }
        tem.add(value1);
        hum.add(value2);
    }
```

图形绘制部分：
```
public void paintComponent(Graphics g) {
```

6.1 温湿度采集及显示

```
            Graphics2D g2D = (Graphics2D) g;
            Color c = new Color(200,70,0);
            g.setColor(c);
            super.paintComponent(g);
            //绘制平滑点的曲线
g2D.setRenderingHint(RenderingHints.KEY_ANTIALIASING,RenderingHints.
      VALUE_ANTIALIAS_ ON);
            int xDelta = (XAxis_X-Origin_X) / MAX_COUNT_OF_VALUES;
            float pxPerDegree = (Origin_Y-(Origin_Y-PRESS_INTERVAL*6))/
            MAXTEST;
            int length = data.size() ;
            g.setFont(new Font("黑体",Font.BOLD,20));
            for (int i = 0; i < length - 1; ++i) {
            g2D.drawLine(Origin_X + xDelta * (MAX_COUNT_OF_VALUES -
length + i +1),(int)(Origin_Y- pxPerDegree*data.get(i)),
            Origin_X + xDelta * (MAX_COUNT_OF_VALUES - length + i + 2),
(int)(Origin_Y- pxPerDegree*data.get(i+1)));
            g2D.drawOval(Origin_X+ xDelta * (MAX_COUNT_OF_VALUES -
length + i + 1)-3,(int)(Origin_Y- pxPerDegree*data.get(i)-3),6,6);
            }
            //画数值
            if(data.size()>0){
            g.drawString(data.get(data.size()-1) + " "+sign,XAxis_X,
            YAxis_Y);
            }
            g.setFont(new Font("黑体",Font.PLAIN,15));
            //画坐标轴
            g2D.setStroke(new BasicStroke(Float.parseFloat("2.0F")));
                                                //轴线粗度
            //X轴以及方向箭头
            g.drawLine(Origin_X,Origin_Y,XAxis_X,XAxis_Y);
                                                //X轴线的轴线
            g.drawLine(XAxis_X,XAxis_Y,XAxis_X - 5,XAxis_Y - 5);
                                                //上边箭头
            g.drawLine(XAxis_X,XAxis_Y,XAxis_X + 5,XAxis_Y + 5);
```

```
                                               //下边箭头
// Y轴以及方向箭头
g.drawLine(Origin_X,Origin_Y,YAxis_X,YAxis_Y);
g.drawLine(YAxis_X,YAxis_Y,YAxis_X - 5,YAxis_Y + 5);
g.drawLine(YAxis_X,YAxis_Y,YAxis_X + 5,YAxis_Y + 5);
//画X轴上的时间刻度(从坐标轴原点起,每隔TIME_INTERVAL像素画
 一时间点,到X轴终点止)
g.setColor(Color.BLUE);
g2D.setStroke(new BasicStroke(Float.parseFloat("1.0f")));
g.drawString("时间",XAxis_X + 5,XAxis_Y + 5);
//画Y轴上刻度（从坐标原点起,每隔10像素画一压力值,到Y轴终点止)
for(int i = Origin_Y,j = 0; i > YAxis_Y;i -= PRESS_INTERVAL,
 j += 20) {
    g.drawString(j + " ",Origin_X - 30,i);
}
g.drawString(chartName,YAxis_X - 5,YAxis_Y - 5);
                                               //刻度小箭头值
                                               //画网格线
g.setColor(Color.BLACK);
                                               //坐标内部横线
for (int i = Origin_Y; i > YAxis_Y; i -= PRESS_INTERVAL) {
    g.drawLine(Origin_X,i,Origin_X + 10 * TIME_INTERVAL,i);
}
                                               //坐标内部竖线
for(int i = Origin_X; i < XAxis_X; i += TIME_INTERVAL) {
   g.drawLine(i,Origin_Y,i,Origin_Y - 6 * PRESS_INTERVAL);
  }
}
```

6.1.7 系统测试

测试步骤：

(1) 将温湿度传感器通过扩展接口与 FPGA 开发板相连，并将 FPGA 开发板通过串口线与 PC 机相连。

(2) 接通电源，并将程序下载。

(3) 打开采样开关，在 PC 机上将看到图 6.5 所示界面。

6.1 温湿度采集及显示

(4) 点击"打开串口"及"发送数据"按钮，采样数据通过串口传送，如图 6.6 所示。

(5) 点击"打开图表"按钮，在 PC 机界面上将出现图 6.7 所示温度及湿度的变化曲线。

图 6.5 显示界面

图 6.6 发送数据

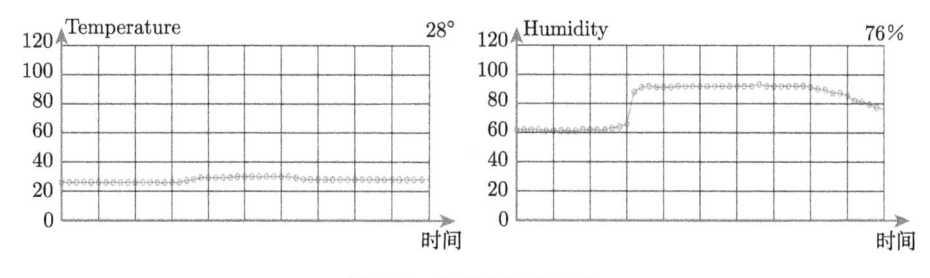

图 6.7 温度及湿度曲线

6.2 频 率 计

6.2.1 设计要求

(1) 测量 1Hz~10MHz 频率范围的方波信号；

(2) 要求误差小于 0.01%；

(3) 测量结果在数码管上显示。

6.2.2 设计方案

对频率的测量通常有两种方法：测频法和测周法。根据这两种方法的特点，在被测的信号频率低时采用测周法，高频时采用测频法。本设计中由于被测频率涵盖的范围比较广，为了保证测量精度，在测量不同的频段时，需要进行测量方法的转换。根据上述分析可确定出系统包含五个功能模块，框图如图 6.8 所示。

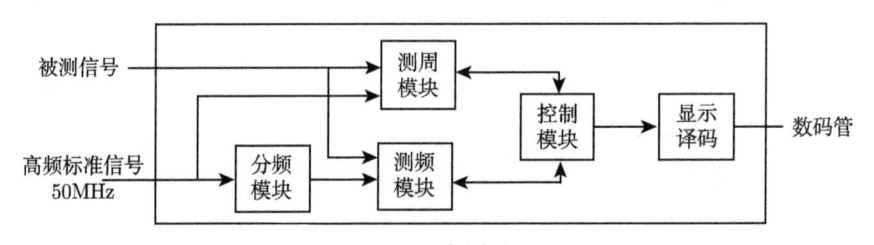

图 6.8 系统框图

(1) 测周模块：利用测周法来实现频率的测量；

(2) 测频模块：利用测频法来实现频率的测量；

(3) 控制模块：实现两种测量方法的切换，并将测量数据送到显示模块进行显示；

(4) 分频模块：产生 1Hz 频率；

(5) 显示译码模块：进行七段译码。

6.2.3 测频原理简介

测频法和测周法是频率测量中两种重要的方法，两者在原理上有相似之处，但又不等同。

1. 测频法原理

如图 6.9 所示，测频法就是在给定闸门时间内，计出被测信号的脉冲数。若脉冲的计数值为 N，门控时间为 T，则

$$f_x = \frac{N}{T} \tag{6-1}$$

6.2 频率计

其中 f_x 是被测频率，门控信号 T 可以选择 0.1s、1s、10s 等。

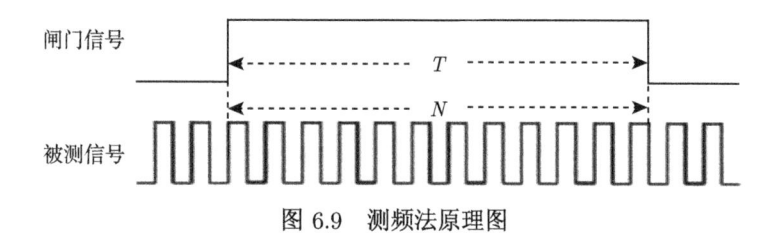

图 6.9 测频法原理图

2. 测周法原理

如图 6.10 所示，测周法就是在一个被测信号的周期内，计出高频标准信号的脉冲个数。若在一个被测信号的周期内，高频标准信号 f_c 的脉冲个数为 N，则被测信号周期 T_x 为

$$T_x = \frac{N}{f_c} \tag{6-2}$$

从上述原理可知，测频法及测周法的设计核心都是计数器，只是计数对象及闸门信号选取不同。

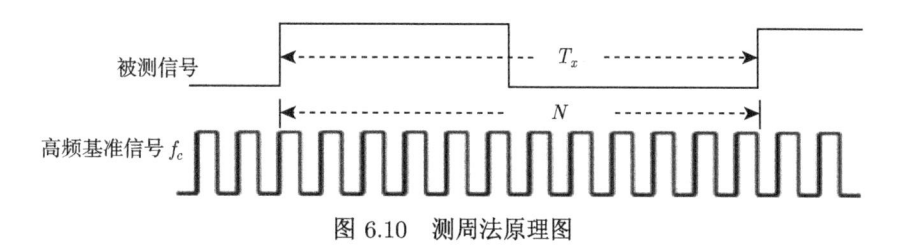

图 6.10 测周法原理图

3. 中界频率

对被测频率而言，采用测频法及测周法产生的误差是不同的，图 6.11 给出了不同闸门时间、不同标准频率情况下采用测频法和测周法的误差。从图中可以看到，测频误差是随着被测信号频率的增高而减小，测周误差是随着被测信号频率的降低而减小。在某个频率点，会出现测频法、测周法误差相等的情况，这个频率叫做中界频率。

中界频率可以由下面公式计算，f_M 是中界频率，f_c 是标准频率，T 是闸门时间。

$$f_M = \sqrt{\frac{f_c}{T}} \tag{6-3}$$

根据上述分析可知，当被测频率 $f_x > f_M$ 时，应采用测频法；当被测频率 $f_x < f_M$ 时，应采用测周法。

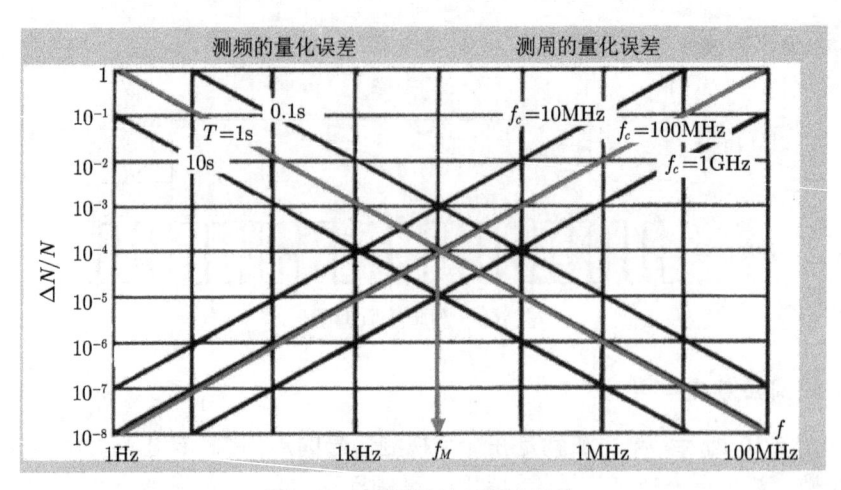

图 6.11 测频误差和测周误差

6.2.4 设计实现

1. 测频法模块

根据上述的测频法原理,测频法模块由三个子模块组成:控制信号发生器模块 cestctl、计数器模块 counter 和锁存器模块 regbu,如图 6.12 所示,实现周期性测量。

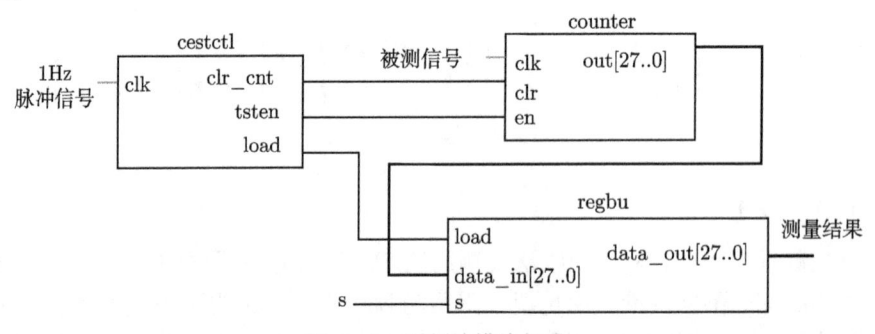

图 6.12 测频法模块组成

测频法模块的核心是计数器,计数时钟即是被测频率的脉冲信号,计数使能信号即是闸门信号。闸门信号 tsten 可以选择 0.1s、1s、10s 等,在本设计中选用 1s,该信号由 1Hz 的脉冲信号二分频产生。当 tsten 为高电平时,允许计数;为低电平时,停止计数,并保持计数值。在停止计数时,计数器的计数值通过锁存信号 load 进行锁存。设置锁存器的作用是,防止计数过程中显示数据的闪烁。clr_cnt 是清零信号,信号锁存之后,对计数器进行清零,为下次测量作准备。上述信号之间的时序关系如图 6.13 所示。

6.2 频率计

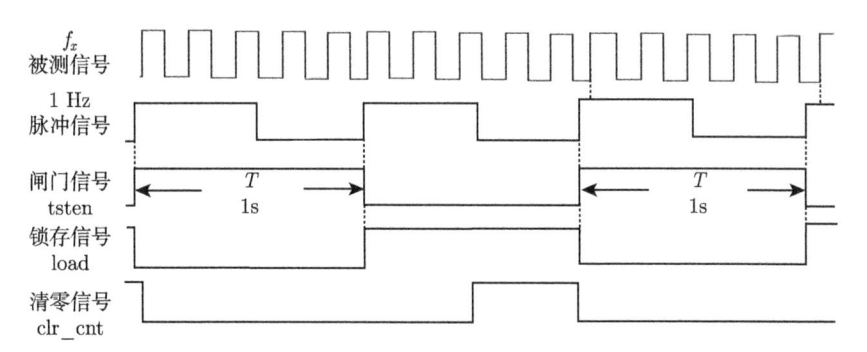

图 6.13 测频法信号时序图

代码清单：控制信号发生器模块代码

```
module cestctl(clk,clr_cnt,tsten,load);
input       clk;                        //1Hz
output      clr_cnt,tsten,load;         //清零、闸门、锁存信号
reg         tsten = 0,load = 1;
wire        clr_cnt;
assign      clr_cnt = (~clk)&(~tsten);
always@(posedge clk)
    begin
    tsten = ~tsten;
    load = ~tsten;
    end
endmodule
```

代码清单：计数器模块代码

```
module counter(clk,clr,en,out);
input           clk,clr,en;
output[27:0]    out;             //1~10MHz
reg[27:0]       out;
always@(posedge clk or posedge clr)
begin
    if(clr)
        begin out <= 0; end
    else if(en)
        begin out <= out + 1;end
    end
```

endmodule

代码清单：锁存器模块代码

```verilog
module regbu(rst,load,s,data_in,data_out);
    input           rst;
    input           load;           //锁存信号
    input           s;              //测频或测周标志
    input[27:0]     data_in;
    output[27:0]    data_out;
    reg[27:0]       data_out;
    parameter       F_CLK = 26'd50000000;
    always@(posedge load or negedge rst)
        begin
            if(~rst)
                begin data_out[27:0] <=0; end
            else
            begin
            if(s)
                begin data_out[27:0] <= data_in[27:0]; end
            else
                begin data_out[27:0] <= F_CLK/data_in; end    //测周换算
            end
        end
endmodule
```

代码清单：测频模块的顶层文件代码

```verilog
module f_block(clk,in,rst,s,out_f);
    input           clk;            //1Hz
    input           in;             //被测频率
    input           rst;
    input           s;              //测频或测周标志
    output[27:0]    out_f;
    wire[27:0]      out1_f;         //计数器输出的数值
    wire[27:0]      out_f;          //锁存器锁存的数值
    cestctl    tsl_f(.clk( clk),. clr_cnt(clr_cnt_f),.tsten (tsten_f),
               load(load_f)));
```

6.2 频率计

```
counter     cnt_1M_f(.clk(in),.clr(clr_cnt_f),.en(tsten_f&s),
                .out(out1_f) ));
regbu       rg24_f(.rst(rst&s),.load(load_f&s),.s(s),.data_in
                (out1_f),.data_out(out_f)));
endmodule
```

2. 测周法模块

测周法模块与测频法模块结构类似，不同的是，测周法的闸门信号是由被测信号来产生的，而计数的脉冲是高频基准信号，这里我们选用 50MHz 的系统时钟。所以被测信号的频率计算如下：

$$T_x = \frac{N}{f_c} = \frac{N}{50 \times 10^6}$$

$$f_x = \frac{50 \times 10^6}{N}$$

其中 N 为计数个数，T_x 为被测信号周期，f_x 为被测信号的频率。测周法模块中各信号之间的时序关系如图 6.14 所示。

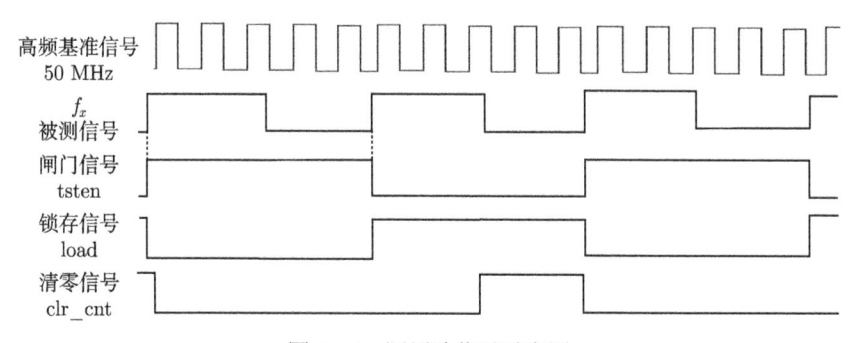

图 6.14 测周法信号时序图

代码清单：测周法模块的顶层文件代码

```
module t_block(clk_50M,in,rst,s,out_t); // s= 0
input       clk_50M;
input       rst;
input       in;                 //被测信号
input       s;                  //测频或测周标志
output[27:0]out_t;
wire[27:0]  out1_t;             //计数器输出的数值
wire[27:0]  out_t;              //锁存器锁存的数值
cestctl     tsl_t(.clk(in),.clr_cnt(clr_cnt_t),.tsten(tsten_t),
```

```
                    .load(load_t)));
counter  cnt_1M_t(.clk(clk_50M),.clr(clr_cnt_t),.en(tsten_t&(~s)),
                    .out(out1_t)));
regbu    rg24_t(.rst(rst&(~s)),.load(load_t&(~s)),.s(s),
                    .data_in(out1_t),.data_out(out_t)));
endmodule
```

3. 控制模块

该模块控制了测频法和测周法的切换，首先初始的测量方法设置为测频法，当测频模块的数据传送到本模块时，第一步将该值送到显示模块去显示，第二步将该频率值与中界频率值进行比较，通过前述的公式可以计算出本设计的中界频率值约 7kHz。当测得的频率大于 7kHz 时，就继续保持测频法测量，当测得频率小于 7kHz 时，则切换到测周法模块进行频率的测量。可见，当被测频率在不同的频率段时，测量方法也在随之切换，这样就保证了高频用测频法，低频用测周法，从而达到了误差要求。

代码清单：控制模块代码

```
module controller(f_in,t_in,s,out);
input[27:0]      f_in;                  //测频值
input[27:0]      t_in;                  //测周值
output           s;
output[27:0]     out;
reg[27:0]        out = 27'd0;
reg              s = 1'b1;              //初始设置为测频法
parameter        gate = 10'd7000;       //中界频率
always@(f_in or t_in)
begin
    if(s == 1)                          //测频法
    begin
        out[3:0]   <= f_in % 23'd10;
        out[7:4]   <= (f_in/23'd10) %4'd10;
        out[11:8]  <= (f_in/23'd100) %4'd10;
        out[15:12] <= (f_in/23'd1000) %4'd10;
        out[19:16] <= (f_in/23'd10000) %4'd10;
        out[23:20] <= (f_in/23'd100000) %4'd10;
        out[27:24] <= (f_in/23'd1000000) %4'd10;
```

6.2 频率计

```
            if(f_in < gate)
            begin s <= 1'b0;end
        end
        else                    //测周法
        begin
            out[3:0]    <= t_in % 23'd10;
            out[7:4]    <= (t_in/23'd10) %4'd10;
            out[11:8]   <= (t_in/23'd100) %4'd10;
            out[15:12]  <= (t_in/23'd1000) %4'd10;
            out[19:16]  <= (t_in/23'd10000) %4'd10;
            out[23:20]  <= (t_in/23'd100000) %4'd10;
            out[27:24]  <= (t_in/23'd1000000) %4'd10;
            if(t_in >= gate)
            begin s<= 1'b1; end
        end
    end
endmodule
```

4. 顶层模块

将上述模块通过例化语句进行调用，形成系统的顶层文件。

代码清单：系统顶层文件代码

```
module      frequenceMeasure(clk,rst,out_show,clkin);
input       clk;                //50MHz
input       rst;
input       clkin;              //被测频率
output[48:0]out_show;           //数码管译码
wire[48:0]  out_show;
wire[27:0]  outt;               //测量结果
wire[27:0]  out_t;              //测周结果
wire[27:0]  out_f;              //测频结果
wire        s;
fenpin      fenpinqi(.clk(clk),.clk4(clk1Hz));
controller  ct(.f_in(out_f),.t_in(out_t),.s(s),.out(outt));
f_block     ff(.clk(clk1Hz),.in(clkin),.rst(rst),.s(s),
                .out_f(out_f));
```

```
t_block        tt(.clk_50M (clk),..in(clkin),. rst(rst),.s(s),
                  .out_t(out_t));
yimaqi         ymq1(.in(outt[3:0]),..out(out_show[6:0]));
yimaqi         ymq2(.in(outt[7:4]),..out(out_show[13:7]));
yimaqi         ymq3(.in(outt[11:8]),..out(out_show[20:14]));
yimaqi         ymq4(.in(outt[15:12]),..out(out_show[27:21]));
yimaqi         ymq5(.in(outt[19:16]),..out(out_show[34:28]));
yimaqi         ymq6 (.in(outt[23:20]),..out(out_show[41:35]));
yimaqi         ymq7(.in(outt[27:24]),..out(out_show[48:42]));
endmodule
```

6.3 基于 VGA 显示的接球游戏

6.3.1 设计要求

(1) 在 VGA 显示器上显示球拍、球及墙壁等图像；
(2) 当球碰到墙壁或球拍时能够产生方向的改变；
(3) 通过按键控制球拍，在显示器上显示球拍及球的运动情况。

6.3.2 设计分析

1. 接球游戏规则

接球游戏中，有一个正方形的球、长方形的球拍和三边封闭的墙壁，如图 6.15 所示，图中的数字为以像素表示的位置。球拍可在水平方向上移动来接住弹来的球，当球碰到球拍或者墙壁时，会以 45° 的方向弹开，当球拍没有接住球时，游戏结束。

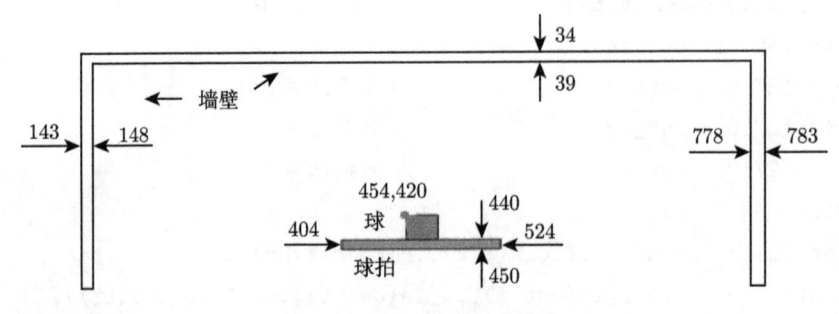

图 6.15 游戏界面示意图

6.3 基于 VGA 显示的接球游戏

2. 方案设计

本设计将以 DE2-115 为开发平台，配备键盘作为球拍控制设备，在 VGA 显示屏上显示游戏的运行过程。根据设计要求，本设计由两个模块：游戏逻辑产生模块、VGA 时序控制模块构成，如图 6.16 所示。

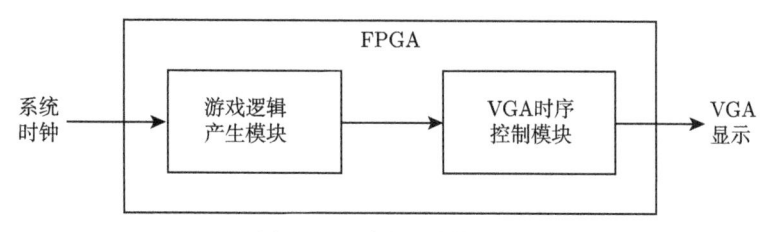

图 6.16 系统的结构框图

6.3.3 VGA 时序控制模块设计

有关 VGA 简介及其时序控制原理详见 5.7 节，本节不再赘述。本模块的设计思想是：

(1) 由系统时钟 50MHz 经二分频后作为 VGA 的像素频率信号；根据行计数 hcount 和场计数 vcount 信号产生图像数据 RGB 的送入时间和同步信号 VGA_HS(行同步) 和 VGA_VS(场同步)。

(2) VGA_BLANK 是复合消隐控制信号，当它为低时，RGB 输入将被忽略，在这期间 CRT 完成回扫，显示屏无图像。

在本设计程序中，将 VGA_BLANK 信号设定为行消隐信号和场消隐信号的逻辑与，在有效显示区，复合消隐信号为高电平，在非有效显示区域为低电平。

(3) 复合同步信号 VGA_SYNC 是 DAC7123 独立的视频同步控制输入端。VGA_SYNC 控制一个内部与 IOG 模拟输出端相连的电流源，为高时 IOG 模拟输出端会叠加 40IRE(约 8.05mA) 的电流，为低时则关掉。在本设计程序中，将 VGA_SYNC 信号设置为 0(接地)。

代码清单：VGA 时序控制模块代码

```
module pingpong(clock,clr,start,rst,vga_clk,disp_RGB,hsync,
                vsync,blank,vga_sync,key_1,key_2);
    input       clock,clr,start,rst;        //系统输入时钟50MHz
    input       key_1,key_2;                //左右运动按键
    output      vga_clk;                    //VGA像素频率
    output[2:0] disp_RGB;                   //VGA数据输出
    output      hsync;                      //VGA行同步信号
    output      vsync;                      //VGA场同步信号
```

```
output        blank;
output        vga_sync;
reg[9:0]      hcount;                        //VGA行扫描计数器
reg[9:0]      vcount;                        //VGA场扫描计数器
reg[2:0]      RGB;                           //图像数据
wire          flag,paddle;                   //小球运动区域和球拍区域标志
reg[20:0]     cnt;
reg           pp_clk;                        //小球运动的频率
reg           vga_clk;
reg           hsync;
reg           vsync;
reg[10:0]     hcount1,vcount1;               //小球的运动轨迹
//VGA行、场扫描时序参数
parameter hsync_end   = 10'd95,              //行同步点数96点,0-95
          hpixel_end  = 10'd799,             //一行的像素总数0-799
          vsync_end   = 10'd1,               //场同步行数2行,0-1
          vline_end   = 10'd524,             //一场总行数525
          hdat_begin  = 10'd143,             //球的运动空间
          hdat_end    = 10'd783,
          vdat_begin  = 10'd34,
          vdat_end    = 10'd514;             //球的运动空间
assign    blank=hsync & vsync;               //产生blank信号
assign vga_sync=1'b0;
always@(posedge clock or negedge clr)  //二分频25MHz
begin
   if(!clr)
         vga_clk=1'b0;
     else
         vga_clk = ~vga_clk;
end

always@(posedge clock or negedge clr)  //球移动的频率
begin
      if(!clr)
     begin
```

6.3 基于 VGA 显示的接球游戏

```
                cnt<=0;
                pp_clk<=0;
            end
        else
            if(cnt==600000)
            begin
                cnt<=0;
                pp_clk<=~pp_clk;
            end
            else
                    cnt<=cnt+1;
end
//********************VGA时序部分************************
  always@(posedge vga_clk or negedge clr)          //行扫描
begin
      if(!clr)
           hcount<=10'd0;
      else
      begin
           if(hcount == hpixel_end)
                hcount <= 10'd0;
           else
                hcount <= hcount + 10'd1;
                if(hcount<hsync_end)
                    hsync<=0;
                else
                    hsync<=1;
      end
end
  always@(posedge vga_clk or negedge clr)          //场扫描
begin
     if(!clr)
          vcount<=10'd0;
     else
     begin
```

```
                if(hcount == hpixel_end)
                begin
                    if(vcount == vline_end)
                        vcount <= 10'd0;
                    else
                        vcount <= vcount + 10'd1;
                        if(vcount<vsync_end)
                            vsync<=0;
                        else
                            vsync<=1;
                end
            end
        end
        assign flag =((hcount > hdat_begin) && (hcount <= hdat_end)) &&
                    ((vcount > vdat_begin)  && (vcount <= vdat_end));
                                            //运动区域的标志
        assign  disp_RGB = (flag) ?  RGB : 3'b000;
        assign  paddle=(vcount1==420) && (hcount1>dat_left) &&
                    (hcount1<dat_right);       //球拍区域的标志
```

6.3.4 游戏逻辑产生模块设计

这个模块包括了三部分的内容：① 球拍的运动轨迹生成；② 小球的运动轨迹生成；③ VGA 上图像数据的生成。

1. 球拍的运动轨迹

球拍的大小为：长度 120 像素点，高度 10 行。球拍运动位置由左右控制按键决定，当按动右键时，球拍向右移动 120 个像素，当按动左键时，球拍向左移动 120 个像素，所以球拍的最终位置由初始位置对左右移位置进行加减产生。

代码清单：球拍运动轨迹代码

```
reg[10:0]    left,right;
reg[10:0]    dat_left,dat_right;              //球拍左、右边缘
always@(negedge key_1 or posedge rst)         //球拍右移
begin
    if(rst==1)
        left<=0;
```

```
        else
           left<=left+120;
end
always@(negedge key_2 or posedge rst)    //球拍左移
begin
    if(rst==1)
       right<=0;
    else
       right<=right+120;
end
always@(*)                               //球拍位置
begin
    dat_left=404-left+right;             //球拍左边缘位置
    dat_right=524-left+right;            //球拍右边缘位置
end
```

2. 小球的运动轨迹

在球运动轨迹的设计中，球的运动速度是由内部时钟分频后得到的。球的运动方向，则由 hcount1，vcount1 计数的加减来控制。本设计中，采用 hcount1±1，vcount1±1 来完成乒乓球的运动方向，即假设球在任何方向都以 45° 的方向运动。为使乒乓球碰见墙壁或球拍后能自动反弹，在设计过程中采用状态机的方式实现，如图 6.17 所示。S1 为初始状态；S2~S9 为碰撞后小球的运动方向。

在本例中，对乒乓球的运动采用简单的做法，这样球的运动轨迹实际上是确定的，游戏的随机性和趣味性都有很大的损失。为使接球游戏变得更富有挑战性和趣味性，可通过修改程序代码，增加可按键修改球速和球的运动方向等。

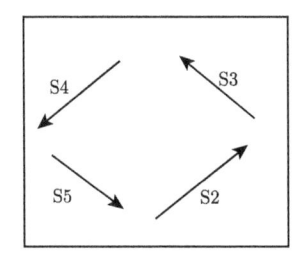

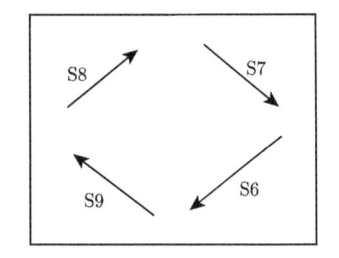

图 6.17　小球的 S2~S9 的运动状态

代码清单：小球运动轨迹代码

```
reg[8:0]    state;
```

```verilog
reg[8:0]    next_state;
parameter   s1=9'b000000001,
            s2=9'b000000010,
            s3=9'b000000100,
            s4=9'b000001000,
            s5=9'b000010000,
            s6=9'b000100000,
            s7=9'b001000000,
            s8=9'b010000000,
            s9=9'b100000000;
always@(posedge pp_clk or negedge start)         //小球的运动位置
begin
    if(start==0)
        state<=s1;
    else
        state<=next_state;
end

always@(posedge pp_clk or posedge rst)
begin
if(rst)                             //小球初始位置,左上角坐标
    begin
        hcount1<=454;
        vcount1<=420;
    end
else if(vcount1>421)                //球超过了球拍的底边,球回到右下角
    begin
        hcount1<=758;
        vcount1<=490;
    end
else
    case(state)
        s1: begin
            hcount1<=454;           //小球初始位置,左上角坐标
            vcount1<=420;
```

6.3 基于VGA显示的接球游戏

```
            next_state<=s2;
          end
    s2: if(hcount1==758)           //碰到右边缘
          next_state<=s3;
          else if (vcount1==39)    //碰到上边缘
          next_state<=s7;
          else
          begin
            next_state<=s2;
            hcount1<=hcount1+1;
            vcount1<=vcount1-1;
          end
    s3: if(vcount1==39)            //碰到上边缘
          next_state<=s4;
          else
          begin
            next_state<=s3;
            hcount1<=hcount1-1;
            vcount1<=vcount1-1;
          end
    s4: if(hcount1==148)           //碰到左边缘
            next_state<=s5;
          else if(paddle)
            next_state<=s9;
          else
          begin
            next_state<=s4;
            hcount1<=hcount1-1;
            vcount1<=vcount1+1;
          end
    s5:if(paddle)
            next_state<=s2;
          else
          begin
            next_state<=s5;
```

```
            hcount1<=hcount1+1;
            vcount1<=vcount1+1;
         end
     s6: if(hcount1==148)
            next_state<=s5;
          else if(paddle)
            next_state<=s9;
         else
         begin
            next_state<=s6;
            hcount1<=hcount1-1;
            vcount1<=vcount1+1;
         end
     s7: if(hcount1==758)
            next_state<=s6;
          else if(paddle)
            next_state<=s2;
         else
         begin
            next_state<=s7;
            hcount1<=hcount1+1;
            vcount1<=vcount1+1;
         end
     s8: if(vcount1==39)
            next_state<=s7;
         else
         begin
            next_state<=s8;
            hcount1<=hcount1+1;
            vcount1<=vcount1-1;
         end
     s9: if(vcount1==39)
            next_state<=s4;
          else if(hcount1==148)
            next_state<=s8;
```

6.3 基于 VGA 显示的接球游戏

```
       else
       begin
         next_state<=s9;
         hcount1<=hcount1-1;
         vcount1<=vcount1-1;
       end
    endcase
```

3. VGA 图像数据的生成

在接球游戏的设计中，游戏的初始状态，显示图 6.15 所示静止的画面。图中的数字为 VGA 上以像素表示的位置。随着游戏的开始，球拍在水平位置移动，小球在水平、垂直方向移动，需要对显示的位置进行计算。球拍和小球的位置确定后，对其所在的位置分别赋予表示红色及绿色的数据。

代码清单：图像数据生成代码

```
always@(posedge vga_clk)
begin
   if(hcount <= 148 || hcount>=778 || vcount<=39||vcount>=510)
      RGB<= 3'b111;                          //三面墙壁为白边框
   else if(hcount>dat_left && hcount<dat_right && vcount>=440 &&
           vcount<=450)
      RGB<=3'b100;                           //拍子颜色为红色
   else if(hcount>hcount1 && hcount<20+hcount1 && vcount>vcount1&&
           vcount<20+vcount1)
      RGB<=3'b010;                           //小球颜色为绿色
   else
      RGB<=3'b000;                           //背景为黑色
end
```

6.3.5 游戏测试

系统的输入输出端口与 FPGA 芯片引脚分配后，执行一次全编译后再对 DE2-115 开发板进行配置。由拨键开关来控制系统的复位、开始等；由两个按键开关来控制球拍的左右移动。游戏开始后，球向右上方运动，碰到墙壁后发生反射，多次碰撞后，向下运动，此时通过可移动的球拍接小球。成功接住，小球继续运动；未接住，游戏结束。图 6.18 显示了游戏测试的情况。

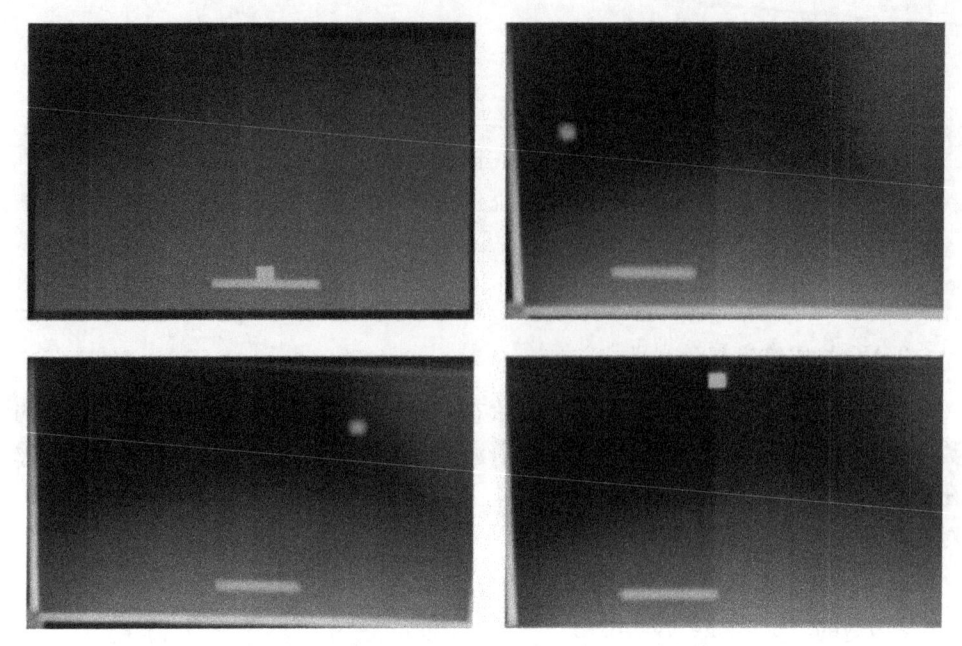

图 6.18 游戏测试 (扫描封底二维码可看彩图)

实验:

超声波测距系统的设计,要求:

(1) 选择合适的超声波传感器,并设计接口电路;

(2) 测量距离并在数码管上显示。

第7章 基于 FPGA 的图像采集处理系统

数字图像处理技术已经被广泛应用于视频监控、机器视觉、航天探测等多个领域。随着对图像处理实时性要求的提高，传统的处理工具已经很难满足要求。而可编程逻辑器件 FPGA 由于其高速并行的处理特性，近年来已经越来越多地被用于图像处理领域中。

本章介绍了基于 FPGA 的图像系统设计，实现图像的采集、处理及显示等功能。

7.1 设计内容

本章图像处理系统的硬件平台是 DE2-115 实验板，搭配友晶公司的图像传感器套件 TRDB-D5M。该系统总体结构框图如图 7.1 所示。

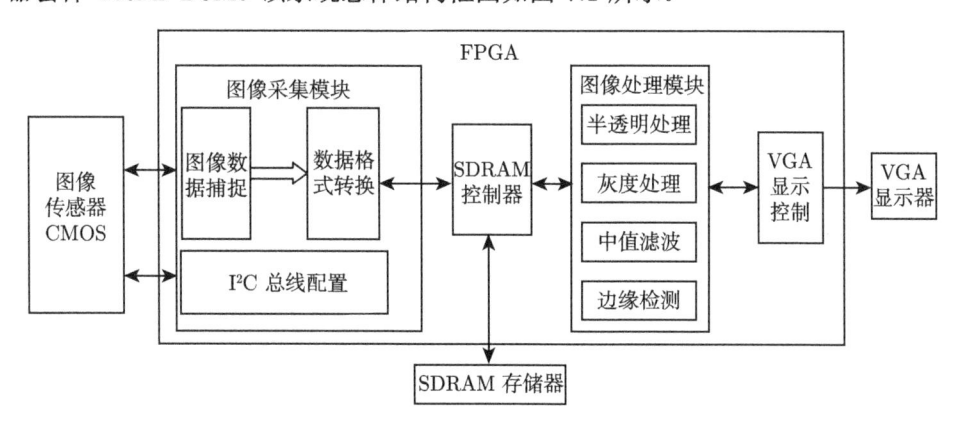

图 7.1 系统的框图

其中 FPGA 中包含了以下四个功能模块电路的开发设计：
(1) 图像采集模块：采集传感器生成的图像，并进行相应的格式变换；
(2) 图像存储模块：对图像数据进行缓存；
(3) 图像处理模块：将图像数据进行处理；
(4) 图像显示模块：对图像数据进行实时显示控制。

该系统的工作过程如下：图像数据捕捉模块实时接收图像数据信息，I^2C 模块用于 FPGA 对摄像头成像参数的配置，数据格式转换模块把摄像头采集的 Bayer 型数据转换成 RGB 格式；SDRAM 控制器把转换后的 RGB 格式的图像数据进行存储；图像处理模块将图像数据进行相应处理；VGA 显示模块根据 VGA 行场同步信号，在 VGA 上进行显示。

7.2 图像采集模块

本设计选择友晶公司的 TRDB_D5M (D5M) 套件，数字式 CMOS 图像传感器作为图像采集器。该传感器有 5M 像素，输出格式为 Bayer 彩色格式，最大分辨率为 2592×1944，每一个像素的色彩分辨率为 12 位，A/D 转换精度为 10 位。该传感器能够连续地捕捉视频，并且按顺序输出图像信息。

本模块的功能是采集传感器生成的图像，并将传感器输出的 Bayer 颜色格式转换为 RGB 格式。该模块设计框图如图 7.2 所示。主要输入、输出信号描述见表 7.1。

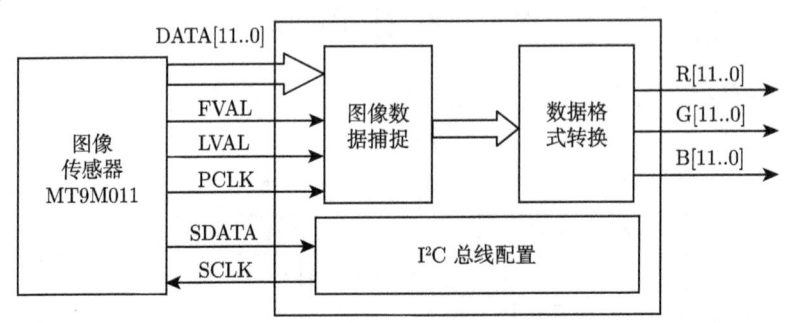

图 7.2 数字采集模块框图

表 7.1 数据采集模块信号描述表

信号名称	类型	信号描述
iDATA[11..0]	input	12 位图像信号输入
iFVAL	input	帧有效信号，在一帧图像数据有效时为高电平
iLVAL	input	行有效信号，在一行图像数据有效时为高电平
iCLK	input	像素时钟输入信号，由摄像头提供
SDATA	inout	I^{2}C 总线串行数据
SCLK	input	I^{2}C 总线时钟信号
R[11..0]	output	12 位的 R 信号
G[11..0]	output	12 位的 G 信号
B[11..0]	output	12 位的 B 信号

(1) 图像数据捕捉模块：通过 FVAL、LVAL 和 PCLK 三个同步信号，正确捕捉图像传感器生成的数据流。

(2) I^{2}C 总线配置模块：利用 I^{2}C 总线，对图像传感器中的 24 个寄存器进行配置，控制传感器的增益、曝光时间、输出格式等。

7.2 图像采集模块

(3) 数据格式转换模块：将传感器输出的 Bayer 格式的数据转换为 GBR 格式的数据。

7.2.1 图像捕捉模块

图像传感器数据输出与行、帧有效信号的时序关系如图 7.3 所示。在行有效信号为高电平时，在每一个 PCLK 时钟周期，传感器送出一个 12 位的图像数据，本设计中在一个行有效的时间段，图像捕捉模块接收 1280 个像素，如图 7.3(a) 所示。在帧有效信号为高电平时，接收行数据，如图 7.3(b) 所示，图中 P 为帧开始及结束的消隐时间，A 为行的有效时间，Q 为行的消隐时间。

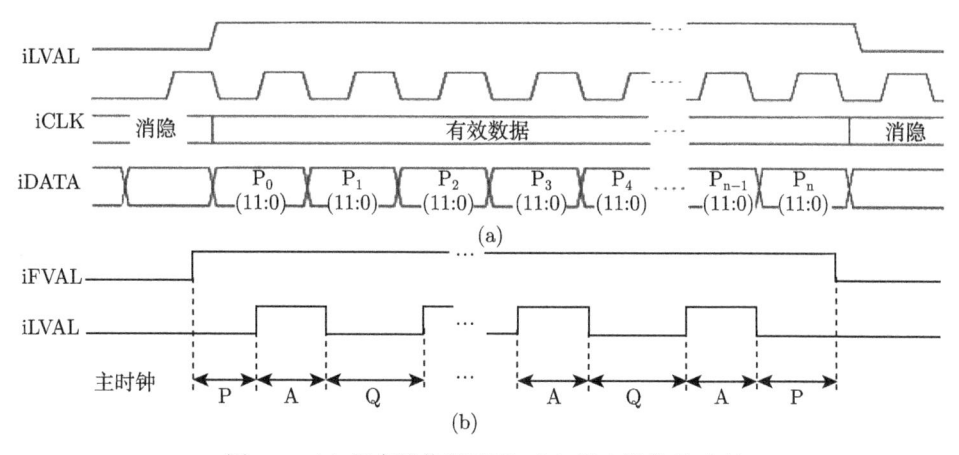

图 7.3 (a) 行有效信号时序；(b) 场有效信号时序

该模块主要输入、输出信号描述见表 7.2。

表 7.2 模块主要输入、输出信号描述

信号名称	信号类型	信号描述
iDATA	input	12 位图像信号输入
iFVAL	input	输入帧有效信号，在一帧图像数据有效时为高电平
iLVAL	input	输入行有效信号，在一行图像数据有效时为高电平
iCLK	input	像素时钟输入信号，由摄像头提供
oDATA	output	图像数据
oDVAL	output	行与场同时有效的标志位
oX_Cont	output	一行中像素的计数值
oY_Cont	output	一帧中行的计数值
oFrame_Cont	output	帧计数值

代码清单：图像捕捉模块代码

```
module   CCD_Capture(oDATA,oDVAL,oX_Cont,oY_Cont,oFrame_Cont,iDATA,
```

```verilog
                    iFVAL,iLVAL,iSTART,iEND,iCLK,iRST);
    input[11:0]     iDATA;
    input           iFVAL;
    input           iLVAL;
    input           iSTART;
    input           iEND;
    input           iCLK;
    input           iRST;
    output[11:0]    oDATA;
    output[15:0]    oX_Cont;
    output[15:0]    oY_Cont;
    output[31:0]    oFrame_Cont;
    output          oDVAL;
    reg             Pre_FVAL;        //缓存帧有效信号
    reg             mCCD_FVAL;       //用来寄存帧有效信号
    reg             mCCD_LVAL;       //用来寄存行有效信号
    reg[11:0]       mCCD_DATA;       //用来寄存图像数据
    reg[15:0]       X_Cont;
    reg[15:0]       Y_Cont;
    reg[31:0]       Frame_Cont;      //帧计数值
    reg             mSTART;
    assign          oX_Cont= X_Cont;
    assign          oY_Cont= Y_Cont;
    assign          oFrame_Cont = Frame_Cont;
    assign          oDATA = mCCD_DATA;
    assign          oDVAL = mCCD_FVAL & mCCD_LVAL;
    always@(posedge iCLK or negedge iRST)
    begin
        if(!iRST)
            mSTART<=0;
        else
        begin
            if(iSTART)              //检测开始信号
                mSTART<=1;
            if(iEND)                //检测结束信号
```

7.2 图像采集模块

```
                mSTART<=0;
        end
end
always@(posedge iCLK or negedge iRST)
begin
    if(!iRST)                           //复位
    begin
        Pre_FVAL<=0;
        mCCD_FVAL<=0;
        mCCD_LVAL<=0;
        mCCD_DATA<=0;
        X_Cont<=0;
        Y_Cont<=0;
    end
    else
    begin
        Pre_FVAL<=iFVAL;
        mCCD_LVAL<=iLVAL;
        if((({Pre_FVAL,iFVAL}==2'b01)&&mSTART)//检测帧有效信号的上升沿
            mCCD_FVAL<= 1;
        else if({Pre_FVAL,iFVAL}==2'b10)        //检测帧有效信号的下降沿
            mCCD_FVAL<=0;
        if(mCCD_FVAL)                           //原理见图7.3
        begin
            if(mCCD_LVAL)
            begin
                if(X_Cont<1279)
                    X_Cont<=X_Cont+1;           //列计数
                else
                begin
                    X_Cont<=0;
                    Y_Cont<=Y_Cont+1;           //行计数
                end
            end
        end
```

```verilog
            else
            begin
                X_Cont<=0;
                Y_Cont<=0;
            end
        end
    end

    always@(posedge iCLK or negedge iRST)
    begin
        if(!iRST)
            Frame_Cont<=0;
        else
        begin
            if(({Pre_FVAL,iFVAL}==2'b01) && mSTART)    //每帧开始标志
            Frame_Cont<=Frame_Cont+1;                  //帧计数
        end
    end
    always@(posedge iCLK or negedge iRST)
    begin
        if(!iRST)
            mCCD_DATA<=0;
        else if (iLVAL)
            mCCD_DATA<=iDATA;
        else
            mCCD_DATA<=0;
    end
endmodule
```

7.2.2　I^2C总线配置模块

TRDB-5M 摄像头的图像传感器中共有 24 个寄存器,寄存器中的参数通过 I^2C 总线进行配置。I^2C (Inter-IC) 总线是由飞利浦公司为了在集成电路之间进行控制和通信而开发的一种总线标准. 它由两条双向串行总线 (SCL、SDA) 构成, 简单高效, 可以完成多个器件之间的数据交换。

I^2C 的数据传输以字节为单位, 采用 8 位读写时序, 如图 7.4 所示。每次传输

7.2 图像采集模块

8 位从端口地址、8 位寄存器地址、16 位数据，总共传输 32 位。I^{2}C 总线在传送 32 位数据过程要发出：开始信号 (START)、结束信号 (END) 和应答信号 (ACK)。当 SCLK 为高电平时，SDATA 由高电平向低电平跳变，发出 START 信息，开始传送数据。每位占用一个时钟，最高有效位在先，每字节后跟随一个应答位 (ACK)，表示已收到数据。数据传输时，每一位都在时钟总线 SCLK 的高电平期间进行采样，因而数据总线 SDATA 必须在 SCLK 的高电平期间保持稳定，SDATA 的状态变化只能发生在 SCLK 低电平期间。在时钟总线 SCLK 高电平期间，SDATA 由低电平向高电平跳变，则发出了结束信号 END。时钟 SCLK 由 FPGA 提供给配置器件。

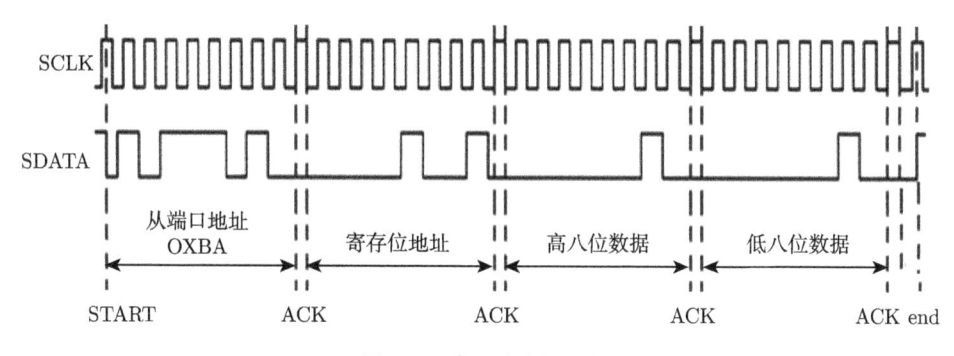

图 7.4 I^{2}C 总线的时序

在上一章我们曾经设计过利用 SPI 总线配置寄存器的模块，在设计思路上，这两种总线的设计方法类似。I^{2}C 总线设计由 I^{2}C 控制模块顶层文件 I2C_CCD_Config 和底层文件 I2C_Controller 构成。在顶层文件中，共有 24 个寄存器需要配置。每个配置分为三步，由状态机设计完成。第一步，寄存器数据准备，并启动传输控制信号，开始调用底层文件。第二步，检测传输结束信号，如果检测到应答信号 ACK 不正常，则返回第一步，重新发送数据；如果信号正常，则进入第三步，将寄存器索引 LUT_INDEX 加 1，准备下个信号传输。此过程循环直至索引信号为 24。

代码清单：I^{2}C 控制模块顶层文件模块代码

```
module I2C_CCD_Config ( //   Host Side
                        iCLK,
                        iRST_N,
                        iEXPOSURE_ADJ,       //外设曝光度
                        iEXPOSURE_DEC_p,     //曝光度增减控制
                        //   I2C Side
                        I2C_SCLK,            //I²C 时钟
```

```verilog
                            I2C_SDAT
                        );
// Host Side
    input       iCLK;
    input       iRST_N;
// I2C Side
    output      I2C_SCLK;
    inout       I2C_SDAT;
// Internal Registers/Wires
    reg[15:0]   mI2C_CLK_DIV;           //分频系数
    reg[31:0]   mI2C_DATA;
    reg         mI2C_CTRL_CLK;
    reg         mI2C_GO;                //每个寄存器数据转换开始信号
    wire        mI2C_END;               //转换结束信号
    wire        mI2C_ACK;               //应答信号
    reg[23:0]   LUT_DATA;               //寄存器数据
    reg[5:0]    LUT_INDEX;              //寄存器索引号
    reg[3:0]    mSetup_ST;              //状态机状态
////////////////    CMOS sensor registers setting ///////////////
    input       iEXPOSURE_ADJ;
    input       iEXPOSURE_DEC_p;
    parameter   default_exposure     = 16'h07c0;
    parameter   exposure_change_value= 16'd200;
    reg[3:0]    iexposure_adj_delay;                //曝光调整设置
    wire        exposure_adj_set;
    reg[15:0]   senosr_exposure;
    wire[17:0]  senosr_exposure_temp;
    always@(posedge iCLK or negedge iRST_N)         //曝光度设置
        begin
            if (!iRST_N)
                begin
                    iexposure_adj_delay <= 0;
                end
            else
                begin
```

7.2 图像采集模块

```
                    iexposure_adj_delay <= {iexposure_adj_delay[2:0],
                    iEXPOSURE_ADJ};
                end
        end
assign  exposure_adj_set = ({iexposure_adj_delay[0],
                    iEXPOSURE_ADJ}==2'b10) ? 1 : 0;
assign   senosr_exposure_temp=iEXPOSURE_DEC_p?(senosr_exposure-
            exposure_change_value):(senosr_exposure
            +exposure_change_value);
always@(posedge iCLK or negedge iRST_N)
    begin
        if(!iRST_N)
            senosr_exposure <= default_exposure;
        else if(exposure_adj_set)
            if(senosr_exposure_temp[17])
                senosr_exposure <= 0;
            else if(senosr_exposure_temp[16])
                senosr_exposure <= 16'hffff;
            else
                senosr_exposure <= senosr_exposure_temp[15:0];
    end
assign   i2c_reset = iRST_N;
//////////////////////////////////////////////////////////
//  Clock Setting
parameter   CLK_Freq=50000000;       //50MHz
parameter   I2C_Freq=20000;          //20kHz
//  LUT Data Number
parameter   LUT_SIZE=25;
/////////////////////    I2C Control Clock   /////////////////
always@(posedge iCLK or negedge i2c_reset)
begin
    if(!i2c_reset)
    begin
        mI2C_CTRL_CLK<=0;
        mI2C_CLK_DIV<=0;
```

```verilog
        end
    else
    begin
        if(mI2C_CLK_DIV< (CLK_Freq/I2C_Freq))
        mI2C_CLK_DIV<=mI2C_CLK_DIV+1;
        else
        begin
            mI2C_CLK_DIV<=0;
            mI2C_CTRL_CLK<= ~mI2C_CTRL_CLK;
        end
    end
end
////////////////////////////////////////////////////////////
I2C_Controller u0(.CLOCK(mI2C_CTRL_CLK),//Controller Work Clock
                .I2C_SCLK(I2C_SCLK),    //I2C CLOCK
                .I2C_SDAT(I2C_SDAT),    //I2C DATA
                .I2C_DATA(mI2C_DATA),   //DATA:[SLAVE_ADDR,
                                                SUB_ADDR,DATA]
                .GO(mI2C_GO),           //GO transfor
                .END(mI2C_END),         //END transfor
                .ACK(mI2C_ACK),         //ACK
                .RESET(i2c_reset));
///////////////////////// Config Control /////////////////////////
always@(posedge mI2C_CTRL_CLK or negedge i2c_reset)
                        //3个状态完成每个寄存器数据传递
begin
    if(!i2c_reset)
    begin
        LUT_INDEX<= 0;
        mSetup_ST<=0;
        mI2C_GO<=0;
    end
    else if(LUT_INDEX<LUT_SIZE)
        begin
            case(mSetup_ST)
```

7.2 图像采集模块

```
            0:  begin
                    mI2C_DATA<={8'hBA,LUT_DATA};
                                //配置数据,前8位是从端口地址
                    mI2C_GO <=1;
                    mSetup_ST<=1;
                end
            1:  begin
                    if(mI2C_END)
                    begin
                        if(!mI2C_ACK)
                        mSetup_ST<=2;
                        else
                        mSetup_ST<=0;
                        mI2C_GO <=0;
                    end
                end
            2:  begin
                    LUT_INDEX<= LUT_INDEX+1;
                    mSetup_ST<=0;
                end
            endcase
        end
end
/////////////////////  Config Data LUT   /////////////////////
always
begin
    case(LUT_INDEX)
    0  :  LUT_DATA<=24'h000000;
    1  :  LUT_DATA<=24'h20c000;          //Mirror Row and Columns
    2  :  LUT_DATA<={8'h09,senosr_exposure};  //Exposure
    3  :  LUT_DATA<=24'h050000;          //H_Blanking
    4  :  LUT_DATA<=24'h060019;          //V_Blanking
    5  :  LUT_DATA<=24'h0A8000;          //change latch
    6  :  LUT_DATA<=24'h2B0013;          //Green 1 Gain
    7  :  LUT_DATA<=24'h2C009A;          //Blue Gain
```

```
            8 :    LUT_DATA<=24'h2D019C;      //Red Gain
            9 :    LUT_DATA<=24'h2E0013;      //Green 2 Gain
           10 :    LUT_DATA<=24'h100051;      //set up PLL power on
           11 :    LUT_DATA<=24'h111f04;      //PLL_m_Factor<<8+PLL_n_Divider
           12 :    LUT_DATA<=24'h120001;      //PLL_p1_Divider
           13 :    LUT_DATA<=24'h100053;      //set USE PLL
           14 :    LUT_DATA<=24'h980000;      //disble calibration
           15 :    LUT_DATA<=24'hA00000;      //Test pattern control
           16 :    LUT_DATA<=24'hA10000;      //Test green pattern value
           17 :    LUT_DATA<=24'hA20FFF;      //Test red pattern value
           18 :    LUT_DATA<=24'h010000;      //set start row
           19 :    LUT_DATA<=24'h020000;      //set start column
           20 :    LUT_DATA<=24'h03077F;      //set row size
           21 :    LUT_DATA<=24'h0409FF;      //set column size
           22 :    LUT_DATA<=24'h220011;      //set row mode in bin mode
           23 :    LUT_DATA<=24'h230011;      //set column mode in bin mode
           24 :    LUT_DATA<=24'h4901A8;      //row black target
      default:LUT_DATA<=24'h000000;
      endcase
end
endmodule
```

代码清单：I²C 总线控制模块代码

```
I2C_Controller (CLOCK,I2C_SCLK,2C_SDAT,I2C_DATA,GO,END,ACK,
                RESET);
    input         CLOCK;
    input[31:0]   I2C_DATA;
    input         GO;
    input         RESET;
    inout         I2C_SDAT;
    output        I2C_SCLK;
    output        END;
    output        ACK;


    reg           SDO;
```

7.2 图像采集模块

```
reg         SCLK;
reg         END;
reg[31:0]   SD;
reg[6:0]    SD_COUNTER;

wire I2C_SCLK=SCLK | ( ((SD_COUNTER >= 4) & (SD_COUNTER <=39))?
    ~CLOCK :0 );
wire I2C_SDAT=SDO?1'bz:0 ;
reg  ACK1,ACK2,ACK3,ACK4;
wire ACK=ACK1 | ACK2 |ACK3 |ACK4;

//--I2C COUNTER
always@(negedge RESET or posedge CLOCK )
begin
if (!RESET)  SD_COUNTER=6'b111111;
else
    begin
    if (GO==0)
        SD_COUNTER=0;
    else
        if (SD_COUNTER < 41) SD_COUNTER=SD_COUNTER+1;
    end
end

always@(negedge RESET or  posedge CLOCK )
begin
if(!RESET) begin SCLK=1;SDO=1;ACK1=0;ACK2=0;ACK3=0;ACK4=0;END=1;
end
else
    case (SD_COUNTER)
      6'd0 : begin ACK1=0; ACK2=0; ACK3=0; ACK4=0; END=0; SDO=1;
      SCLK=1;end
      //start
      6'd1 : begin SD=I2C_DATA; SDO=0; end
      6'd2 : SCLK=0;
```

```
//SLAVE ADDR
6'd3    : SDO=SD[31];
6'd4    : SDO=SD[30];
6'd5    : SDO=SD[29];
6'd6    : SDO=SD[28];
6'd7    : SDO=SD[27];
6'd8    : SDO=SD[26];
6'd9    : SDO=SD[25];
6'd10   : SDO=SD[24];
6'd11   : SDO=1'b1;//ACK

//SUB ADDR
6'd12   : begin SDO=SD[23]; ACK1=I2C_SDAT; end
6'd13   : SDO=SD[22];
6'd14   : SDO=SD[21];
6'd15   : SDO=SD[20];
6'd16   : SDO=SD[19];
6'd17   : SDO=SD[18];
6'd18   : SDO=SD[17];
6'd19   : SDO=SD[16];
6'd20   : SDO=1'b1;//ACK
//DATA
6'd21   : begin SDO=SD[15]; ACK2=I2C_SDAT; end
6'd22   : SDO=SD[14];
6'd23   : SDO=SD[13];
6'd24   : SDO=SD[12];
6'd25   : SDO=SD[11];
6'd26   : SDO=SD[10];
6'd27   : SDO=SD[9];
6'd28   : SDO=SD[8];
6'd29   : SDO=1'b1;//ACK
//DATA

6'd30   : begin SDO=SD[7]; ACK3=I2C_SDAT; end
6'd31   : SDO=SD[6];
```

7.2 图像采集模块

```
            6'd32   : SDO=SD[5];
            6'd33   : SDO=SD[4];
            6'd34   : SDO=SD[3];
            6'd35   : SDO=SD[2];
            6'd36   : SDO=SD[1];
            6'd37   : SDO=SD[0];
            6'd38   : SDO=1'b1;//ACK
            //stop
            6'd39   : begin SDO=1'b0;SCLK=1'b0; ACK4=I2C_SDAT; end
            6'd40   : SCLK=1'b1;
            6'd41   : begin SDO=1'b1; END=1; end
            endcase
    end
endmodule
```

7.2.3 数据格式转换模块

数据捕捉单元捕捉到的图像数据，是 Bayer 颜色模式 (Bayer color pattern)，Bayer 型颜色滤波阵列上面每一个感光点仅允许一种颜色分量通过，因此图像的每一个像素只有一个颜色分量的值。Bayer 输出图像数据格式对应的局部像素点阵如图 7.5 所示。在偶数行包含绿色 (G) 和红色 (R) 像素，奇数行包含蓝色 (B) 和绿色 (G) 像素，偶数列包含绿色 (G) 和蓝色 (B) 像素，奇数列包含红色 (R) 和绿色 (G) 像素，其中绿色像素个数占总像素的 1/2，红色和蓝色则只占 1/4。而本设计需要的是满足 VGA 显示的传统 RGB 数据格式，每个像素点包含 R、G、B 三种颜色分量，所以需要通过数据格式转换模块把捕捉到的 Bayer 数据转换成 RGB 图像数据，以满足后面的数据处理和显示。

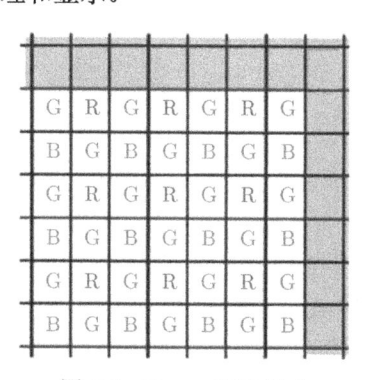

图 7.5 Bayer 颜色模式

为了实现数据格式的转换，需要找到一种合适的插值算法，把仅含单一颜色分量的像素数据还原为含 R、G、B 三种颜色分量的像素数据。本设计采用一种简单的方法，这种插值算法的原理是把每四个 Bayer 数据合并为一个 RGB 数据，其中红色 (R) 和蓝色 (B) 分量保持不变，绿色 (G) 分量为 RAW 数据中两个绿色分量的平均值，转换原理如图 7.6 所示。

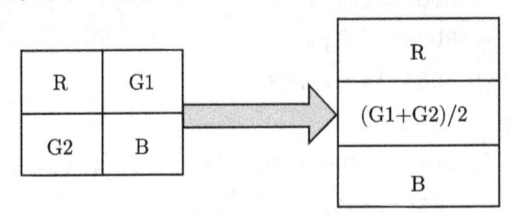

图 7.6 颜色插值算法示意图

根据以上的插值方法，当进行颜色重建时，需建立 1280 个 12 位的寄存器，缓存前一行的像素信息。ALTERA 提供了基于 RAM 的移位寄存器 Line Buffer，即 FIFO(先入先出) 模块，可以用于数据缓冲。在 Quartus 软件中，调用和设置如图 7.7 所示。图 7.7 中共设置了两个 tap，每个 tap 有 1280 个存储单元，每个存储单元的宽度为图像数据的位宽 (12bit)。

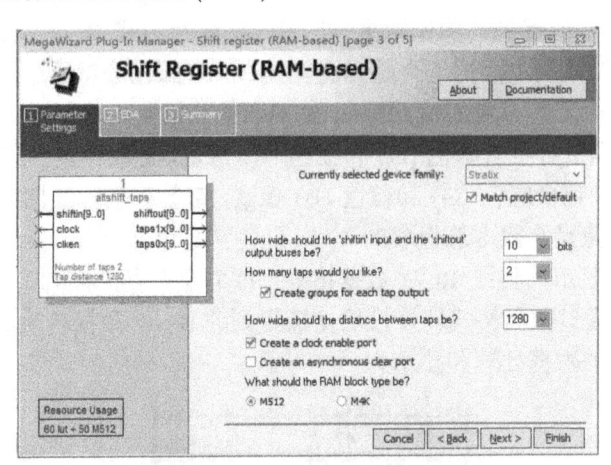

图 7.7 Line Buffer 调用及设置

当经过 1280×2 个时钟周期后，前一个 tap 中 1280 个存储单元存的是第一行图像数据，后一个 tap 中 1280 个存储单元存的是第二行图像数据。这两行图像数据每四个形成一个 2×2 像素窗口，这四个图像数据的关系如图 7.8 所示，可看出数据 3 是数据 4 的一个时钟缓存，表示为 mDATA_1 和 mDATAd_1。数据 1 是数据 2 的一个时钟缓存，表示为 mDATA_0 和 mDATAd_0。在 2×2 像素窗口中，根据每个像素行列计数序号的不同，一共能形成 4 种颜色关系，如图 7.9 所示，从而

7.2 图像采集模块

得到每个像素 R/G/B 三种颜色的来源。

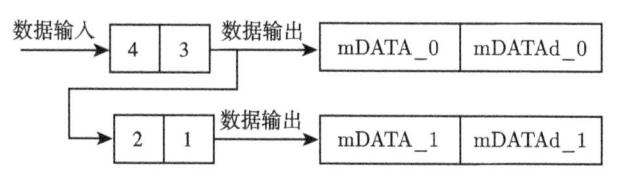

图 7.8 2×2 窗口结构图

奇行偶列	奇行奇列	偶行偶列	偶行奇列
BG	GB	GR	RG
GR	RG	BG	GB

图 7.9 2×2 的像素对应方式

图像捕捉模块捕捉的一帧数据为 1280×1024，而本文设计的 VGA 显示为 640×480，因此在进行图像色彩复原时，经过双线性插值处理后，只需要对奇行奇列的像素点进行输出，就实现了 Bayer 到 RGB 格式的转换。该模块主要的输入、输出信号描述见表 7.3。

表 7.3 数据格式转换模块信号描述

信号名称	信号类型	信号描述
iX_Cont	input	图像列计数器
iY_Cont	input	图像行计数器
iDATA	input	图像数据
iDVAL	input	数据有效信号
iclk	input	时钟信号
oRed	output	RGB 数据中的红色分量
oGreen	output	RGB 数据中的绿色分量
oBlue	output	RGB 数据中的蓝色分量
oDVAL	output	输出数据有效信号

代码清单：数据格式转换模块代码

```
module    RAW2RGB(oRed,oGreen,oBlue,oDVAL,iX_Cont,iY_Cont,iDATA,
                iDVAL,iCLK,iRST);
input[10:0]      iX_Cont;
input[10:0]      iY_Cont;
```

```
input[11:0]        iDATA;
input              iDVAL;
input              iCLK;
input              iRST;
output[11:0]       oRed;
output[11:0]       oGreen;
output[11:0]       oBlue;
output             oDVAL;
wire[11:0]         mDATA_0;              //用来寄存第一行数据
wire[11:0]         mDATA_1;              //用来寄存第二行数据
reg[11:0]          mDATAd_0;
reg[11:0]          mDATAd_1;
reg[11:0]          mCCD_R;
reg[12:0]          mCCD_G;
reg[11:0]          mCCD_B;
reg                mDVAL;
assign             oRed = mCCD_R[11:0];
assign             oGreen =mCCD_G[12:1];
assign             oBlue = mCCD_B[11:0];
assign             oDVAL=mDVAL;
//例化移位寄存器Line Buffer,缓存第一行和第二行数据
Line_Buffer    u0(.clken(iDVAL),
                  .clock(iCLK),
                  .shiftin(iDATA),
                  .taps0x(mDATA_1),
                  .taps1x(mDATA_0));
always@(posedge iCLK or negedge iRST)
begin
    if(!iRST)                                           //复位
    begin
        mCCD_R<=0;
        mCCD_G<=0;
        mCCD_B<=0;
        mDATAd_0<=0;
        mDATAd_1<=0;
```

7.2 图像采集模块

```
                mDVAL <= 0;
            end
        else
        begin
            mDATAd_0<=mDATA_0;                              //形成2×2
            mDATAd_1<=mDATA_1;
            mDVAL<={iY_Cont[0]|iX_Cont[0]}?1'b0:iDVAL;      //偶行偶列输出数据
            if({iY_Cont[0],iX_Cont[0]}==2'b01)              //偶行奇列
            begin
                mCCD_R<=mDATA_0;
                mCCD_G<=mDATAd_0+mDATA_1;
                mCCD_B<=mDATAd_1;
            end
            else if({iY_Cont[0],iX_Cont[0]}==2'b00)         //偶行偶列
            begin
                mCCD_R<=mDATAd_0;
                mCCD_G<=mDATA_0+mDATAd_1;
                mCCD_B<=mDATA_1;
            end
            else if({iY_Cont[0],iX_Cont[0]}==2'b11)         //奇行奇列
            begin
                mCCD_R<=mDATA_1;
                mCCD_G<=mDATA_0+mDATAd_1;
                mCCD_B<=mDATAd_0;
            end
            else if({iY_Cont[0],iX_Cont[0]}==2'b10)         //奇行偶列
            begin
                mCCD_R<=mDATAd_1;
                mCCD_G<=mDATAd_0+mDATA_1;
                mCCD_B<=mDATA_0;
            end
        end
end
endmodule
```

7.3 SDRAM 控制模块

预处理的图像需要放在存储器中进行缓存，对于大部分的 FPGA 来说器件内部都含有 4K 的内存，但考虑到图像的容量及今后对动态图像处理功能的扩展，本设计选用了存储容量为 64M 的外存 SDRAM。SDRAM 在存储空间上划分了 4 个 Bank 区块，每个 Bank 有 16 位数据宽。SDRAM 虽然存储的容量大，但是其内部结构复杂，对该器件的读写必须使用专门设计的控制器进行控制操作。

由于本设计摄像头采集的图像色彩 RGB 各 12 位，显然用一个 16 位宽度 Bank 不能存储一个像素，因此采用了 2 个 Bank 合并存储像素，每种颜色只取高 10 位进行存储，存储格式如图 7.10 所示。这样一来，在 SDRAM 控制电路上需要仿真成四个虚拟的数据端口 (两个写端口＋两个读端口)，在同一时刻将一个像素 RGB 从两个 Bank 中同时写入或读出，合并之后形成一个完整的数据。

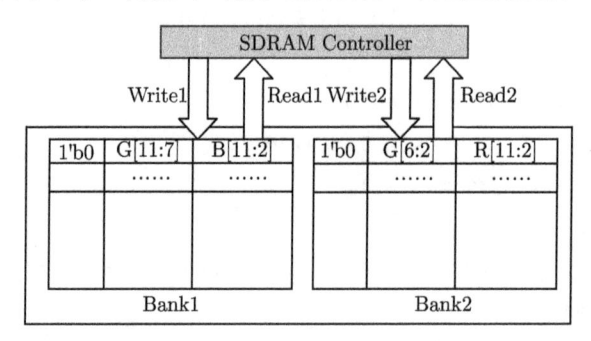

图 7.10 双端口 SDRAM 结构

由于 SDRAM 控制比较复杂，很多公司都提供了该模块的控制程序，本节不作详细的介绍，只对模块设计中用到的写入、读出端口作简要说明。

代码清单：SDRAM 控制模块写入、读出数据端口程序代码

```
Sdram_Control    u7 (//HOST Side
    .RESET_N(KEY[0]),
    .CLK(sdram_ctrl_clk),
    //  FIFO Write Side 1
    .WR1_DATA({1'b0,sCCD_G[11:7],sCCD_B[11:2]}),
    //写入图像数据的一半共15位
    .WR1(sCCD_DVAL),                    //写入使能信号
    .WR1_ADDR(0),                       //写入Bank1的首地址
    .WR1_MAX_ADDR(640*480),             //写入Bank1的最大地址
```

7.3 SDRAM 控制模块

```
    .WR1_LENGTH(8'h50),
    .WR1_LOAD(!DLY_RST_0),              //清空SDRAM中的FIFO
    .WR1_CLK(D5M_PIXLCLK),              //写入数据时钟频率
    // FIFO Write Side 2
    .WR2_DATA({1'b0,sCCD_G[6:2],sCCD_R[11:2]}),
                                        //写入图像数据的另一半共15位
    .WR2(sCCD_DVAL),                    //读出使能信号
    .WR2_ADDR(23'h100000),
    .WR2_MAX_ADDR(23'h100000+640*480),//写入Bank2的最大地址
    .WR2_LENGTH(8'h50),
    .WR2_LOAD(!DLY_RST_0),
    .WR2_CLK(D5M_PIXLCLK),
    // FIFO Read Side 1
    .RD1_DATA(Read_DATA1),              //读出图像数据的一半共15位
    .RD1(Read),                         //读出使能信号
    .RD1_ADDR(0),                       //读出Bank1的首地址
    .RD1_MAX_ADDR(640*480),             //读出Bank1的最大地址
    .RD1_LENGTH(8'h50),
    .RD1_LOAD(!DLY_RST_0),
    .RD1_CLK(~VGA_CTRL_CLK),            //读出图像时钟频率
    // FIFO Read Side 2
    .RD2_DATA(Read_DATA2),              //读出图像数据的另一半共15位
    .RD2(Read),
    .RD2_ADDR(23'h100000),              //读出Bank2的首地址
    .RD2_MAX_ADDR(23'h100000+640*480),//读出Bank2的最大地址
    .RD2_LENGTH(8'h50),
    .RD2_LOAD(!DLY_RST_0),
    .RD2_CLK(~VGA_CTRL_CLK),
    // SDRAM Side
    .SA(DRAM_ADDR),
    .BA(DRAM_BA),
    .CS_N(DRAM_CS_N),
    .CKE(DRAM_CKE),
    .RAS_N(DRAM_RAS_N),
    .CAS_N(DRAM_CAS_N),
```

```
.WE_N(DRAM_WE_N),
.DQ(DRAM_DQ),
.DQM(DRAM_DQM));
```

7.4　VGA 显示控制模块

7.4.1　VGA 显示原理

VGA 显示原理详见 5.7 节。

7.4.2　VGA 控制模块

对于 VGA 控制模块的设计思路是把图像的数据按照正确的行场时序进行传输。具体的设计方法为：先按照分辨率的要求，用计数器形成行场同步时序，再判断计数器是否计数到显示区，然后从 SDRAM 里面读取数据送到 VGA 显示器上显示，其中图像的 D/A 转换由 ADV7123 完成，如图 7.11 所示。该模块主要的输入、输出信号描述见表 7.4。

图 7.11　VGA 控制模块设计原理图

表 7.4　VGA 控制模块输入、输出信号

信号名称	信号类型	信号描述
iclk	input	像素时钟，25M
iRed	input	输入图像数据
iGreen	input	输入图像数据
iBlue	input	输入图像数据
oRequest	input	有效区域标志
oVGA_R	output	输出图像数据
oVGA_G,	output	输出图像数据
oVGA_B	output	输出图像数据
oVGA_H_SYNC	output	行同步信号
oVGA_V_SYNC	output	场同步信号

代码清单：VGA 显示控制模块代码

```
module VGA_Controller(iRed,iGreen,iBlue,oRequest,oVGA_R,oVGA_G,
                oVGA_B,oVGA_H_SYNC,oVGA_V_SYNC,oVGA_SYNC,
                oVGA_BLANK,iCLK,iRST_N);
`include "VGA_Param.h"
```

7.4 VGA 显示控制模块

```verilog
input[9:0]      iRed;                //输入图像数据
input[9:0]      iGreen;
input[9:0]      iBlue;
input           iCLK;                //25MHz
input           iRST_N;
output[9:0]     oVGA_R;              //输出图像数据
output[9:0]     oVGA_G;
output[9:0]     oVGA_B;
output reg      oVGA_H_SYNC;         //行同步
output reg      oVGA_V_SYNC;         //场同步
output          oVGA_SYNC;           //帧同步
output          oVGA_BLANK;
output reg      oRequest;
reg[9:0]        H_Cont;              //像素列计数
reg[9:0]        V_Cont;              //像素行计数
assign oVGA_BLANK=oVGA_H_SYNC & oVGA_V_SYNC;
assign oVGA_SYNC=1'b0;
assign oVGA_CLOCK=iCLK;
assign oVGA_R=(H_Cont>=X_START&&H_Cont<X_START+H_SYNC_ACT&&
              V_Cont>=Y_START&&V_Cont<Y_START+V_SYNC_ACT)?
              iRed:0;                                       //数据显示区,红色
assign oVGA_G=(H_Cont>=X_START&&H_Cont<X_START+H_SYNC_ACT&&V_Cont>=
              Y_START&&V_Cont<Y_START+V_SYNC_ACT)?iGreen:0;//绿色
assign oVGA_B=(H_Cont>=X_START&&H_Cont<X_START+H_SYNC_ACT&&V_Cont>=
              Y_START&& V_Cont<Y_START+V_SYNC_ACT)?iBlue:0;//蓝色
always@(posedge iCLK or negedge iRST_N)
begin
    if(!iRST_N)
        oRequest<=0;
    else
    begin
        if(H_Cont>=X_START-2&&H_Cont<X_START+H_SYNC_ACT-2&&
           V_Cont>=Y_START&&V_Cont<Y_START+V_SYNC_ACT)
            oRequest<=1;                    //SDRAM的读使能信号
        else
```

```verilog
            oRequest<=0;
    end
end

always@(posedge iCLK or negedge iRST_N)      //像素列计数
begin
    if(!iRST_N)
    begin
        H_Cont<=0;
        oVGA_H_SYNC<=0;
    end
    else
    begin
        if(H_Cont < H_SYNC_TOTAL)
            H_Cont<=H_Cont+1;
        else
            H_Cont<=0;
        if(H_Cont < H_SYNC_CYC )
            oVGA_H_SYNC<=0;
        else
            oVGA_H_SYNC<=1;              //行同步信号
    end
end
always@(posedge iCLK or negedge iRST_N)  //行计数
begin
    if(!iRST_N)
    begin
        V_Cont<=0;
        oVGA_V_SYNC <=0;
    end
    else
    begin
        if(H_Cont==0)
        begin
            if( V_Cont < V_SYNC_TOTAL)
```

```
                        V_Cont<=V_Cont+1;
                else
                        V_Cont<=0;
                if(V_Cont < V_SYNC_CYC)
                        oVGA_V_SYNC<=0;
                else
                        oVGA_V_SYNC<=1;
            end
        end
end
endmodule
```

代码清单: VGA_Param.h

```
//Horizontal Parameter(Pixel)
parameter    H_SYNC_CYC=96;
parameter    H_SYNC_BACK=45+3;
parameter    H_SYNC_ACT=640;
parameter    H_SYNC_FRONT=13+3;
parameter    H_SYNC_TOTAL=800;
//Virtical Parameter(Line)
parameter    V_SYNC_CYC=2;
parameter    V_SYNC_BACK=30+2;
parameter    V_SYNC_ACT=480;
parameter    V_SYNC_FRONT=9+2;
parameter    V_SYNC_TOTAL=525;
//Start Offset
parameter    X_START=H_SYNC_CYC+H_SYNC_BACK; parameter
Y_START=V_SYNC_CYC+V_SYNC_BACK;
```

7.5 图像处理算法及实现

存储后的图像，根据不同的需求可进行不同的处理。例如，为了使图像更加清晰，可以利用中值滤波、直方图均衡化、色彩增强等算法对其进行处理。为了达到某种图像效果，利用压缩、边缘检测、图像分割等算法对其进行处理。本节将介绍几种常用图像处理算法的实现。

7.5.1 图像的透明算法及实现

1. 透明算法原理

Alpha 被广泛应用于图像处理，经过该算法处理，图像可以产生透明感。算法实现的原理是：在像素的 R、G、B 通道外，增加了一组通道来控制物体的透明度，即为 Alpha 通道。视频在进行 RGB 图像显示时，通过 Alpha 通道控制图像的透明程度。

假设有两幅图像，分别为图像 A 和图像 B。图像 C 为通过图像 B 去看图像 A 所产生的混合图像。把 Alpha 作为图像透明度，取值范围为 [1, 0]，1 为完全透明，0 为不透明。使图像 C 产生透明效果的公式如下：

$$\begin{cases} R(C) = \text{Alpha} \times R(A) + (1 - \text{Alpha}) \times R(B) \\ G(C) = \text{Alpha} \times G(A) + (1 - \text{Alpha}) \times G(B) \\ B(C) = \text{Alpha} \times B(A) + (1 - \text{Alpha}) \times B(B) \end{cases} \tag{7-1}$$

R(C)、G(C)、B(C) 分别为图像 C 的 RGB 分量。从上面可以看出，Alpha 是控制图像透明层度的数值，通过改变 Alpha 的值就可以得到不同透明效果。

2. 图片处理

要透过一幅图片显示视频画面，首先要把一幅图片在 FPGA 中存储并在 VGA 上显示。具体实现过程如下：

(1) 将欲显示图片转换为 mif 文件。利用 Pic2Mif 软件可以直接把图片转换为 mif 文件，图 7.12 是 Pic2Mif 软件的操作界面，利用 Pic2Mif 软件打开 640×480 格式的图片，把图片转化为黑白图片的 mif 格式。

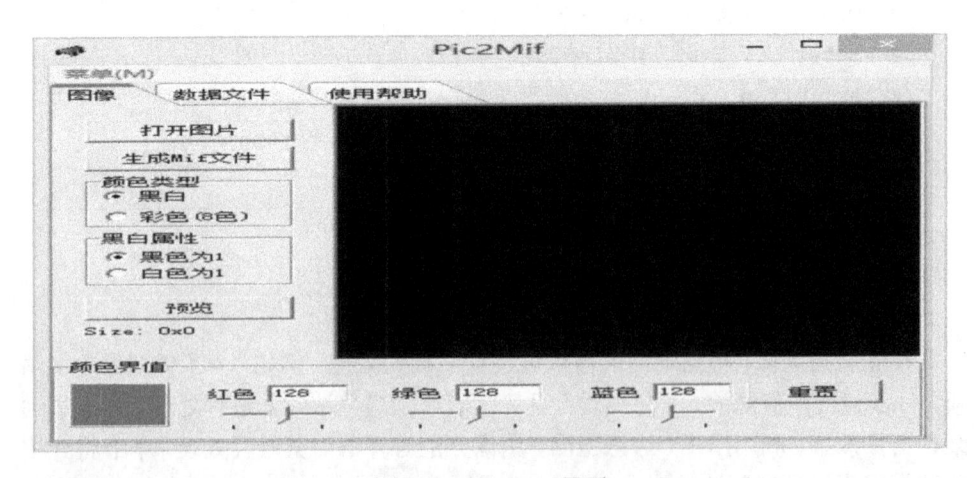

图 7.12 Pic2Mif 界面

7.5 图像处理算法及实现

(2) 调用宏功能模块存储器储存 mif 文件。打开宏功能模块，调用一端口的片内存储器 ROM，如图 7.13 所示，将上述的 mif 文件添加到 FPGA 的 ROM 中，配置好 ROM 所需的参数。

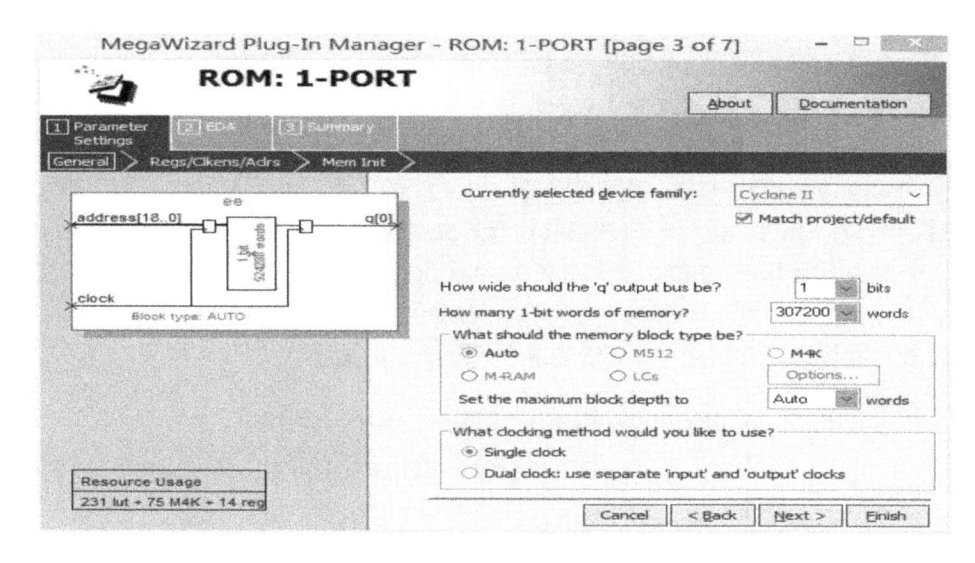

图 7.13 ROM 设置界面

(3) 根据 VGA 行场同步时序，实现 VGA 图片的显示。VGA 图片显示如图 7.14 所示。

图 7.14 VGA 图片显示

3. 基于 FPGA 的半透明算法实现

1) 图像数据位数的调整

把半透明算法移植到 FPGA 时，由于 mif 生成的黑白文件每一点都是 1 位数，而 VGA 的 RGB 显示是 10 位宽度。因此，在 FPGA 上实现算法时先要对 mif 文件中 1 位的 0 和 1 进行 10 位转换。如黑白图片的某一点数据为 0 时，把它转化为 10 位的 0，如果为 1 就转化为 10 位的 1。

2) 透明度算法的修正

透明度控制参数 Alpha 是取值为 [0，1] 之间的小数，由于 FPGA 不适于浮点运算，所以在实现算法时，一般选择移位运算来代替浮点运算。因为本设计的 RGB 每一个颜色分量都是 10 位，因此按 $2^{10}=1024$ 进行移位。式 (7-2) 是经过改进后适用于本设计的透明算法。式中 S 为透明度控制参数 Alpha 左移 10 位后的参数，与开发板上的拨码开关对应起来，能实现不同透明度的调整。

$$\begin{cases} R(C)=(S\times R(A)+(1024-S)\times R(B)) \gg 10 \\ G(C)=(S\times G(A)+(1024-S)\times G(B)) \gg 10 \\ B(C)=(S\times B(A)+(1024-S)\times B(B)) \gg 10 \end{cases} \quad (7\text{-}2)$$

透明模块输入、输出信号见表 7.5。

表 7.5 透明模块输入、输出信号

信号名称	信号类型	信号描述
iCLK	input	像素时钟，与 SDRAM 读出数据同步
iRST_N	input	复位信号
iRed	input	输入图像数据，来自 SDRAM
iGreen	input	输入图像数据
iBlue	input	输入图像数据
sw	input	调节透明度按钮
Field	input	有效区域标志
Frame_end	input	帧结束标志
oVGA_R	output	输出图像数据，送入 VGA 模块
oVGA_G,	output	输出图像数据
oVGA_B	output	输出图像数据

代码清单：透明算法模块程序代码

```
module  bantoum (iRed,iGreen,iBlue,sw,Field,Frame_end,oVGA_R,
```

7.5 图像处理算法及实现

```
            VGA_G,oVGA_B,iCLK,iRST_N);
   input[9:0]      iRed;
   input[9:0]      iGreen;
   input[9:0]      iBlue;
   input           sw;              //调节透明度
   input           Field;           //来自VGA的有效区域标志
   input           Frame_end;       //来自VGA的帧结束标志
//VGA Side
   output[9:0]     oVGA_R;
   output[9:0]     oVGA_G;
   output[9:0]     oVGA_B;
//Control Signal
   input           iCLK;
   input           iRST_N;
   reg[18:0]       addr ;
   wire            q;               //ROM中的图像数据
   reg[9:0]        n;               //透明度参数
   reg[9:0]        R,G,B;
   reg[9:0]        oRed;
   reg[9:0]        oGreen;
   reg[9:0]        oBlue;

   assign          oVGA_R=oRed;
   assign          oVGA_G=oGreen;
   assign          oVGA_B=oBlue;
   vga_rom   x1(.address(addr),.clock(iCLK),.q(q));   //存在ROM中的图片
   always@(posedge iCLK or negedge iRST_N)            //产生ROM地址
      if(!iRST_N)
            addr<=0;
      else if(Field )                //在数据的有效区域内产生ROM地址
            addr<=addr+1;
      else if(Frame_end)             //一帧结束时地址回零
            addr<=0;


   always@(posedge iCLK or negedge iRST_N)//RGB每一个颜色分量转成10位
```

```verilog
        if(!iRST_N)
        begin
            R<=0;   G<=0;   B<=0;
        end
        else if(q==1)
        begin
            R<=1023;   G<=1023;   B<=1023;
        end
        else
        begin
            R<=0;   G<=0;   B<=0;
        end

always@(posedge iCLK or negedge iRST_N)    //调节透明度
    if(!iRST_N)
        n<=0;
    else if(sw)
        n<=n+8;

always@(posedge iCLK or negedge iRST_N)
    if(!iRST_N)
    begin
        oRed<=0;
        oGreen<=0;
        oBlue<=0;
    end
    else
    begin
        oRed <= ((1023-n)*R+n*iRed)>>10;
        oGreen <= ((1023-n)*G+n*iGreen)>>10;
        oBlue <= ((1023-n)*B+n*iBlue)>>10;
    end
endmodule
```

7.5 图像处理算法及实现

4. 效果验证

配置文件并下载程序，实现的半透明效果如图 7.15 所示。从图中可以看出两幅图叠加产生了半透明的效果。

图 7.15　半透明效果图

7.5.2 图像灰度处理算法及实现

1. 灰度图像

在图像处理领域中，直接对 RGB 图像进行图像处理时，需要处理的数据量非常大，而灰度图像不仅能够清楚地反映图像特征而且数据量相对 RGB 来说比较小。因此把 RGB 图像转换为灰度图像进行图像处理是一种非常重要的图像处理方法。将彩色图进行灰度化一般有如下三种方法。

(1) 最大值法：R、G、B 中的最大值为灰度值。
(2) 平均值法：灰度值等于 R、G、B 的平均值。
(3) 加权平均值法：根据不同情况给 R、G、B 配不同的权值，然后对其值加权平均。

2. 基于 FPGA 的灰度实现

本模块采用了加权平均值法，其灰度变化公式如下：

$$\text{Gray} = \text{R} \times 0.299 + \text{G} \times 0.587 + \text{B} \times 0.114 \tag{7-3}$$

基于同样的浮点数处理方法，在此将整个公式扩大 2 的 16 次幂。2 的 16 次幂是 65536，本文中用下面的方法计算系数。

$$0.299 \times 65536 = 19595.264 \approx 19595$$

$$0.587 \times 65536 = 38469.896 \approx 38470$$

$$0.114 \times 65536 + 0.896 = 7471.104 \approx 7471$$

表达式为

$$\text{Gray} = (R \times 19595 + G \times 38470 + B \times 7471) \gg 16 \qquad (7\text{-}4)$$

代码清单：灰度处理模块代码

```verilog
module RGBtoGray (iCLK,iRST_N,ired,igreen,iblue,ogray);
    input        iCLK;
    input        iRST_N;
    input[9:0]   ired;
    input[9:0]   igreen;
    input[9:0]   iblue;
    output[9:0]  ogray;
    reg[25:0]    gray;
    assign   ogray=gray[25:16];                        //截取高位
    always@(posedge iCLK or negedge iRST_N)
        if(!iRST_N)
            gray<=0;
        else begin
            gray<=(ired * 16'd19595 + igreen * 16'd38470 + iblue *
                16'd7471)>>16;
        end
endmodule
```

3. 图像灰度化效果测试

经过编译下载配置后，灰度效果如图 7.16 所示，从图像效果中可以看出，视频进行了灰度化处理。

图 7.16　视频灰度化处理 (扫描封底二维码可看彩图)

7.5.3 图像降噪算法及实现

目前对于图像降噪的基本方法是对图像进行滤波，在滤除图像噪声的同时尽量保证图像的画质不变，下面介绍几种常用的滤波方法。

1. 常用滤波算法

1) 均值滤波算法

均值滤波是一种典型的线性滤波，它是指定一个模板，这个模板包括了目标像素周围的像素。把图像中的目标像素用这个模板中的全体像素的平均值来代替。均值滤波算法可以用图 7.17 来表述，对于每个 3×3 的像素阵列，中间像素的值，等于边缘 8 个像素的平均值。

P11	P12	P13
P21		P23
P31	P32	P33

图 7.17 均值滤波示意图

2) 低通滤波法

低通滤波法是一种常用的频域滤波方法。对于一幅图像，它的跳变部分、边缘以及噪声部分代表的是图像的高频分量，大面积的背景区域代表的是低频分量，所以采用滤除高频分量的低通滤波可以有效去除噪声。但是图像的有些细节部分也存在于高频区，所以低通滤波法同样也会使图像的细节模糊化。

3) 中值滤波

中值滤波法是一种基于排序统计理论的非线性信号处理技术，它的基本原理是把要处理的图像中的目标像素用其邻域模板中各点像素值的中间值代替，用这种方法可以有效地消除孤立的噪声。具体方法是用某种结构的模板进行滑动，对模板内的像素点进行单调排序，然后输出中值。通常的滤波模板为 3×3、5×5，也可以是其他形状。

4) 快速中值滤波算法

传统的中值滤波是使用冒泡排序法对滤波窗口中的像素值进行比较找出中值的。但是该方法实现过程复杂，消耗时钟周期也多。改进后的快速中值滤波算法是基于三输入的数据的基础上实现的。其核心思想是在 3×3 阵列中找出其中的最大数值、最小数值和中间值，这种方法减少了逻辑资源的消耗，能够快速地找出中值。

2. 基于 FPGA 的快速中值滤波算法实现

本节用 FPGA 实现快速中值滤波算法,采用 3×3 模板作为每次的滤波窗口。该算法的具体实现可分为以下三个步骤:

(1) 使每一行的 3 个像素按照最大值、中间值与最小值的顺序排列 (从左到右);

(2) 取出第一列中的最小值、第二列中的中间值与第三列中的最大值 (从上到下);

(3) 取出 (2) 中得到的 3 个数值中的中间值。

最后该领域窗口中心的值就为 (3) 中取得的数值。具体流程如图 7.18 所示。模块的输入、输出端口如表 7.6 所示。

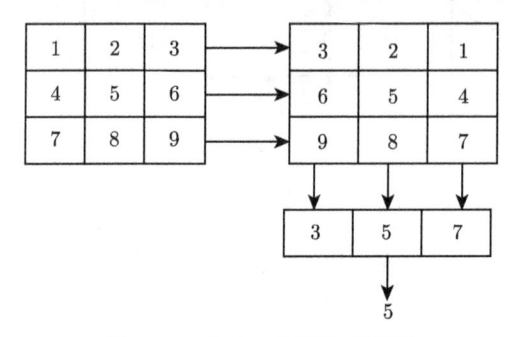

图 7.18 快速中值滤波流程图

表 7.6 快速中值滤波模块的输入、输出信号

信号	信号类型	信号描述
iCLK	input	图像时钟信号, 25MHz
iDATA	input	图像数据, 无色
oDATA	output	图像数据

代码清单:快速中值滤波程序代码

```
module medina (iCLK,iRST_N,iDVAL,iDATA,oDATA);
input       iCLK;
input       iRST_N;
input       iDVAL;
input[9:0]  iDATA;                        //图像数据,非彩色
output[9:0] oDATA;
// 并列输出的三行
wire[9:0]   line1,line2,line3;
```

7.5 图像处理算法及实现

```
// 第一行
wire[9:0]    data11,data12,data13;
wire[9:0]    max_data1,mid_data1,min_data1;
// 第二行
wire[9:0]    data21,data22,data23;
wire[9:0]    max_data2,mid_data2,min_data2;
// 第三行
wire[9:0]    data31,data32,data33;
wire[9:0]    max_data3,mid_data3,min_data3;
wire[9:0]    min_of_max,mid_of_mid,max_of_min;//最大值、中值、最小值
// 调用IP核,构建并列输出的三行,LPM-Memory Compiler-Shift Register,
    tap=640
shift1   u0 (.clken(iDVAL),.clock(iCLK),.shiftin(iDATA),
             .taps0x(line3),.taps1x(line2),.taps2x(line1));
//第一行
row     u1 ( .iCLK(iCLK),              //缓存第一行中连续的3个数据
             .iRST_N(iRST_N),.iDATA(line1),
             .one(data13),.two(data12),.three(data11));
Sort3   u2 ( .clk(iCLK),//比较缓存的3个数据的大小,按照大中小排列
             .rst_n(iRST_N),
             .data1(data11),.data2(data12),.data3(data13),
             .max_data(max_data1),.mid_data(mid_data1),
             .min_data(min_data1));
// 第二行
row     u3 ( .iCLK(iCLK),              //缓存第二行中连续的3个数据
             .iRST_N(iRST_N),.iDATA(line2),
             .one(data23),.two(data22),.three(data21));
Sort3   u4 ( .clk(iCLK),//比较缓存的3个数据的大小,按照大中小排列
             .rst_n(iRST_N),
             .data1(data21),.data2(data22),.data3(data23),
             .max_data(max_data2),.mid_data(mid_data2),
             .min_data(min_data2) ) ;
// 第三行
row     u5 ( .iCLK(iCLK),              //缓存第三行中连续的3个数据
             .iRST_N(iRST_N),.iDATA(line3),
```

```
                    .one(data33),.two(data32),.three(data31));
    Sort3   u6 (  .clk(iCLK),//比较缓存的3个数据的大小,按照大中小排列
                .rst_n(iRST_N),
                .data1(data31),.data2(data32),.data3(data33),
                .max_data(max_data3),.mid_data(mid_data3),
                .min_data(min_data3));
// 取最大值组成列中的最小值,中间值组成列的中值,最小值组成列的最大值
    Sort3   u7 (.clk(iCLK),                 //第一列中的最小值
                .rst_n(iRST_N),
                .data1(max_data1),.data2(max_data2),.data3(max_data3),
                .max_data(),.mid_data(),.min_data(min_of_max));
    Sort3   u8 (.clk(iCLK),                 //第二列中的中值
                .rst_n(iRST_N),
                .data1(mid_data1),.data2(mid_data2),.data3(mid_data3),
                .max_data(),.mid_data(mid_of_mid),.min_data());
    Sort3   u9 (.clk(iCLK),                 //第三列中的最大值
                .rst_n(iRST_N),
                .data1(min_data1),.data2(min_data2),.data3(min_data3),
                .max_data(max_of_min),.mid_data(),.min_data());
    Sort3   u10 (.clk(iCLK),                //取中间值
                .rst_n(iRST_N),
                .data1(min_of_max),.data2(mid_of_mid),.data3(max_of_min),
                .max_data(),.mid_data(oDATA),.min_data());
  endmodule
```

```
  module Sort3(clk,rst_n,data1,data2,data3,max_data,
            mid_data,min_data );
  input       clk;
  input       rst_n;
  input[9:0]  data1,data2,data3;
  output[9:0] max_data,mid_data,min_data;
  reg[9:0]    max_data,mid_data,min_data;
  always@(posedge clk or negedge rst_n)
  begin
      if(!rst_n)
```

```verilog
            begin
            max_data <= 0;
            mid_data <= 0;
            min_data <= 0;
            end
        else
            begin
            if(data1 >= data2 && data1 >= data3)
                max_data <= data1;
            else if(data2 >= data1 && data2 >= data3)//取三个值的最大值
                max_data <= data2;
            else
                max_data <= data3;
            if((data1 >= data2 && data1 <= data3) || (data1 >= data3 &&
                data1 <= data2))
                mid_data <= data1;
            else if((data2 >= data1 && data2 <= data3)||(data2 >= data3
                    && data2 <= data1
                mid_data <= data2;                          //取三个值的中间值
            else
                mid_data <= data3;
            if(data1 <= data2 && data1 <= data3)
                min_data <= data1;
            else if(data2 <= data1 && data2 <= data3)//取三个值的最小值
                min_data <= data2;
            else
                min_data <= data3;
            end
end
endmodule

module    row (iCLK,iRST_N,iDATA,one,two,three);
input         iCLK;
input         iRST_N;
input[9:0]    iDATA;
```

```
output[9:0]   one,two,three;
reg[9:0]      one1,two1,three1;
assign        one=one1;
assign        two=two1;
assign        three=three1;
always@(posedge iCLK or negedge iRST_N)
   if(!iRST_N)
   begin
       one1<=0;
       two1<=0;
       three1<=0;
    end
    else
    begin
       three1<=iDATA;              //缓存连续的3个数据
       two1<=three1;
       one1<=two1;
     end
endmodule
```

3. 中值滤波效果测试

经过编译下载配置后，对灰度化后的视频图像进行中值滤波，效果如图 7.19 所示。

图 7.19　滤波前后图像对比
(a) 滤波前; (b) 滤波后

可以看出经过中值滤波后的视频图像与没有经过滤波的灰度图像相比，亮度有所降低，这是因为滤波后像素的最大值被舍去。

7.5 图像处理算法及实现

7.5.4 边缘检测算法及实现

1. 边缘检测算法原理

边缘检测算法通过梯度算子来实现,经典的梯度算子有:Sobel 模板、Kirsch 模板、Prewitt 模板、Roberts 模板、Laplacian 模板等。在众多的图像边缘检测算法中,Soble 算法具有计算简便、检测效果好等优点,模板采用 $N \times N$ 的权值方阵 (本例采用 3×3 方阵),是一种被广泛应用的算法。

在图 7.20 所示 3×3 像素窗中,$P_1 \sim P_9$ 为相邻的 9 个像素,中间像素 P_5 为待检测像素,根据 Sobel 算法,式 (7-5) 至式 (7-7) 所示计算公式将对 P_5 进行运算。

P_1	P_2	P_3
P_4	P_5	P_6
P_7	P_8	P_9

图 7.20　3×3 像素

公式中 X、Y 是两组 3×3 的 Sobel 矩阵算子,分别为横向及纵向的权值。P 为像素窗中的 9 个相邻的像素矩阵。G_x 及 G_y 分别代表经横向及纵向边缘检测的亮度差分近似值。G 为边缘检测值,若此幅值大于给定的某阈值,则可判定 P_5 为边缘像素,否则为一般像素。

$$X = \begin{bmatrix} X_1 & X_2 & X_3 \\ X_4 & X_5 & X_6 \\ X_7 & X_8 & X_9 \end{bmatrix} = \begin{bmatrix} -1 & 0 & +1 \\ -2 & 0 & +2 \\ -1 & 0 & +1 \end{bmatrix} \tag{7-5}$$

$$Y = \begin{bmatrix} Y_1 & Y_2 & Y_3 \\ Y_4 & Y_5 & Y_6 \\ Y_7 & Y_8 & Y_9 \end{bmatrix} = \begin{bmatrix} +1 & +2 & +1 \\ 0 & 0 & 0 \\ -1 & -2 & -1 \end{bmatrix} \tag{7-6}$$

$$\begin{cases} G_x = XP \\ G_y = YP \\ G = \sqrt{G_x^2 + G_y^2} \end{cases} \tag{7-7}$$

2. 图像边缘检测的 FPGA 实现

实现步骤如下:① 利用数据缓存获得 3×3 窗口数据,为此调用 Quartus 软件中的移位寄存器 Line Buffer,其原理如图 7.21 所示。该宏模块共设置了了 3 个 tap,每个 tap 存储 640 个像素,3 个 tap 将像素划分成 3 行成为一个像素处理窗;

随着时钟的节拍,每个数据向下一传递,形成像素窗数据刷新。② 根据 Sobel 算法,在获得了 3×3 窗口所需的像素后,就可以利用乘加及开方电路进行运算。运算电路均可调用宏功能模块实现。③ 计算出梯度 G 的大小,并通过与阈值比较来决定此像素是否为边缘像素。该模块主要的输入、输出信号描述如表 7.7 所示。

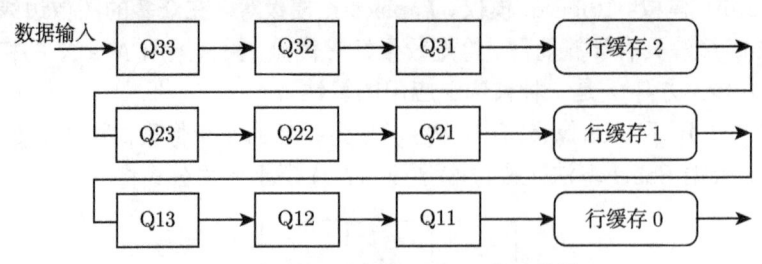

图 7.21 单行缓存实现 3×3 窗口数据

表 7.7 主要输入、输出信号

信号	信号类型	信号描述
iCLK	input	图像时钟信号,25MHz
iDATA	input	图像数据,无色
oDATA	output	图像数据

代码清单:图像边缘检测模块代码

```
module    Sobel (iCLK,iRST_N,iDATA,iEN,oDATA);
input           iCLK,iRST_N,iEN;
input[9:0]      iDATA;
output[9:0]     oDATA;
// 3×3的Sobel矩阵算子
parameter       X1=8'hff,X2=8'h00,X3=8'h01;
parameter       X4=8'hfe,X5=8'h00,X6=8'h02;
parameter       X7=8'hff,X8=8'h00,X9=8'h01;
parameter       Y1=8'h01,Y2=8'h02,Y3=8'h01;
parameter       Y4=8'h00,Y5=8'h00,Y6=8'h00;
parameter       Y7=8'hff,Y8=8'hfe,Y9=8'hff;
wire[7:0]       Line0,Line1,Line2;
wire[17:0]      Mac_x0,Mac_x1,Mac_x2;
wire[17:0]      Mac_y0,Mac_y1,Mac_y2;
wire[19:0]      Pa_x,Pa_y,
wire[7:0]       iDOOR;
wire[15:0]      Result;
```

7.5 图像处理算法及实现

```
assign         iDOOR = 8'h20;
assign         oDATA = (Result > iDOOR) ? 0 : 1023;
LineBuffer_3 b0 (//形成3×3数据窗口,调用 LPM-Memory
               Compiler-Shift Register
       .clken(iEN),.clock(iCLK),.shiftin(iDATA[9:2]),//TAP为640
       .taps0x(Line0),.taps1x(Line1),.taps2x(Line2)
       );
MAC_3 x0(//X的乘加运算,LPM-Arithmetic-ALTMULT-ADD,选择3个乘法器
       .aclr0(!iRST_N),.clock0(iCLK),.dataa_0(Line0),
       .datab_0(X9),.datab_1(X8),.datab_2(X7),
       .result(Mac_x0)
       );
MAC_3 x1 (
       .aclr0(!iRST_N),.clock0(iCLK),.dataa_0(Line1),
       .datab_0(X6),.datab_1(X5),.datab_2(X4),
       .result(Mac_x1)
       );
MAC_3 x2 (
       .aclr0(!iRST_N),.clock0(iCLK),.dataa_0(Line2),
       .datab_0(X3),.datab_1(X2),.datab_2(X1),
       .result(Mac_x2)
       );
MAC_3 y0 (//Y的乘加运算
       .aclr0(!iRST_N),.clock0(iCLK),.dataa_0(Line0),
       .datab_0(Y9),.datab_1(Y8),.datab_2(Y7),
       .result(Mac_y0)
       );
MAC_3 y1 (
       .aclr0(!iRST_N),.clock0(iCLK),.dataa_0(Line1),
       .datab_0(Y6),.datab_1(Y5),.datab_2(Y4),
       .result(Mac_y1)
       );
MAC_3 y2 (
       .aclr0(!iRST_N),.clock0(iCLK),.dataa_0(Line2),
       .datab_0(Y3),.datab_1(Y2),.datab_2(Y1),
```

```
                .result(Mac_y2)
            );
PA_3 pa0 (//GX的和,调用LPM-Arithmetic-PARALLEL-ADD
            .clock(iCLK),.data0x(Mac_x0),.data1x(Mac_x1),
            .data2x(Mac_x2),.result(Pa_x)
            );
PA_3 pa1 (//GY的和
            .clock(iCLK),.data0x(Mac_y0),.data1x(Mac_y1),
            .data2x(Mac_y2),.result(Pa_y)
            );
SQRT sqrt0 (//平方和及开方
            .clk(iCLK),.radical(Pa_x * Pa_x + Pa_y * Pa_y),
            .q(Result)
            );
endmodule
```

3. 图像的测试

本设计的测试结果如图 7.22 所示,从图中可以看到,图像清晰,达到了较好的采集、处理效果。

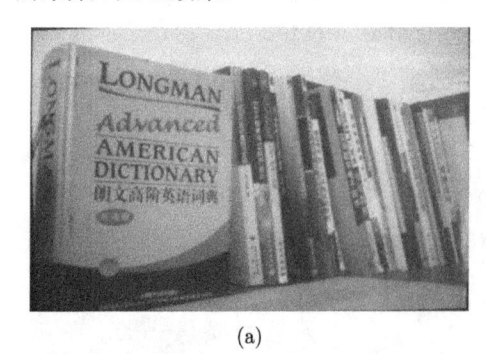

图 7.22　原图像与边缘检测图像

(a) 原图像; (b) 边缘检测后的图像

实验:

图像采集处理及显示电路设计,要求:

(1) 利用摄像头进行图像采集;

(2) 对采集的图像进行处理:生成 1/4 图像;

(3) 将图像在 VGA 上进行显示。

第 8 章 基于触摸屏的电子相册设计

触摸屏作为一种新的人机交互设备,被人们广泛接受。作为一种良好的人机界面,触摸屏被越来越多地应用于各种嵌入式系统上,从智能手持设备、公共信息查询界面、多媒体教学界面,到工业组态界面等等。尤其近年来以 iPhone、Android 手机等为代表的智能手持设备的热销更加带动了触摸屏的流行。可以预见,随着触摸屏技术的迅速发展,触摸屏的应用领域会越来越广。

本章以友晶公司的 TRDB-LTM 触摸屏组件为例,介绍触摸屏原理、性能及应用。

8.1 设计要求

通过特定位置的触摸实现存储照片的翻阅。

8.2 相关内容简介

本设计采用友晶的 TRDB-LTM 开发子板作为触摸屏组件,其核心部分为液晶内屏 TD043MTEA1(含触摸板)。液晶内屏 TD043MTEA1 采用触摸板 +LCD 的整体封装。

LCD 尺寸为 4.3 英寸,最大分辨率为 800×480,支持 24 位真彩色显示,内置显示驱动芯片 TPG110。显示驱动芯片 TPG110 是 LCD 的核心部分,用来设置液晶屏的分辨率、颜色及亮度等参数。芯片内配置信号源控制器、时序控制器、电源控制器等。触摸板是以数模转换芯片 (AD7843) 为核心的触摸坐标转换电路,支持 12bit 分辨率。显示驱动芯片 TPG110 和数模转换芯片 AD7843 均通过串行总线接口 (SPI) 对外连接,用来设置其内部的寄存器配置字,实现相关功能。

8.2.1 LCD 显示驱动芯片 TPG110

显示驱动芯片 TPG110 内共有 35 个寄存器,通过对寄存器的配置,实现对液晶屏的分辨率、颜色及亮度、芯片内号源、时序、电源等参数的控制,寄存器的控制字说明详见用户手册。

LCD 显示驱动电路采用三线 SPI 串行接口与外界通信,其读写时序如图 8.1 所示,其中 SCL 为串口时钟信号,SDA 为串行数据信号,SCEN 为串口使能信号。

设置 TPG110 的配置字时，当检测到 SCEN 输入信号的下降沿开始进行数据传输。在 SCL 信号的上升沿，通过 SDA 输入配置字。

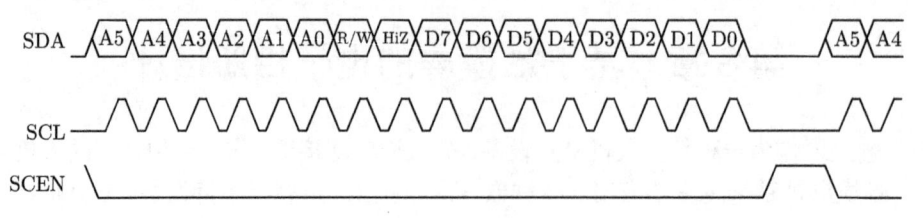

图 8.1　SPI 串口读写时序

驱动芯片 TPG110 内部的每个寄存器中的数据 SDA 由 16 位构成，SDA 前 6 位 (A5 ～ A0) 指定进行操作的寄存器地址，第 7 位是读/写标志位 (0/1：写/读命令)，第 8 位为应答位；后 8 位 (D7 ～ D0) 为写入寄存器的数据位，地址和数据均从高位至低位顺序传输。检测到第 16 个 SCL 信号的上升沿后一次传输结束，数据写入到指定地址的寄存器中。如果 SCEN 保持低电平时间不足或超过 16 个 SCL 信号周期，数据不被写入。

8.2.2　A/D 转换器 (AD7843)

LTM 中的模拟数字转换芯片 (AD7843) 将触摸时产生的 X/Y 坐标模拟量转换为数字量，通过 ADC 的串行接口输出。该芯片控制信号时序如图 8.2 所示，芯片的工作方式由一个 8 位配置字进行配置，其定义见表 8.1。

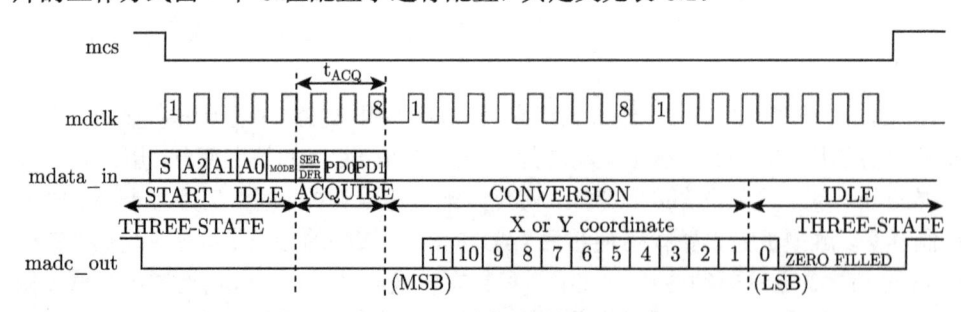

图 8.2　A/D 转换信号时序

表 8.1　AD7843 配置字定义

位	符号	定义
7	S	启动位，1 表示 8 位的配置字开始传输
6-4	A2-A0	通道选择位，与 SER/$\overline{\text{DFR}}$ 位一起控制内部数据选择器、开关及参考电压的配置
3	MODE	转换精度选择位，0 表示 12 位精度，1 表示 8 位精度
2	SER/$\overline{\text{DFR}}$	单端/差分选择位，与 A2-A0 位一起控制内部数据选择器、开关及参考电压的配置
1,0	PD1,PD0	电源管理位，控制休眠模式

8.3 方案设计

片选信号 mcs 的下降沿启动转换过程,寄存器的配置字从 mdata_in 端串行输入,坐标数据从 madc_out 端串行输出。

8.3 方案设计

根据设计要求,该系统由七个模块组成,如图 8.3 所示:LCD 串行控制模块、ADC 串行控制模块、触摸检测模块、FLASH 到 SDRAM 控制模块、4 端口 SDRAM 控制模块、LCD 时序控制模块、七段译码器。

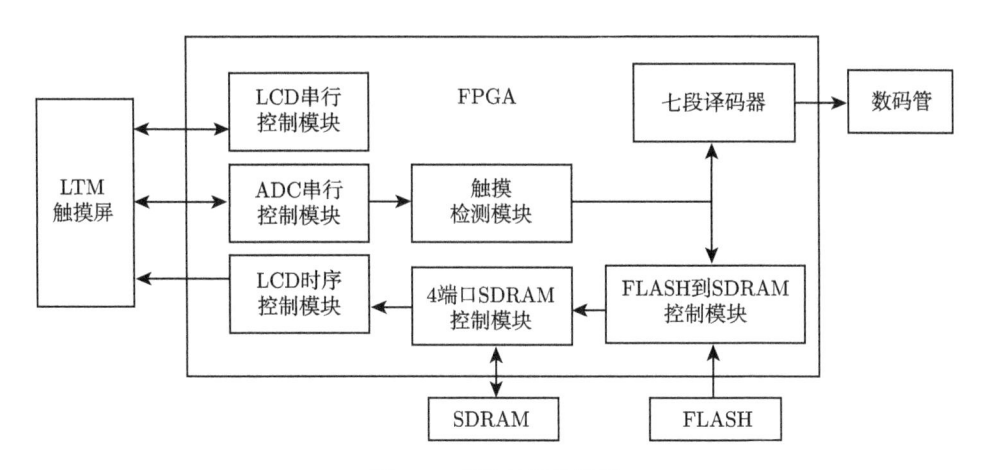

图 8.3 系统的结构框图

LCD 串行控制模块:FPGA 通过三线 SPI 串行接口与驱动芯片 TPG110 通信,对内部寄存器进行读写操作,完成对 LCD 显示屏工作模式的设置及图像的性能参数的配置。

ADC 串行控制模块:FPGA 通过三线 SPI 串行接口与模数转换芯片 AD7843 通信,对其内部的寄存器进行配置,完成转换对象、工作模式等功能的设置,同时接收 A/D 转换后的坐标数据。

触摸检测模块:对 ADC 串行控制模块转换出的触摸位置数据进行判别,当条件满足时,发出读图像信号。

FLASH 到 SDRAM 控制模块:原始图片数据存储在 FLASH 中,当触摸检测模块发出读图像信号时,图像信息由 FLASH 存入 SDRAM 中。

4 端口 SDRAM 控制模块:缓存从 FLASH 中读出的图像数据,并提供给显示模块。

LCD 时序控制模块:将 SDRAM 送出的图像按照 LCD 时序要求,显示在 LCD 上。

8.4 基于 FPGA 的各模块实现

8.4.1 LCD 串行控制模块

LCD 串行控制模块主要对驱动芯片 TPG110 内部 35 个寄存器进行读写操作。本设计中用到了 20 个寄存器，其地址分别是 0x02-0x04，0x11-0x22，用以控制显示屏的工作模式及对图像显示的修正。本设计采用了 SPI 同步串行总线，对 20 个寄存器的数据进行配置。SPI 同步串行总线读写时序如图 8.1 所示。

本模块的设计详见 5.3 节，设计由串行控制模块顶层文件 lcd_spi_cotroller 和底层文件 SPI_controller 构成。在顶层文件中，共有 20 个寄存器需要配置。每个寄存器的配置分为五步，由状态机设计完成。第一步和第二步进行状态转换；第三步寄存器数据准备，并启动传输控制信号，开始调用底层文件。底层文件是一个 SPI 的控制模块，通过 SPI 串行总线方式，进行一次寄存器数据的传输。第四步检测传输结束信号，如果检测到传输结束 (m3wire_rdy=1)，若应答信号 m3wire_ack 不正常，则返回第一步，重新发送数据；如果信号正常，则进入第五步，将寄存器索引 lut_index 加 1，准备下个信号传输。此过程循环直至索引信号 lut_index 的值为 19。

SPI_controlle 串行总线控制模块主要的输入、输出信号描述见表 8.2。

表 8.2 SPI_controlle 串行总线控制模块输入、输出信号

信号	信号类型	信号描述
iCLK	input	信号时钟 50MHz
io3WIRE_SDAT	inout	SPI 双向数据线
o3WIRE_SCLK	output	SPI 数据传输时钟信号 10kHz
o3WIRE_SCEN	output	SPI 数据传输使能信号
o3WIRE_BUSY_n	output	配置结束标志信号

8.4.2 ADC 串行控制模块

ADC 串行控制模块是对触摸屏中的模数转换芯片 AD7843 进行控制的模块。AD7843 是一款具有同步串行接口的 12 位模数转换芯片。本设计通过三线 SPI 串行接口对模数转换芯片 AD7843 进行寄存器的配置，包括了转换开始位、通道寻址、转换分辨率、相关配置、上点断电。配置后启动 AD7843 触摸坐标转换功能，将触摸 X/Y 坐标信号 (模拟量) 数字化，然后以串行数据的形式传输给 FPGA。该模块各信号时序如图 8.2 所示。

8.4 基于 FPGA 的各模块实现

1. 触摸标志的判断

触摸 LCD 触摸屏，ADC 的 iADC_PENIRQ_n 信号端被拉低，输出低电平。为了正确判断一次新的触摸，需要捕捉 iADC_PENIRQ_n 信号的下降沿，程序中定义 d1_PENIRQ_n 和 d2_PENIRQ_n 两个变量，检测并捕捉前后两拍时钟内 iADC_PENIRQ_n 的状态：当 d1_PENIRQ_n 为低且 d2_PENIRQ_n 为高时表示检测到 iADC_PENIRQ_n 下降沿，将 touch_irq 信号拉高表示捕捉到触摸动作。

2. 时序控制与工作时钟的生成

根据 ADC 的时序：一次完整 X/Y 坐标转换需要 25 个 mdclk 时钟周期，在程序中设定首先对 X 坐标转换。

(1) 时钟 dclk 通过对系统时钟 clk 分频得到，考虑到实际应用过程中触摸的频率不会太高 (最高不会超过 10 次/秒)，程序中设定 dclk 的频率为 2kHz。

(2) 设定变量 spi_ctrl_cnt 利用时钟信号 (50M) 对高电平 dclk 进行计数，计数模值为 50，spi_ctrl_cnt 计数值在转换过程中可以用来判断确认时序位置，以便对配置字写入或数字量输出操作。

3. X/Y 分量之间的转换

转换过程中需要通过写入不同配置字切换 X/Y 数字量转换过程。设定内部信号 y_coordinate_config 用来表示当前正在转换的坐标分量 (0/1 表示当前正在转换 X/Y 分量)。

(1) 初次发生触摸时，y_coordinate_config 初值为 0。在第 25 个 mdclk 周期内 y_coordinate_config 翻转，每进行 2 次转换过程，即一次完整的 X 与 Y 坐标转换。

(2) 内部寄存器 x_config_reg 和 y_config_reg 分别储存转换 X 和 Y 坐标分量时所需的 ADC 配置字，最终通过 ctrl_reg 寄存器输出 DIN 的配置字。

4. 转换过程启停的控制

设置内部信号 eof_transmition 用来判断作为一次完整的转换过程是否完成，它的输出值在 y_coordinate_config 从 0 到 1 完整的一次转换后跳变为高电平，其他条件下保持低电平。设置内部信号 transmit_en 作为转换中的使能信号，高电平有效。当触摸结束且转换已完成时，transmit_en 恢复低电平。

5. 串行数据的存取

内部选通信号 rd_coord_strob 控制配置字的串行写入及坐标转换值的读出。当 spi_ctrl_cnt 为 1~17 任意值时，在 mdclk 的同步下 ctrl_reg 中的配置字依次左移进入芯片。当 spi_ctrl_cnt 为 19~41 值时，AD 转换的信号依次左移入内部的 x_coordinate 或 y_coordinate 寄存器，从而实现坐标值的串行读取。

每当检测到 eof_transmition 信号为高电平时，x_coordinate 和 y_coordinate 寄存器中的数据被存入 X_COORD 和 Y_COORD 寄存器，以供从端口读取。

设置内部标志位 oNEW_COORD，当 eof_transmition 信号跳变为 1 且 y_coordinate 寄存器为 1 时，oNEW_COORD 被置位，表示数据传输结束。

主要输入、输出信号见表 8.3。

表 8.3　主要输入、输出信号

信号	信号类型	信号描述
iCLK	input	时钟信号 50MHz
iADC_DOUT	input	触摸位置坐标的数字量，来自 ADC
iADC_PENIRQ_n	input	触摸标志信号
oADC_DIN	output	SPI 配置字数据，输出到 ADC
oADC_DCLK	output	SPI 时钟，等于 mdclk
oADC_CS	output	SPI 片选信号
oX_COORD	output	X 坐标
oY_COORD	output	Y 坐标
oNEW_COORD	output	数据传输结束标志信号

代码清单：ADC 串行控制模块代码

```
module adc_spi_controller(iCLK,iRST_n,oADC_DIN,oADC_DCLK,oADC_CS,
                          iADC_DOUT,iADC_BUSY,iADC_PENIRQ_n,
                          oX_COORD,oY_COORD,oNEW_COORD);
// 常量声明
parameter       SYSCLK_FRQ= 50000000;
parameter       ADC_DCLK_FRQ= 1000;
parameter       ADC_DCLK_CNT= SYSCLK_FRQ/(ADC_DCLK_FRQ*2);//25000
//端口声明
input           iCLK;               //时钟信号50MHz
input           iRST_n;
input           iADC_DOUT;          //触摸位置坐标的数字量,来自ADC
input           iADC_PENIRQ_n;      //触摸标志信号,来自ADC
input           iADC_BUSY;
output          oADC_DIN;           //SPI配置字数据,输出到ADC
output          oADC_DCLK;          //SPI时钟,等于mdclk
output          oADC_CS;            //SPI片选信号
output[11:0]    oX_COORD;           //X坐标
output[11:0]    oY_COORD;           //Y坐标
output          oNEW_COORD;         //数据传输结束标志信号
```

8.4 基于FPGA的各模块实现

```verilog
// 变量类型声明
reg             d1_PENIRQ_n;            //触摸信号缓存
reg             d2_PENIRQ_n;
wire            touch_irq;              //触摸有效信号
reg[15:0]       dclk_cnt;
wire            dclk;                   //2kHz
reg             transmit_en;            //传输开始标志信号
reg[6:0]        spi_ctrl_cnt;
wire            oADC_CS;
reg             mcs;                    //X、Y轴的标识
reg             mdclk;
wire[7:0]       x_config_reg;           //寄存X轴配置字
wire[7:0]       y_config_reg;
wire[7:0]       ctrl_reg;               //用来寄存X/Y轴配置字
reg[7:0]        mdata_in;
reg             y_coordinate_config;
wire            eof_transmition;        //一次完整的转换过程标识
reg             madc_out;               //用于寄存ADC转换的一位数据
reg[11:0]       mx_coordinate;          //用来寄存X轴转换的数据
reg[11:0]       my_coordinate;
reg[11:0]       oX_COORD;
reg[11:0]       oY_COORD;
wire            rd_coord_strob;
reg             oNEW_COORD;             //一次数据转换完成标志
assign   x_config_reg = 8'h92;          //X/Y轴的控制字
assign   y_config_reg = 8'hd2;

always@(posedge iCLK or negedge iRST_n)//来自ADC的转换数据
begin
    if(!iRST_n)
        madc_out <= 0;
    else
        madc_out <= iADC_DOUT;
end
```

```verilog
always@(posedge iCLK or negedge iRST_n)
//触摸发生时,AD7843的输出信号ADC_PENIRQ_n被拉低
begin
    if(!iRST_n)
    begin
        d1_PENIRQ_n<= 0;
        d2_PENIRQ_n<= 0;
    end
    else
    begin
        d1_PENIRQ_n<= iADC_PENIRQ_n;
        d2_PENIRQ_n<= d1_PENIRQ_n;
    end
end
assign  touch_irq = d2_PENIRQ_n & ~d1_PENIRQ_n;
                            //检测触摸信号的下降沿
always@(posedge iCLK or negedge iRST_n)
begin
    if(!iRST_n)
        transmit_en <= 0;
    else if(eof_transmition && iADC_PENIRQ_n)
        transmit_en <= 0;
    else if(touch_irq)
        transmit_en <= 1;                    //传输开始
end
always@(posedge iCLK or negedge iRST_n)
                    //50MHz的时钟分频得到2kHz的dclk控制时钟
begin
    if(!iRST_n)
        dclk_cnt <= 0;
    else if(transmit_en)
        begin
            if(dclk_cnt == ADC_DCLK_CNT)    //分频系数25000
                dclk_cnt <= 0;
            else
```

8.4 基于 FPGA 的各模块实现

```
                    dclk_cnt <= dclk_cnt + 1;
            end
        else
            dclk_cnt <= 0;
end
assign  dclk = (dclk_cnt == ADC_DCLK_CNT)? 1 : 0;        //2K
//通过对dclk计数产生50个计数值,即划分出50个spi_ctrl_cnt时段
always@(posedge iCLK or negedge iRST_n)
begin
if(!iRST_n)
        spi_ctrl_cnt <= 0;
else if(dclk)
 begin
        if(spi_ctrl_cnt == 49)
            spi_ctrl_cnt <= 0;
        else
            spi_ctrl_cnt <= spi_ctrl_cnt + 1;
    end
end


always@(posedge iCLK or negedge iRST_n)
begin
        if(!iRST_n)
        begin
            mcs <= 1;
            mdclk <= 0;
            mdata_in <= 0;
            y_coordinate_config <= 0;
            mx_coordinate <= 0;
            my_coordinate <= 0;
        end
else if(transmit_en)
begin
        if(dclk)
        begin
```

```verilog
if(spi_ctrl_cnt == 0)
//第一个spi_ctrl_cnt时段产生X/Y配置信息
begin
     mcs <= 0;
     mdata_in <= ctrl_reg;
end
else if(spi_ctrl_cnt == 49)
//每50个spi_ctrl_cnt时段进行X/Y轴的采样轮换
begin
  mdclk <= 0;
  y_coordinate_config <= ~y_coordinate_config;
     if(y_coordinate_config)
         mcs <= 1;
     else
         mcs <= 0;
end
else if(spi_ctrl_cnt != 0)
//将50个spi_ctrl_cnt时段合并成25个mdclk时段
     mdclk<= ~mdclk;
        if(mdclk)      //前8个mdclk时段传送X/Y配置信息
             mdata_in <= {mdata_in[6:0],1'b0};
        if(!mdclk)
        begin
            if(rd_coord_strob)
//配置结束后,经过12个mdclk时段接收模数转换的结果
             begin
               if(y_coordinate_config)
                  my_coordinate <= {my_coordinate[10:0],
                                    madc_out};
               else
                  mx_coordinate <= {mx_coordinate[10:0],
                                    madc_out};
             end
        end
end
```

8.4 基于 FPGA 的各模块实现

```verilog
            end
    end
    assign   oADC_CS   = mcs;
    assign   oADC_DIN = mdata_in[7];
    assign   oADC_DCLK = mdclk;
    assign   ctrl_reg = y_coordinate_config?y_config_reg:x_config_reg;
                       //X/Y配置字选择
    assign   eof_transmition = (y_coordinate_config & (spi_ctrl_cnt ==
             49) & dclk);   //传输结束
    assign   rd_coord_strob=((spi_ctrl_cnt>=19)&&(spi_ctrl_cnt<=41))?
    1:0;                    //将转换的坐标值送出
    always@(posedge iCLK or negedge iRST_n)
    begin
        if(!iRST_n)
        begin
            oX_COORD <= 0;
            oY_COORD <= 0;
        end
        else if(eof_transmition&&(my_coordinate!=0))
        begin
            oX_COORD <= mx_coordinate;
            oY_COORD <= my_coordinate;
        end
    end
    always@(posedge iCLK or negedge iRST_n)
    begin
        if (!iRST_n)
            oNEW_COORD <= 0;
        else if (eof_transmition&&(my_coordinate!=0))
            oNEW_COORD <= 1;
        else
            oNEW_COORD <= 0;
    end
    endmodule
```

8.4.3 触摸检测模块

触摸检测模块的主要功能是：检测接收到的数字量是否在特定的功能区域(触摸以查看上一张或下一张)，如果检测到在特定位置区域，系统将新的图片数据信息传输到 FLASH 控制模块，以进行翻页操作。

设定内部使能信号用来判定是否触发翻页功能：X/Y 坐标值在前翻或后翻区域，nextpic_en 或 prepic_en 信号被拉高，只有当 SDRAM 写使能端 iSDRAM_WRITE_EN、新坐标的标志信号 iNEW_COORD 及上下翻页使能信号 nextpic_en 或 prepic_en 全部有效的情况下，翻页的允许信号 prepic_set/nextpic_set 才能有效。内部信号 photo_cnt 判断当前是第几张照片：前翻时减 1，后翻时加 1。同时加载当前图片数据。该模块主要的输入、输出信号见表 8.4。

表 8.4 模块主要的输入、输出信号

信号	信号类型	信号描述
iCLK	input	信号时钟 50MHz
iRST_n	inout	系统复位
iX_COORD	inout	触摸屏获取 X 坐标
iY_COORD	inout	触摸屏获取 Y 坐标
iNEW_COORD	input	新坐标
iSDRAM_WRITE_EN	input	SDRAM 模块的使能位
oPHOTO_CNT	output	显示照片数量

代码清单：触摸检测模块代码

```
module  touch_point_detector(iCLK,iRST_n,iX_COORD,iY_COORD,
                             iNEW_COORD,iSDRAM_WRITE_EN,
                             oPHOTO_CNT);
    parameter    PHOTO_NUM = 3;              //图片张数
    parameter    NEXT_PIC_XBD1 = 12'h0;      //下翻页的坐标位置
    parameter    NEXT_PIC_XBD2 = 12'h300;
    parameter    NEXT_PIC_YBD1 = 12'he00;
    parameter    NEXT_PIC_YBD2 = 12'hfff;
    parameter    PRE_PIC_XBD1 = 12'hd00;     //上翻页的坐标位置
    parameter    PRE_PIC_XBD2 = 12'hfff;
    parameter    PRE_PIC_YBD1 = 12'h000;
    parameter    PRE_PIC_YBD2 = 12'h200;

    input        iCLK;                       //50MHz
    input        iRST_n;                     //复位信号
    input[11:0]  iX_COORD;                   //来自于触摸屏的X轴坐标参数
```

8.4 基于FPGA的各模块实现

```
input[11:0]      iY_COORD;              //来自于触摸屏的Y轴坐标参数
input            iNEW_COORD;            //新触摸标志
input            iSDRAM_WRITE_EN;       //FLASH向SDRAM写标志
output[2:0]      oPHOTO_CNT;            //显示的图片标号
wire             nextpic_en;            //后翻页使能
wire             prepic_en;             //前翻页使能
reg              nextpic_set;
reg              prepic_set;
reg[2:0]         photo_cnt;
assign  nextpic_en = ((iX_COORD > NEXT_PIC_XBD1) && (iX_COORD <
        NEXT_PIC_XBD2)  && (iY_COORD > NEXT_PIC_YBD1) &&
        (iY_COORD < NEXT_PIC_YBD2)) ?1:0;
                //如果触摸位置在下翻页区域,则下翻页使能置高
assign   prepic_en = ((iX_COORD > PRE_PIC_XBD1) && (iX_COORD <
        PRE_PIC_XBD2)  &&  (iY_COORD > PRE_PIC_YBD1) &&
        (iY_COORD < PRE_PIC_YBD2)) ?1:0;
                //如果触摸位置在上翻页区域,则上翻页使能置高
always@(posedge iCLK or negedge iRST_n)
    begin
        if(!iRST_n)
            mnew_coord<= 0;
        else
            mnew_coord<= iNEW_COORD;
    end
always@(posedge iCLK or negedge iRST_n)            //下翻页允许
    begin
        if(!iRST_n)
            nextpic_set <= 0;
        else if (mnew_coord && nextpic_en &&(!iSDRAM_WRITE_EN))
            nextpic_set <= 1;
        else
            nextpic_set <= 0;
    end

always@(posedge iCLK or negedge iRST_n)            //上翻页允许
    begin
```

```verilog
            if(!iRST_n)
                prepic_set <= 0;
            else if(mnew_coord && prepic_en && (!iSDRAM_WRITE_EN))
                prepic_set <= 1;
            else
                prepic_set <= 0;
        end

    always@(posedge iCLK or negedge iRST_n)
        begin
            if(!iRST_n)
                photo_cnt <= 0;
            else
            begin
                if(nextpic_set)
                begin                 //如果下翻页已到了最后一张,则从头开始
                    if(photo_cnt == (PHOTO_NUM-1))
                        photo_cnt <= 0;
                    else
                        photo_cnt <= photo_cnt + 1;
                end
                if(prepic_set)
                begin
                    if(photo_cnt == 0)
                        photo_cnt <= (PHOTO_NUM-1);          //2
                    else
                        photo_cnt <= photo_cnt - 1;
                end
            end
        end
    assign oPHOTO_CNT = photo_cnt;                           //照片的标号
    endmodule
```

8.4.4 FLASH 到 SDRAM 控制模块

本模块实现图像数据的转存功能，将存于 FLASH 内的图片数据发送到 SDRAM 中。

8.4 基于 FPGA 的各模块实现

FLASH 中存储了多种固化信息数据,所以存在 FLASH 中的图片数据需对其在 FLASH 中的存储位置设定调用方式。FLASH 中存储的所有图片均以 "RGB 数据流" 的形式存放 (oRED、oGREEN、oBLUE),即按照 "由左至右,由上至下" 的顺序将一幅图像中所有像素的 R/G/B 分量按照颜色原始数据存储下来。在 FLASH 的存储结构中 1 个地址对应 1 个字节,而一个像素占用 3 个字节,故一幅整屏的图像所占地址数为 54+800×480×3,bmp 格式头文件占用 54 个地址。内部信号 flash_addr_max 与 flash_addr_min 指明了当前图片所存的起始和终了地址。主要输入、输出信号描述见表 8.5。

表 8.5 主要输入、输出信号描述

信号	信号类型	信号描述
iPHOTO_NUM	input	存入 FLASH 中图片数量
iF_CLK	input	FLASH 时钟
oFL_WE_N	output	FLASH 读使能
oFL_RST_n	output	FLASH 复位信号
oFL_OE_N	output	FLASH 输出使能
oFL_CE_N	output	闪存芯片使能
oSDRAM_WRITE_EN	output	SDRAM 写使能端 (控制触摸屏)
oSDRAM_WRITE	output	SDRAM 写使能端 (控制 SDRAM)
oRED	output	FLASH 内图像 RED 数据
oGREEN	output	FLASH 内图像 GREEN 数据
oBLUE	output	FLASH 内图像 BLUE 数据

代码清单:FLASH 到 SDRAM 控制模块代码

```
module  flash_to_sdram_controller( iRST_n,iPHOTO_NUM,iF_CLK,
        FL_DQ,oFL_ADDR,FL_WE_N,oFL_RST_n,oFL_OE_N,oFL_CE_N,
        oSDRAM_WRITE_EN,oSDRAM_WRITE,oRED,oGREEN,oBLUE);
parameter   DISP_MODE = 800*480;
input           iRST_n;             //系统复位
input[3:0]      iPHOTO_NUM;         //照片标号
input           iF_CLK;             //FLASH时钟
inout[7:0]      FL_DQ;              //FLASH数据
output[22:0]    oFL_ADDR;           //FLASH地址线
output          oFL_WE_N;           //FLASH写使能
output          oFL_RST_n;          //FLASH复位
output          oFL_OE_N;           //FLASH输出使能
output          oFL_CE_N;           //FLASH片选使能
output          oSDRAM_WRITE_EN;    //SDRAM写使能(控制触摸检测)
```

```verilog
    output              oSDRAM_WRITE;       //SDRAM写信号(控制SDRAM写使能)
    output[7:0]         oRED;               //红色数据
    output[7:0]         oGREEN;             //绿色数据
    output[7:0]         oBLUE;              //蓝色数据
    reg                 oSDRAM_WRITE_EN;
    reg                 oSDRAM_WRITE;
    reg[1:0]            flash_addr_cnt;     //FLASH地址计数,0-2
    reg[7:0]            fl_dq_delay1;       //数据缓存1
    reg[7:0]            fl_dq_delay2;       //数据缓存2
    reg[7:0]            fl_dq_delay3;       //数据缓存3
    reg[18:0]           write_cnt ;         //一幅图片中像素个数计数
    reg[7:0]            oRED;
    reg[7:0]            oGREEN;
    reg[7:0]            oBLUE;
    reg[22:0]           flash_addr_o;       //FLASH的输出地址
    wire[22:0]          flash_addr_max;     //一幅图片在FLASH中的最大地址
    wire[22:0]          flash_addr_min;     //一幅图片在FLASH中的最小地址
    reg[2:0]            d1_photo_num;       //图片缓存1
    reg[2:0]            d2_photo_num;       //图片缓存2
    reg                 photo_change;       //图片改变标志
    reg                 rgb_sync;
    reg                 mrgb_sync;
    assign  oFL_WE_N = 1;
    assign  oFL_RST_n = 1;
    assign  oFL_OE_N = 0;
    assign  oFL_CE_N = 0;
    assign  oFL_ADDR = flash_addr_o;
    assign  flash_addr_max = 54 + 3*DISP_MODE * (d2_photo_num+1) ;
            //每个图片的最大地址和最小地址
            //d2_photo_num=iPHOTO_NUM(0,1,2)
    assign  flash_addr_min = 54 + 3*DISP_MODE * iPHOTO_NUM;

    always@(posedge iF_CLK or negedge iRST_n)
    begin
        if (!iRST_n)
```

8.4 基于 FPGA 的各模块实现

```
            begin
                d1_photo_num <= 0;
                d2_photo_num <= 0;
            end
            else
            begin
                d1_photo_num <= iPHOTO_NUM;
                d2_photo_num <= d1_photo_num;
            end
    end

    always@(posedge iF_CLK or negedge iRST_n)
    begin
            if(!iRST_n)
                photo_change <= 0;
            else if(d1_photo_num != iPHOTO_NUM)  //触摸发生,照片标号改变
                photo_change <= 1;
            else
                photo_change <= 0;
    end

    always@(posedge iF_CLK or negedge iRST_n)   //输出一幅图片的地址
    begin
            if(!iRST_n )
                flash_addr_o <= flash_addr_min ;
            else if(photo_change)
                flash_addr_o <= flash_addr_min ;
            else if( flash_addr_o < flash_addr_max )
                flash_addr_o <= flash_addr_o + 1;
    end
    /////////////// Sdram write enable control  ////////////////////
    always@(posedge iF_CLK or negedge iRST_n)   //送触摸检测模块
    begin
            if(!iRST_n)
                oSDRAM_WRITE_EN <= 0;
```

```verilog
        else if((flash_addr_o <flash_addr_max-1)&&(write_cnt <
                DISP_MODE))
        begin
            oSDRAM_WRITE_EN <= 1;
        end
        else
            oSDRAM_WRITE_EN <= 0;
end
/////////////// delay flash data  for aligning RGB data/////////
always@(posedge iF_CLK or negedge iRST_n)//每三个FLASH数据是一个像素
begin
        if(!iRST_n)
        begin
            fl_dq_delay1 <= 0;
            fl_dq_delay2 <= 0;
            fl_dq_delay3 <= 0;
        end
        else
        begin
            fl_dq_delay1 <= FL_DQ;         //来自FLASH的图像数据
            fl_dq_delay2 <= fl_dq_delay1;
            fl_dq_delay3 <= fl_dq_delay2;
        end
end

always@(posedge iF_CLK or negedge iRST_n)//FLASH三个地址是一个像素
begin
        if(!iRST_n)
            flash_addr_cnt <= 0;
        else if( flash_addr_o < flash_addr_max )
        begin
            if(flash_addr_cnt == 2)
                flash_addr_cnt <= 0;
            else
                flash_addr_cnt <=flash_addr_cnt + 1;
```

8.4 基于 FPGA 的各模块实现

```verilog
            end
        else
            flash_addr_cnt <= 0;
end

always@(posedge iF_CLK or negedge iRST_n)//SDRAM一个地址存一个像素
begin
        if(!iRST_n)
        begin
            write_cnt <= 0;
            mrgb_sync <= 0;
        end
        else if(oSDRAM_WRITE_EN)
        begin
            if(flash_addr_cnt == 1)
            begin
                write_cnt <= write_cnt + 1;
                            //三个FLASH地址等同一个 SDRAM地址
                mrgb_sync <= 1;   //三个像素的标志
            end
            else
                mrgb_sync <= 0;
        end
        else
        begin
                write_cnt <= 0;
                mrgb_sync <= 0;
        end
    end

always@(posedge iF_CLK or negedge iRST_n)
begin
        if (!iRST_n)
            rgb_sync <= 0;
        else
```

```
                rgb_sync <= mrgb_sync;
    end
    always@(posedge iF_CLK or negedge iRST_n)
    begin
            if(!iRST_n)
            begin
                oSDRAM_WRITE <= 0;
                oRED <= 0;
                oGREEN <= 0;
                oBLUE <= 0;
            end
            else if(rgb_sync)
            begin
                oSDRAM_WRITE <= 1;              //向SDRAM中写数据使能
                oRED <= fl_dq_delay1;
                oGREEN <= fl_dq_delay2;
                oBLUE <= fl_dq_delay3;
            end
            else
            begin
                oSDRAM_WRITE <= 0;
                oRED <= 0;
                oGREEN <= 0;
                oBLUE <= 0;
            end
        end
endmodule
```

8.4.5 4端口 SDRAM 控制模块

图像需要放在存储器中进行缓存，对于大部分的 FPGA 来说，器件内部都含有 4K 的内存，但考虑到图像的容量及今后对动态图像处理功能的扩展，本设计选用了存储容量为 8M 的外存 SDRAM。8M 的 SDRAM 在存储空间上划分了 4 个 Bank 区块，每个 Bank 有 16 位数据宽。SDRAM 虽然存储的容量大，但是其内部结构复杂，对该器件的读写必须使用专门设计的控制器进行控制操作。

由于本设计采用的图像色彩为 24 位，RGB 各 8 位，显然用一个 16 位宽度

8.4 基于 FPGA 的各模块实现

Bank 不能存储一个像素, 因此采用了 2 个 Bank 合并存储像素, 如图 8.4 所示。这样一来, 在 SDRAM 控制电路上需要仿真成 4 个虚拟的数据端口 (2 个写端口＋2 个读端口), 在同一时刻将一个像素 RGB 从 2 个 Bank 中同时写入或读出, 合并之后形成一个完整的数据。

由于 SDRAM 控制比较复杂, 很多公司都提供了该模块的控制程序, 本节不作详细的介绍, 只对模块设计中用到的写入、读出端口作简要说明。

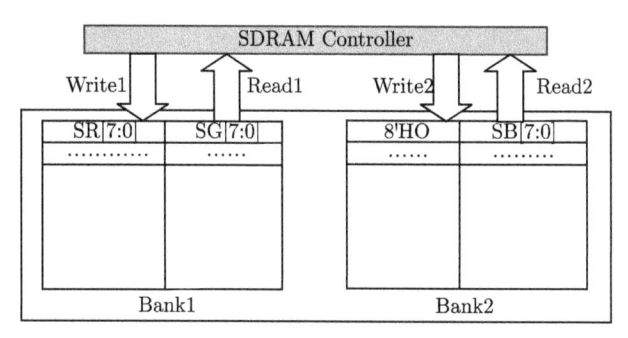

图 8.4 双端口 SDRAM 结构

代码清单: SDRAM 控制模块写入、读出数据端口程序代码

```
SDRAM_Control_4Port SDRAM0  (
  ......
  .REF_CLK(CLOCK_50),
  .RESET_N(1'b1),
  .WR1_DATA({sRED,sGREEN}),       //写入图像数据的一半共16位
  .WR1(sdram_write),              //写入使能信号
  .WR1_FULL(WR1_FULL),
  .WR1_ADDR(0),                   //写入Bank1的首地址
  .WR1_MAX_ADDR(800*480),         //写入Bank1的最大地址
  .WR1_LENGTH(9'h80),
  .WR1_LOAD(!DLY0),               //清空SDRAM中的FIFO
  .WR1_CLK(F_CLK),                //写入数据时钟频率
  .WR2_DATA({8'h0,sBLUE}),        //写入图像数据的另一半共16位
  .WR2(sdram_write),
  .WR2_ADDR(22'h100000),          //写入Bank2的首地址
  .WR2_MAX_ADDR(22'h100000+800*480), //写入Bank2的最大地址
  .WR2_LENGTH(9'h80),
  .WR2_LOAD(!DLY0),
```

```
    .WR2_CLK(F_CLK),
    //FIFO Read Side 1
    .RD1_DATA(Read_DATA1),          //读出图像数据的一半共16位
    .RD1(mRead),                    //读出使能信号
    .RD1_ADDR(0),                   //读出Bank1的首地址
    .RD1_MAX_ADDR(800*480),         //读出Bank1的最大地址
    .RD1_LENGTH(9'h80),
    .RD1_LOAD(!DLY0),               //清空SDRAM中的FIFO
    .RD1_CLK(ltm_nclk),             //读出图像时钟频率
    //FIFO Read Side 2
    .RD2_DATA(Read_DATA2),          //读出图像数据的另一半共16位
    .RD2(mRead),
    .RD2_ADDR(22'h100000),          //读出Bank2的首地址
    .RD2_MAX_ADDR(22'h100000+800*480), //读出Bank2的最大地址
    .RD2_LENGTH(9'h80),
    .RD2_LOAD(!DLY0),
    .RD2_CLK(ltm_nclk),
    ……)
```

根据上述 4 端口 SDRAM 的存取原则，SDRAM 有 4 个 Bank，这里用到了 2 个。一个具有 800×480 个像素、色彩为 24 位的图像，就需要同时往 Bank1 和 Bank2 中存入 800×480 个 16 位的信息。程序中的 WR1_ADDR(22'h000000) 和 WR2_ADDR(22'h100000) 语句指明了像素存储的地址，其中 22'h100000 中的低 20 位就是 SDRAM 内存位址，最高一位是进行 Bank 的选择，读出数据端口同理。

8.4.6 LCD 时序控制模块

LCD 尺寸为 4.3 英寸，最大分辨率为 800×480，支持 24 位真彩色显示。LCD 显示输出涉及行扫描 (水平) 和场扫描 (竖直) 两个过程，扫描过程是先从左到右完成第一行像素显示，再向下扫描第二行，以此类推，直至完成整个屏幕的扫描，每一幅画面称为"一场"。

行扫描时序及时序参数如图 8.5 和表 8.6 所示，其中 NCLK 为像素时钟，行同步信号 HD 的负脉冲标志着一行扫描结束、下一行扫描开始。负脉冲出现后一段时间内 (t_{hbp}，行扫描后肩)RGB 像素信号被屏蔽；接下来在 t_{hd} 的时间 RGB 像素信号有效并输出到屏幕上，这一期间内显示使能信号端 DEN 必须保持高电平；t_{hd} 之后的一段时间 (t_{hfp}，行扫描前肩)RGB 像素信号再次被屏蔽，直到下次 HD 负脉冲到来。

8.4 基于 FPGA 的各模块实现

场扫描时序及时序参数如图 8.6 和表 8.7 所示。类似地，场同步信号 VD 的负脉冲标志着一场扫描的结束和下一场扫描的开始，分辨率为 800×480 时，480 次行扫描构成一次场扫描的数据有效期 (t_{vd})。特别地，每次场扫描头尾的前肩和后肩组合成消隐期 (t_{vb})，消隐期与数据有效期连续分布。

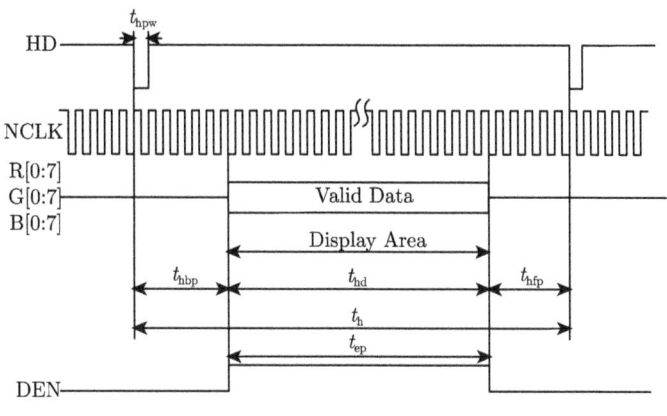

图 8.5 LCD 行扫描时序

表 8.6 LCD 行扫描时序参数

参数	符号	标准值
NCLK 频率	f_{NCLK}	33.2MHz
行扫描有效时间	t_{hd}	800NCLK
行扫描周期	t_h	1056NCLK
HD 负脉宽	t_{hpw}	1NCLK(最小值)
行扫描后肩	t_{hbw}	216NCLK
行扫描前肩	t_{hfp}	40NCLK
DEN 高电平时间	t_{ep}	800NCLK

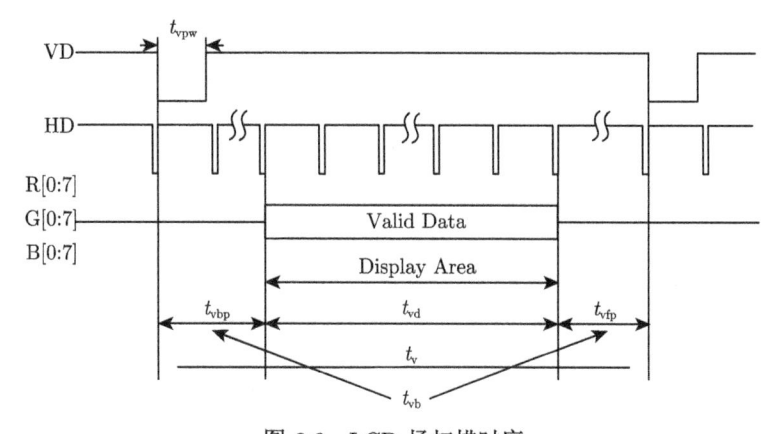

图 8.6 LCD 场扫描时序

表 8.7 LCD 场扫描时序参数

参数	符号	标准值
场扫描有效时间	t_{vd}	$480t_h$
场扫描周期	t_v	$525t_h$
VD 负脉宽	t_{vpw}	$1t_h$(最小值)
场扫描后肩	t_{vbp}	$35t_h$
场扫描前肩	t_{vfp}	$10t_h$
消隐期	t_{vb}	$45t_h$

根据 LCD 的工作原理，该模块主要输入、输出信号的描述如表 8.8 所示。

表 8.8 主要输入、输出信号描述

信号	信号类型	信号描述
iCLK	input	时钟信号，33MHz
iREAD_DATA1	input	SDRAM 中图像数据 R 和 G
iREAD_DATA2	input	SDRAM 中图像数据 B
oREAD_SDRAM_EN	output	SDRAM 中读使能
oHD	output	行同步信号
oVD	output	场同步信号
oDEN	output	LCD 显示使能信号
oLCD_R	output	红色数据
oLCD_G	output	绿色数据
oLCD_B	output	蓝色数据

代码清单：LCD 时序控制模块代码

```
module lcd_timing_controller(iCLK,iRST_n,iREAD_DATA1,iREAD_DATA2,
        oREAD_SDRAM_EN,oHD,oVD,oDEN,oLCD_R,oLCD_G,oLCD_B);
parameter    H_LINE = 1056;              //行总像素点个数
parameter    V_LINE = 525;               //场总行数
parameter    Hsync_Blank = 216;          //行同步像素个数
parameter    Hsync_Front_Porch = 40;
parameter    Vertical_Back_Porch = 35;   //场同步后肩像素个数
parameter    Vertical_Front_Porch = 10;
input        iCLK;                       //时钟信号,33MHz
input        iRST_n;
input[15:0]  iREAD_DATA1;                //SDRAM中图像数据 R和G
input[15:0]  iREAD_DATA2;                //SDRAM中图像数据 B
output       oREAD_SDRAM_EN;             //SDRAM中读使能
output[7:0]  oLCD_R;
```

8.4 基于 FPGA 的各模块实现

```
output[7:0]      oLCD_G;
output[7:0]      oLCD_B;
output           oHD;                    //行同步信号
output           oVD;                    //场同步信号
output           oDEN;                   //LCD显示使能信号
reg[10:0]        x_cnt;
reg[9:0]         y_cnt;
wire[7:0]        read_red;
wire[7:0]        read_green;
wire[7:0]        read_blue;
wire             display_area;           //显示区域有效标志
wire             oREAD_SDRAM_EN;
reg              mhd;
reg              mvd;
reg              oHD;
reg              oVD;
reg              oDEN;
reg[7:0]         oLCD_R;
reg[7:0]         oLCD_G;
reg[7:0]         oLCD_B;
//在显示的有效区域内,读使能有效,图像数据从SDRAM中被读出
assign   oREAD_SDRAM_EN=((x_cnt>Hsync_Blank-2)&&
                        (x_cnt<(H_LINE-Hsync_Front_Porch-1))&&
                        (y_cnt>(Vertical_Back_Porch-1))&&
                        (y_cnt<(V_LINE - Vertical_Front_Porch)))?
                         1'b1 : 1'b0;
//图像显示有效区域的标志
assign   display_area=((x_cnt>(Hsync_Blank-1)&& //>215
                       (x_cnt<(H_LINE-Hsync_Front_Porch))&&//<1016
                       (y_cnt>(Vertical_Back_Porch-1))&&
                       (y_cnt<(V_LINE - Vertical_Front_Porch)))) ?
                        1'b1 : 1'b0;
assign   read_red = display_area ? iREAD_DATA1[15:8] : 8'b0;
assign   read_green = display_area ? iREAD_DATA1[7:0]: 8'b0;
assign   read_blue = display_area ? iREAD_DATA2[7:0] : 8'b0;
```

```verilog
always@(posedge iCLK or negedge iRST_n)     //列计数
begin
    if(!iRST_n)
    begin
        x_cnt <= 11'd0;
        mhd   <= 1'd0;
    end
    else if(x_cnt == (H_LINE-1))
    begin
        x_cnt <= 11'd0;
        mhd   <= 1'd0;
    end
    else
    begin
        x_cnt <= x_cnt + 11'd1;
        mhd   <= 1'd1;
    end
end

always@(posedge iCLK or negedge iRST_n)     //行计数
begin
    if(!iRST_n)
        y_cnt <= 10'd0;
    else if(x_cnt == (H_LINE-1))
    begin
        if(y_cnt == (V_LINE-1))
            y_cnt <= 10'd0;
        else
            y_cnt <= y_cnt + 10'd1;
    end
end
///////////////////////////// touch panel timing ////////
always@(posedge iCLK  or negedge iRST_n)    //同步信号
begin
    if(!iRST_n)
```

```
                mvd  <= 1'b1;
        else if (y_cnt == 10'd0)
                mvd  <= 1'b0;
        else
                mvd  <= 1'b1;
end
always@(posedge iCLK or negedge iRST_n)
begin
    if(!iRST_n)
    begin
        oHD <= 1'd0;
        oVD <= 1'd0;
        oDEN <= 1'd0;
        oLCD_R <= 8'd0;
        oLCD_G <= 8'd0;
        oLCD_B <= 8'd0;
    end
    else
    begin
        oHD <= mhd;
        oVD <= mvd;
        oDEN <= display_area;
        oLCD_R <= read_red;
        oLCD_G <= read_green;
        oLCD_B <= read_blue;
    end
end
endmodule
```

8.5 系统的测试

8.5.1 LCD 触摸屏与 FPGA 的连接

由于 LCD 触摸屏并不是 DE2 实验板现有的外设，因此该外设的接入要通过 DE2 实验板的扩展口 JP1。LCD 触摸显示屏与 DE2 实验板的连接示意图如图 8.7

所示，LCD 与 DE2 扩展口 JP1 的管脚接线如图 8.8 所示。

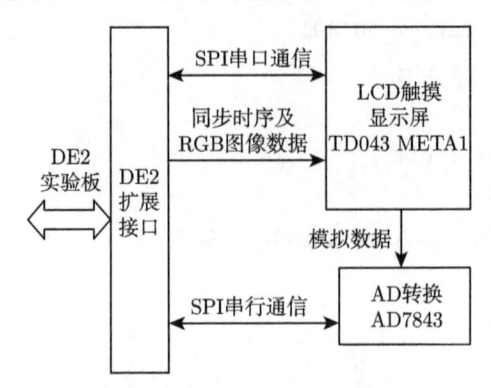

图 8.7 LCD 触摸显示屏与 DE2 实验板的连接示意图

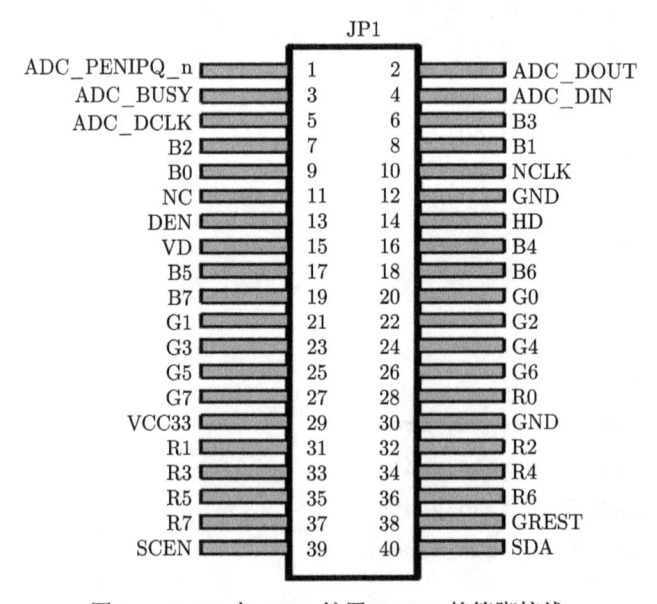

图 8.8 LCD 与 DE2 扩展口 JP1 的管脚接线

8.5.2 FLASH 中图片下载

根据电子相册中要展示的图片的张数，准备 800(高)×480(宽) 的图片 N 张，将其用修图工具拼接成 800(宽)×(480×N)(高) 的图。将这张图用 ALTERA 公司的 DE2_Control_Panel_V1.04 软件下载到 DE2 上的外部存储器 FLASH 中，具体步骤如下：

(1) 在 DE2_Control_Panel_V1.04 软件中下载配置文件 DE2_USB_API.sof 至 DE2 开发板中。

(2) 在主机上运行 DE2_Control_Panel.exe 程序，出现如图 8.9 所示的界面。

(3) 点击 Open>Open USB Port0 启动 USB，控制面板将显示 DE2 开发板上所有的 USB 口。

(4) 写入数据之前必须对整个 FLASH 进行擦除，点击 Chip Erase(40 Sec) 进行擦除，整个 FLASH 擦除时间要求大约 40s。

(5) 选定 Flie Length 选项，单击 Write a File to FLASH 按钮来激活写数据进程，在打开的 Windows 对话框中，选定 800(宽)×(480×N)(高) 图文件进行载入。

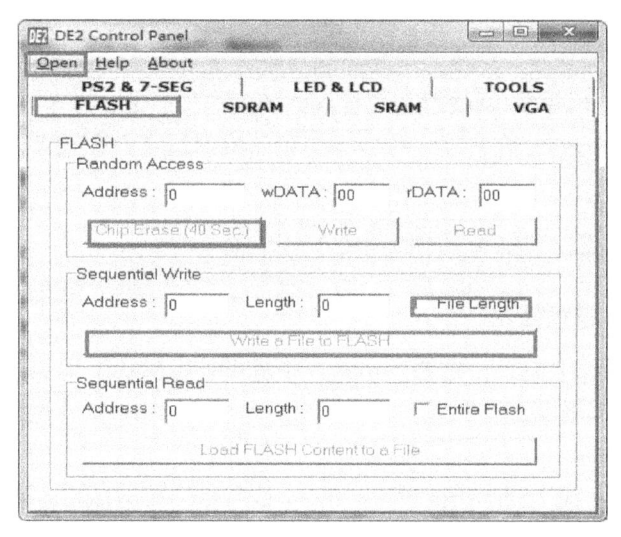

图 8.9 DE2_Control_Panel 设置界面

8.5.3 设计验证

将本章程序的配置文件 (.sof) 下载到开发板上，触摸控制屏的左下角和右上角，即可实现上下翻页的功能，操作后显示画面如图 8.10 所示。

图 8.10 触摸屏的翻页功能

第9章 基于 FPGA 的调频调幅电源设计

变频电源是一种将工频电通过整流技术 (AC-DC)、逆变技术 (DC-AC) 实现交流–交流 (AC-AC) 转换的电力电子电路。这种电源具有输出电压在一定范围内幅值、频率可调的优点,能最大限度满足用户对各种交流电源的需求。变频电源的核心技术是逆变控制系统,传统的逆变控制系统通常采用 MCU 或 DSP 来完成各种逻辑和运算,其指令的串行执行特点使电路的实时性较差。基于 FPGA 并发执行的速度优势,使 FPGA 在实现变频电源的逆变控制系统中有很大优势。

9.1 变频电源的技术分析

9.1.1 SPWM 调制技术

采样控制理论中有一个重要的结论:冲量相等而形状不同的窄脉冲加在具有惯性的环节上,其效果基本相同。这一结论正是用 SPWM 实现逆变的重要理论基础。

将一个正弦波信号的周期分成 N 等份,该信号也可看成由 N 个彼此相连、幅度按照正弦波规律变化、具有相同脉宽的曲边脉冲组成。如果将这些脉冲用数量相同、等幅不等宽的矩形脉冲来代替,并且使这两组脉冲的对应面积相等,如图 9.1 所示,这样得到幅值相等脉宽按照正弦波规律变化的波形称为正弦脉宽调制波 SPWM (Sina Pulse Width Modulation)。

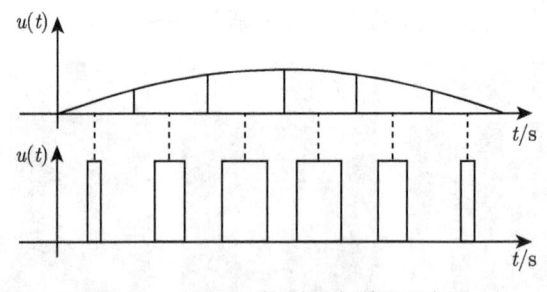

图 9.1 SPWM 控制基本原理示意图

9.1.2 SPWM 控制方式

根据控制信号的极性可以将 SWPM 波分为单极性和双极性两种。单极性 SPWM

波是指在一个载波周期内, 逆变桥输出的电压 (桥臂之间的电压) 只有一个极性 (或正或负), 双极性 SPWM 波是指在一个载波周期内, 逆变桥输出的电压有两个极性 (有正有负)。

1. 单极性 SPWM

单极性 SPWM 波生成的原理如图 9.2 所示, 将正弦波按横坐标翻转。在正弦波的正半个周期内, 当正弦波的输出值大于三角波的输出值时, 输出高电平, 小于三角波的输出值时, 输出低电平。通过零点检测判断调制波的负半周期, 当正弦波的输出值大于三角波的输出值时, 输出为低电平, 否则输出高电平。

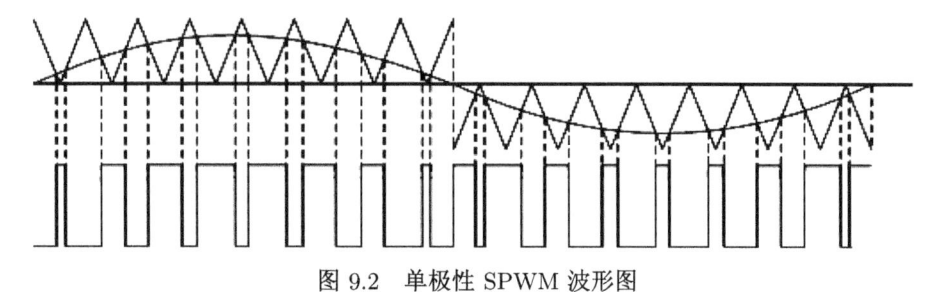

图 9.2　单极性 SPWM 波形图

2. 双极性 SPWM

双极性 SPWM 波形生成的原理如图 9.3 所示, 与单极性不一样的是, SPWM 波在一个载波周期内的输出有正电压, 也有负电压。当占空比为 50% 时, 输出的电压幅值为 0; 当占空比小于 50%, 输出的是正弦波三四象限的波形; 当占空比大于 50% 时, 输出的是正弦波一二象限的波形。

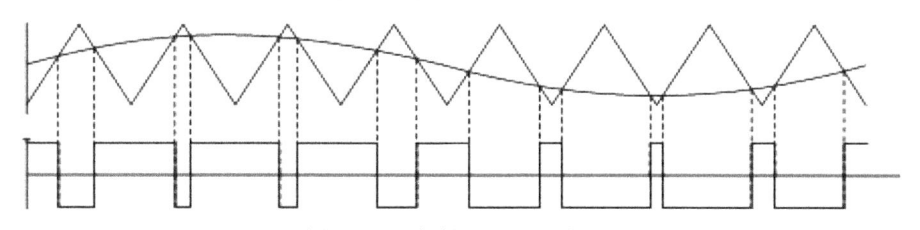

图 9.3　双极性 SPWM 波形图

9.2　变频电源硬件的总体设计

变频电源硬件部分的框图如图 9.4 所示, 由模拟及数字两部分电路组成, 本章采用了单极性调制技术实现 SPWM 调制电路。变频电源的输入端直接采用工频电的交流供电。220V/50Hz 的交流电经过一个全桥整流和电容滤波电路后, 得到一个 310V 左右的直流电压。310V 的直流电经过开关电源电路，输出额定功率为 70W、电压值为 40V 的直流电压，这个直流电压就是给变频电源提供逆变的直流电源。40V 的母线电压经过母线调压电路后，通过改变 DCPWM 的占空比输出一个 0~40V 的可调母线电压。该母线电压经过三个桥式逆变电路和滤波电路后输出 U、V、W 三路相位相差 120° 的正弦交流电压信号。

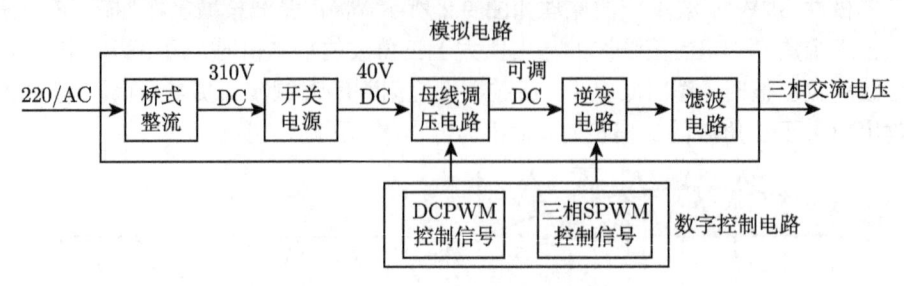

图 9.4 变频电源硬件结构框图

9.3 基于 FPGA 的变频电源控制电路的设计

9.3.1 变频电源数字控制电路

根据变频电源硬件结构原理可知，变频电源需要两路控制信号，分别是：

(1) 三路相位相差 120° 的 SPWM 波形，控制开关管生成频率可调的电压；
(2) 一个占空比可以调节的 DCPWM 波形，用于调节母线电压。

在本设计中该两路控制信号由 FPGA 产生。下面详细说明基于 FPGA 的各模块的设计过程。

9.3.2 SPWM 波形的实现

根据图 9.2 所示 SPWM 信号的产生原理，可以确定出 SPWM 模块框图如图 9.5 所示。框图由三个模块构成：①频率可调的正弦波信号发生器模块，调节频率

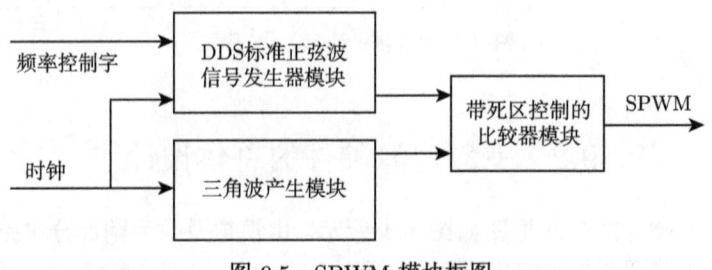

图 9.5 SPWM 模块框图

9.3 基于 FPGA 的变频电源控制电路的设计

控制字的大小,改变标准正弦波信号发生器输出信号的频率,从而改变输出电压的频率值。②三角波发生器模块,通过系统时钟信号,生成频率和幅值一定的三角波信号。③比较器,将三角波信号的输出和标准正弦波信号发生器的输出进行比较,即可得到 SPWM 波形。该模块的主要输入、输出信号描述见表 9.1。

表 9.1 主要输入、输出信号描述

信号	信号类型	信号描述
clk	input	时钟信号
fcw	input	频率控制字
sina1,sina2,sina3	output	三相正弦信号
tri1,tri2,tri3	output	三相三角波信号
DH_U, DL_U	output	U 相 SPWM 波
DH_V, DL_V	output	V 相 SPWM 波
DH_W, DL_W	output	W 相 SPWM 波

1. 基于 DDS 算法的标准正弦波信号产生模块

正弦波的输出频率为

$$f_{\text{out}} = k \cdot \frac{f_{\text{clk}}}{2^N} \tag{9-1}$$

f_{clk} 为系统时钟;N 为存储器的地址宽度;k 为频率控制字。

本设计需要达到的设计指标是:频率分辨率为 0.1Hz,输出频率的可调范围是 0.1~100Hz。

本设计所选用的芯片晶振的频率为 50MHz,经过倍频后得到的系统时钟 f_{clk} 为 100MHz,根据设计要求,ROM 的地址线位宽选取 N=30,k 的取值为 1~1000。经过计算可知

$$\text{频率分辨率:} \frac{100M}{2^{30}} \approx 0.1\text{Hz}$$

$$\text{频率调节范围:} f_{\text{out}} = k \cdot \frac{f_{\text{clk}}}{2^N} = 0.1 \sim 100\text{Hz}$$

将三路相位相差 120° 的正弦波信号数值,进行量化处理后存入 ROM 中,就可以同时输出三路相位相差 120° 的正弦波信号波形。本模块的详细设计见 5.1 内容。

图 9.6 的仿真图可以看出,当控制字取不同的值时,正弦波的频率随之改变。

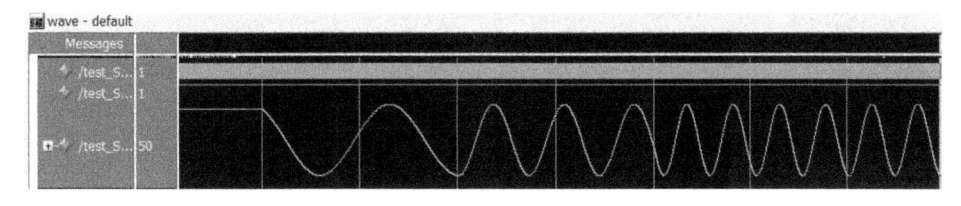

图 9.6 基于 DDS 算法的正弦波信号仿真图

2. 三角波发生器模块

由上一节可知，三角波的频率决定了 SPWM 波形中矩形脉冲的周期，生成的 SPWM 波用来控制 MOS 管的开关。因此，本模块设计的三角波输出频率的大小应与 MOS 管的开关频率大小一致，在本设计中使用 MOS 管的开关频率为 100kHz，故三角载波的频率 f_{tri} 也应该为 100kHz。

数字三角波可以看作是一个加减计数器，假定 M 为三角波计数的最大值，系统时钟频率为 f_{clk}，则输出三角波的频率 f_{tri} 应该满足：

$$f_{\text{tri}} = \frac{f_{\text{clk}}}{2M} \tag{9-2}$$

本设计所采用的系统时钟 f_{clk} 为 100MHz。由公式 (9-2) 可以计算出三角波的最大计数值 M=500。该模块主要输入、输出信号见表 9.2。

表 9.2 主要输入、输出信号描述

信号	信号类型	信号描述
clk	input	时钟
trigle	output	三角波计数值
up_down	output	三角波信号加减计数标志

代码清单：三角波产生模块代码

```
module      tri_wave(clk,rstn,trigle,up_down);
input       clk;
input       rstn;
output[8:0]trigle;
output      up_down;
reg   [8:0]tri_r;
reg         up_down;
parameter   tri_max=500;
always@(posedge clk or negedge rstn)     //计数值0-500
begin
    if(!rstn)
    begin  up_down<=1; tri_r<=9'b0;   end
    else
    begin
        if(up_down)                          //加计数
        begin
            if(tri_r= =tri_max-1)
```

9.3 基于 FPGA 的变频电源控制电路的设计

```
                    begin   tri_r<=tri_max; up_down<=0;end
                else
                    tri_r<=tri_r+1;
            end
            else                                //减计数
            begin
                if(tri_r= =0)
                    begin   tri_r<=9'd0; up_down<=1;end
                else
                    tri_r<=tri_r-1;
            end
        end
    end
assign   trigle =tri_r;
endmodule
```

该模块的代码经过 Modelsim 仿真的波形如图 9.7 所示。

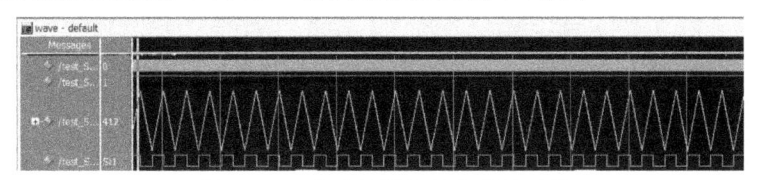

图 9.7　三角载波模块的仿真波形图

3. 带死区的比较模块

根据图 9.2 及图 9.3 可知,将正弦波及三角波的幅值进行比较即可产生 SPWM 波。SPWM 波对桥式逆变电路中的桥臂进行控制,桥式逆变电路中单相桥臂的电路如图 9.8 所示,理想的情况下,控制一对开关管 MOS1 和 MOS2 的驱动信号

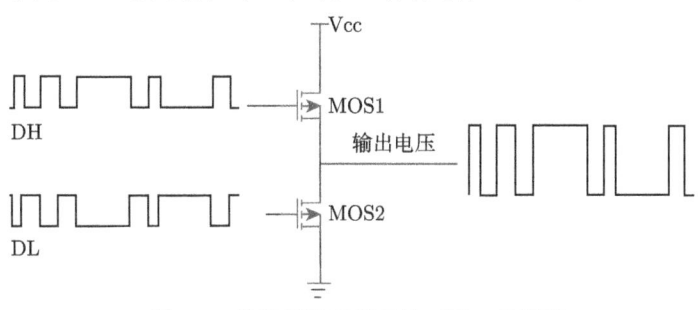

图 9.8　单相桥臂理想条件下的工作情况

SPWM 幅值相同，相位相差 180°，就能够避免两管同时导通发生短路情况。

但实际情况是由于元件导通和关断都需要时间，在工作过程中很容易出现一个开关管还没有关断而另一个开关管已经导通的情况。当上半桥 MOS 管还没有完全关闭，下半桥 MOS 管已经打开，将使上下两个 MOS 管直通，流过 MOS 管的电流非常大，导致 MOS 管被烧坏。为了避免这种情况，设计时必须加入死区时间，就是有一段时间两个开关管都处于截止状态，如图 9.9 所示。

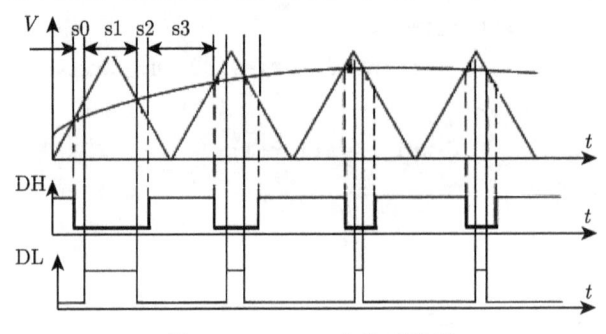

图 9.9 SPWM 产生示意图

假设死区时间的控制量为 det(将死区时间转化为纵坐标的长度)、死区时间为 t_d，系统时钟的周期为 t_{clk}，则有

$$\det = \frac{t_d}{t_{clk}} \tag{9-3}$$

考虑所选用的 MOS 管器件和相应的电路，本设计中的死区时间控制为 200ns。系统时钟频率为 100MHz，周期为 10ns，则 det = 20。

采用状态机的方法实现该模块的功能，状态转换如图 9.10 所示。该模块主要输入、输出信号见表 9.3。

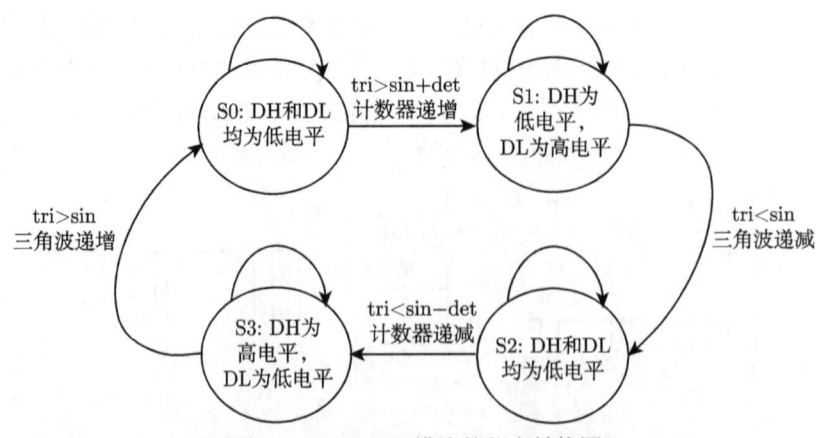

图 9.10 SPWM 模块的状态转换图

9.3 基于 FPGA 的变频电源控制电路的设计

表 9.3 主要输入、输出信号描述

信号	信号类型	信号描述
clk	input	时钟
det	input	死区时间
sine	input	正弦波信号
trie	input	三角波信号
up_down	input	三角波上升下降标志位
DH, DL	output	具有死区保护的 SPWM 波

代码清单：带死区的比较模块代码

```
module      dynamic_comp(clk,rstn,det,trie,sine,up_down,DH,DL);
input       clk;
input       rstn;
input[10:0] det;              //死区对应值
input[14:0] trie;             //三角波
input[14:0] sine;             //正弦波
input       up_down;          //三角波的上升/下降信号
output      DH;
output      DL;
reg         DH_r;
reg         DL_r;
reg[1:0]    current_state;
reg[1:0]    next_state;
parameter   s0=2'b00, s1=2'b01,s2=2'b10,s3=2'b11;
always@(posedge clk or negedge rstn)
if(!rstn)
     current_state<=s0;
else
     current_state<=next_state;
always@(posedge clk or negedge rstn)
if(!rstn)
     next_state<=s0;
else
begin
     case(current_state)
     s0: begin
```

```verilog
            if((trie>=sine+det) && (up_down==1))
                    next_state<=s1;
                else
                    next_state<=s0;
            end
        s1: begin
            if((up_down==0) && (trie<=sine))
                    next_state<=s2;
            else
                    next_state<=s1;
            end
        s2: begin
            if((trie<=sine-det) && (up_down==0))
                    next_state<=s3;
            else
                    next_state<=s2;
            end
        s3: begin
            if((up_down==1) && (trie>=sine))
                    next_state<=s0;
            else
                    next_state<=s3;
            end
        default :   next_state<=s0;
        endcase
    end
always@(current_state)
begin
        case(current_state)
        s0:begin DH_r<=0;DL_r<=0;end
        s1:begin DH_r<=0;DL_r<=1;end
        s2:begin DH_r<=0;DL_r<=0;end
        s3:begin DH_r<=1;DL_r<=0;end
        endcase
    end
```

```
assign  DH=DH_r;
assign  DL=DL_r;
endmodule
```

9.3.3 三路相位差 120° 的 SPWM 波形的生成

本设计实现三路相位差为 120° 的 SPWM 波形输出,也是采用了查表的方法,在其他功能模块不变的情况下,用三个 1K 的 ROM 表存储三个基准正弦波信号,这三个基准正弦波信号具有相同的幅度、频率,但是相位相差 120°。生成.mif 文件可用 Matlab 软件完成。

将该模块与本节设计的其他模块进行整合,编写顶层代码如下:

代码清单:三路相位差为 120° 的 SPWM 波形生成模块顶层文件代码

```
module   AC_controller(clk,rstn,fcw,sin1,sin2,sin3,tr1,tr2,tr3,
                      DH_U, DL_U, DH_V, DL_V, DH_W, DL_W);
input          clk;
input          rstn;
input[19:0]    fcw;
output[8:0]    sin1;
output[8:0]    sin2;
output[8:0]    sin3;
output[8:0]    tr1;
output[8:0]    tr2;
output[8:0]    tr3;
output         DH_U;
output         DL_U;
output         DH_V;
output         DL_V;
output         DH_W;
output         DL_W;
SPWMU    u3(.clk(clk),.rstn(rstn),.fcw(fcw),.sin(sin1),
            .triwav(tr1),                            //例化三相
            .DH_U(DH_U),.DL_U(DL_U));
SPWMV    u4(.clk(clk),.rstn(rstn),.fcw(fcw),.sin(sin2),
            .triwav(tr2),.DH_V(DH_V),.DL_V(DL_V));
SPWMW    u5(.clk(clk),.rstn(rstn),.fcw(fcw),.sin(sin3),
```

```
              .triwav(tr3),.DH_W(DH_W),.DL_W(DL_W));
endmodule
```

该顶层文件中调用了三个例化语句,分别表示 A、B、C 三相的控制信号,其中任意一相的程序如下:

代码清单:单相 SPWM 波形生成模块顶层文件代码

```
module      SPWMU(clk,rstn,fcw,sin,triwav,DH_U,DL_U);
input       clk;
input       rstn;
input[19:0]fcw;
output[8:0]sin;
output[8:0]triwav;
output      DH_U;
output      DL_U;
wire        up_down;
mydds_U     ddsu (.clk(clk),.fcw(fcw),.rstn(rstn),.sin(sin));
tri_wave    triu (.clk(clk),.rstn(rstn),trigle(triwav),
              .up_down(up_down));
dynamic_comp compu (.clk(clk),.rstn(rstn),.trie(triwav),.sine(sin),
              .up_down(up_down),.det(20),.DH(DH_U),.DL(DL_U));
endmodule
```

该部分经过 Modelsim 仿真后的结果如图 9.11 所示,三路幅值相同、相位相差 120° 的基准正弦波信号与三路完全一样的三角波经过比较模块后得到 DH_U、DL_U、DH_V、DL_V、DH_W、DL_W 等六路 SPWM 波控制信号。

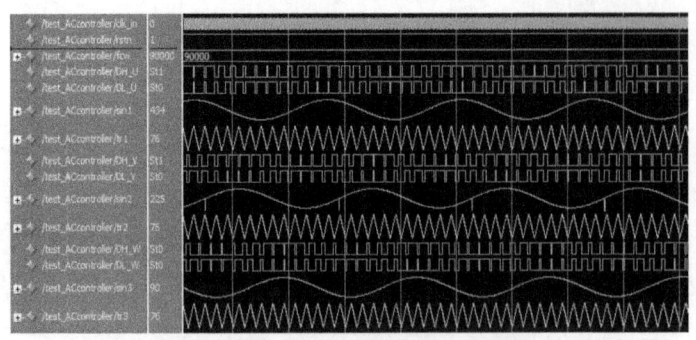

图 9.11 三相 SPWM 仿真波形

9.3 基于 FPGA 的变频电源控制电路的设计

9.3.4 DCPWM 模块

本模块的功能是生成一个占空比在 10%~90%可调的 DCPWM 波。DCPWM 模块框图如图 9.12 所示，包括三个模块：①设定值模块通过数字板上的控制开关按钮 Pup、Pdown 加减计数，输出变化范围为 50~450 的计数值。②三角波发生器，产生最大计数值为 500 的三角波输出值。③比较器，将两模块的输出值进行比较，就可以得到占空比可以调节的 PWM 波形，从而达到调节母线电压的目的。模块主要输入、输出信号描述见表 9.4。

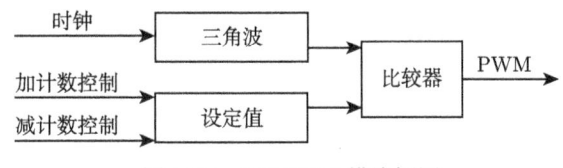

图 9.12 DCPWM 模块框图

表 9.4 模块主要输入、输出信号描述

信号	信号类型	信号描述
clk	input	时钟
Pup	input	加计数控制
Pdown	input	减计数控制
dcpwm	output	PWM 输出

1. 顶层文件

代码清单：DCPWM 模块顶层文件代码

```
module   DCPWM(clk, rstn, Pup, Pdown, dcpwm);
input       clk;
input       rstn;
input       Pup;
input       Pdown;
output      dcpwm;
wire        up;
wire        down;
wire[8:0]   dtri;
wire[8:0]   dcnt;
dc_counter  dc_cnt (.rstn(rstn),.up(Pup),.down(Pdown),.dout(dcnt));
tri_wave    dc_tri (.clk(clk),.rstn(rstn),.dout(dtri));
mycomp      dc_comp (.clk(clk),.rstn(rstn),.dtri(dtri),.dcnt(dcnt),
                     .dcpwm(dcpwm));
```

endmodule

本模块采用了层次化的设计，在顶层文件中调用了三个子模块：设定值模块 dc_counter、三角波模块 tri_wave 和比较器模块 mycomp。其中三角波模块 tri_wave 设计见代码清单所示。

2. 设定值模块

代码清单：设定值模块代码

```verilog
module dc_counter(
    input clk,
    input rstn,
    input up,
    input down,
    output[8:0]dout );
    reg[8:0] dout_r;

    always@(posedge clk or negedge rstn)
    begin
        if(!rstn)    dout_r<=9'd50;
        else
        begin
                if((dout_r<=9'd50)&&({up,down}==2'b01))
                    dout_r<=6'd50;
                else if((dout_r>=9'd450)&&({up,down}==2'b10))
                    dout_r<=9'd450;
                else
                    begin
                        case({up,down})
                            2'b00 : dout_r<=dout_r;
                            2'b01 : dout_r<=dout_r-1;
                            2'b10 : dout_r<=dout_r+1;
                            2'b11 : dout_r<=dout_r;
                        endcase
                    end
        end
    end
```

9.3 基于 FPGA 的变频电源控制电路的设计

```
    end
    assign dout=dout_r;
endmodule
```

3. 比较器模块

代码清单：比较器模块代码

```
module  mycomp(clk,rstn,dtri,dcnt,dcpwm);
input       clk;
input       rstn;
input[8:0]  dtri;
input[8:0]  dcnt;
output      dcpwm;
reg         dcpwm_r;
always@(posedge clk or negedge rstn)
begin
    if(!rstn)
        dcpwm_r<=0;
    else
    begin
        if(dtri>=dcnt)
            dcpwm_r<=1'b0;
        else
            dcpwm_r<=1'b1;
    end
end
assign  dcpwm=dcpwm_r;
endmodule
```

仿真波形如图 9.13 所示，当按扫描电路扫描到数字板上的按钮被按下时，信

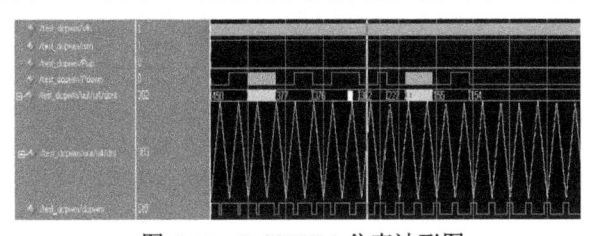

图 9.13 DCPWM 仿真波形图

号 Pup 或 Pdown 被拉高，设定值 dcnt 递增 1 或递减 1，输出波形 dcpwm 的占空比会相应发生变化。

9.4 变频电源的性能测试及分析

应用上述理论和设计思路，研制了一台变频电源如图 9.14 所示。

图 9.14 基于 FPGA 变频电源电路

9.4.1 变频电源的性能

变频电源主要的性能指标如下：

交流输入：220V；50Hz

DC 母线电压输出：0~40V

最大 DC 电流输出：2A

输出 AC 电压频率：0~100Hz 可调

频率调节精度：0.1Hz

输出最大 AC 电流 (低压)：5A

长期可工作功率：70W

变频电源中所使用的部分元件和芯片型号如表 9.5 所示。

表 9.5 变频电源部分元件和芯片

主要器件	型号
FPGA	XC3S400
FGPA 电源芯片	MAX1951
整流二极管	IN5408
PWM 芯片	UC3842
三端稳压器	TL431
光电隔离器	TLP521

续表

主要器件	型号
功率开关管	IRFZ44N
SPWM 驱动芯片	IR2101
双运放芯片	LM358
PWM 驱动芯片	MAX627

9.4.2 变频电源测试结果及分析

当母线电压为 40V，设定输出的正弦波频率为 10Hz 和 100Hz 时，分别用示波器测试变频电源输出的波形如图 9.15 和图 9.16 所示。

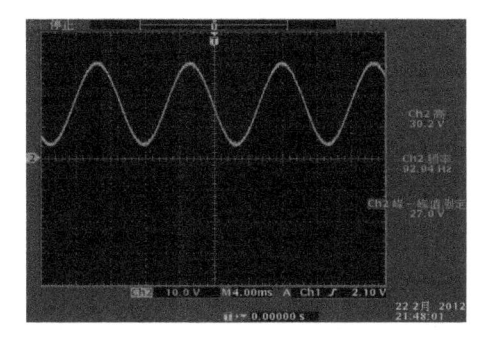

图 9.15 10Hz 的相电压 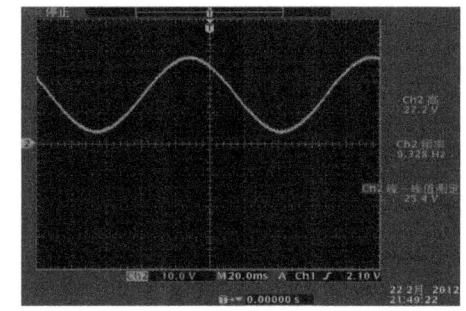   图 9.16 100Hz 的相电压

本章设计的三路 SPWM 波，能够同时输出三路相位相差 120° 的正弦波信号，用双通道示波器测试不同频率设置下的波形如图 9.17 和图 9.18 所示。

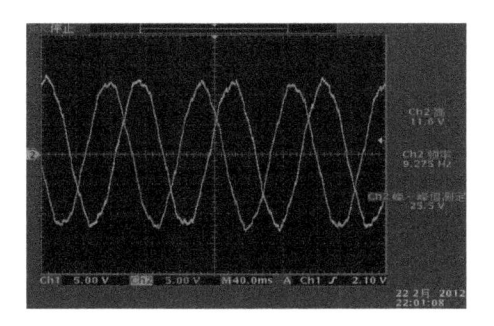

图 9.17 10Hz 的 U 相和 V 相 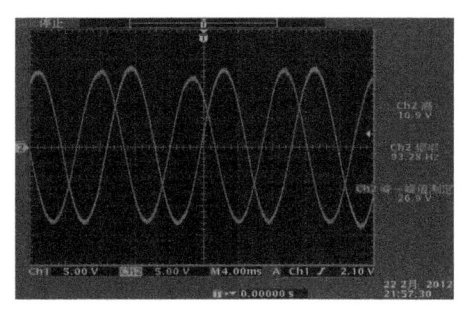   图 9.18 100Hz 的 U 相和 V 相

第10章　电子设计竞赛综合实例

本章将以第十届全国大学生电子设计竞赛 F 题为例，阐述基于 FPGA 的数字系统设计的完整过程。希望能够抛砖引玉，启发创造性思维，引导读者通过具体设计实践锻炼自己的综合设计能力，这种能力无法通过书本直接获得，只有在具体的设计实践中有意识地积累经验，并不断地将之付诸实践才有可能真正掌握。

10.1　第十届全国大学生电子设计竞赛 F 题

10.1.1　任务

设计一个简易数字信号传输性能分析仪，实现数字信号传输性能测试；同时，设计三个低通滤波器和一个伪随机信号发生器用来模拟传输信道。简易数字信号传输性能分析仪的框图如图 10.1 所示。图中，V_1 和 $V_{1\text{-clock}}$ 是数字信号发生器产生的数字信号和相应的时钟信号；V_2 是经过滤波器滤波后的输出信号；V_3 是伪随机信号发生器产生的伪随机信号；V_{2a} 是 V_2 信号与经过电容 C 的 V_3 信号之和，作为数字信号分析电路的输入信号；V_4 和 $V_{4\text{-syn}}$ 是数字信号分析电路输出的信号和提取的同步信号。

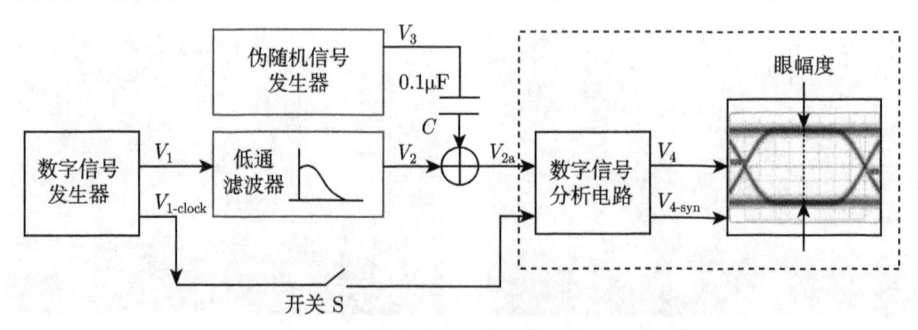

图 10.1　简易数字信号传输性能分析仪框图

10.1.2　要求

1) 基本要求

(1) 设计并制作一个数字信号发生器：

① 数字信号 V_1 为 $f_1(x)=1+x^2+x^3+x^4+x^8$ 的 m 序列，其时钟信号为

$V_{1\text{-clock}}$；

② 数据率为 10~100kbps，按 10kbps 步进可调。数据率误差绝对值不大于 1%；

③ 输出信号为 TTL 电平。

(2) 设计三个低通滤波器，用来模拟传输信道的幅频特性：

① 每个滤波器带外衰减不少于 40dB/十倍频程；

② 三个滤波器的截止频率分别为 100kHz、200kHz、500kHz，截止频率误差绝对值不大于 10%；

③ 滤波器的通带增益 A_F 在 0.2~4.0 范围内可调。

(3) 设计一个伪随机信号发生器用来模拟信道噪声：

① 伪随机信号 V_3 为 $f_2(x) = 1 + x + x^4 + x^5 + x^{12}$ 的 m 序列；

② 数据率为 10Mbps，误差绝对值不大于 1%；

③ 输出信号峰峰值为 100mV，误差绝对值不大于 10%。

(4) 利用数字信号发生器产生的时钟信号 $V_{1\text{-clock}}$ 进行同步，显示数字信号 V_{2a} 的信号眼图，并测试眼幅度。

2) 发挥部分

(1) 要求数字信号发生器输出的 V_1 采用曼彻斯特编码。

(2) 要求数字信号分析电路能从 V_{2a} 中提取同步信号 $V_{4\text{-syn}}$ 并输出；同时，利用所提取的同步信号 $V_{4\text{-syn}}$ 进行同步，正确显示数字信号 V_{2a} 的信号眼图。

(3) 要求伪随机信号发生器输出信号 V_3 幅度可调，V_3 的峰峰值范围为 100mV~TTL 电平。

(4) 改进数字信号分析电路，在尽量低的信噪比下能从 V_{2a} 中提取同步信号 $V_{4\text{-syn}}$，并正确显示 V_{2a} 的信号眼图。

(5) 其他。

10.1.3 说明

(1) 在完成基本要求时，数字信号发生器的时钟信号 $V_{1\text{-clock}}$ 送给数字信号分析电路 (图 10.1 中开关 S 闭合)；而在完成发挥部分时，$V_{1\text{-clock}}$ 不允许送给数字信号分析电路 (开关 S 断开)。

(2) 要求数字信号发生器和数字信号分析电路各自制作一块电路板。

(3) 要求 V_1、$V_{1\text{-clock}}$、V_2、V_{2a}、V_3 和 $V_{4\text{-syn}}$ 信号预留测试端口。

(4) 基本要求 (1) 和 (3) 中的两个 m 序列，根据所给定的特征多项式 $f_1(x)$ 和 $f_2(x)$，采用线性移位寄存器发生器来产生。

(5) 基本要求 (2) 的低通滤波器要求使用模拟电路实现。

(6) 眼图显示可以使用示波器，也可以使用自制的显示装置。

10.2 参考设计

这个题设计内容较多，其中核心内容在 CPLD/FPGA 上实现：
(1) 频率可调的 m 序列；
(2) 曼彻斯特码编码电路；
(3) 从曼彻斯特码提取同步时钟的电路；
(4) 进一步根据时钟恢复出 m 序列的电路。

以下用原理图输入和 Verilog HDL 相结合的手段，在 Altera 公司 Cyclone 系列最小的一款 FPGA——EP1C3 上分模块实现上述电路。

10.2.1 频率可调时钟产生电路

对于主频达到 10MHz 以上的 FPGA 而言，实现 100kHz 以下的分频输出，且误差达到 1% 以下难度不大。需要注意的是"频率可调"的要求，我们采用如图 10.2 所示的拨码开关来实现可调输入的要求。图 10.2 所示的开关有四个二进制位，刚好采用 8421BCD 码输入对应 10~100kHz 的输出，而步进值为 10kHz。

图 10.2 拨码开关

代码清单: 频率可调时钟产生模块代码

```
module  m_clk (input clk,              //外部输入时钟
               input rst_n,            //低电平复位信号
               input[3:0] frq_sw,      //十档开关
               output mclk );          //输出频率可调时钟
//十档开关对应的十个分频系数
parameter DIV_CONST_1 = 10'd999;       //10kHz@20MHz
parameter DIV_CONST_2 = 10'd499;       //20kHz@20MHz
parameter DIV_CONST_3 = 10'd332;       //30kHz@20MHz
parameter DIV_CONST_4 = 10'd249;       //40kHz@20MHz
parameter DIV_CONST_5 = 10'd199;       //50kHz@20MHz
```

10.2 参 考 设 计

```verilog
parameter DIV_CONST_6 = 10'd166;       //60kHz@20MHz
parameter DIV_CONST_7 = 10'd142;       //70kHz@20MHz
parameter DIV_CONST_8 = 10'd124;       //80kHz@20MHz
parameter DIV_CONST_9 = 10'd110;       //90kHz@20MHz
parameter DIV_CONST_10 = 10'd99;       //100kHz@20MHz

reg[10:0]   div_reg;                   //分频计数值
reg[10:0]   max_div_reg;
reg         mclk_reg;
assign      mclk=mclk_reg;
always@(posedge clk or negedge rst_n)begin
if(!rst_n)
begin
        mclk_reg=0;
        div_reg=0;
        max_div_reg=DIV_CONST_1;
end
else
begin
        if(div_reg < max_div_reg)
            div_reg=div_reg+1;
        else begin
            mclk_reg=~mclk_reg;
            div_reg=0;
            case(frq_sw)
                1:max_div_reg=DIV_CONST_1;
                2:max_div_reg=DIV_CONST_2;
                3:max_div_reg=DIV_CONST_3;
                4:max_div_reg=DIV_CONST_4;
                5:max_div_reg=DIV_CONST_5;
                6:max_div_reg=DIV_CONST_6;
                7:max_div_reg=DIV_CONST_7;
                8:max_div_reg=DIV_CONST_8;
                9:max_div_reg=DIV_CONST_9;
                10:max_div_reg=DIV_CONST_10;
```

```
                    default:max_div_reg=DIV_CONST_1;
                endcase
            end
      end
    end
endmodule
```

在以上代码中，每个时钟节拍除检测计数器是否达到设定的门限值，并在达到门限值时使输出发生翻转外，同时还在每个时钟节拍根据四位拨码开关的值更新计数的门限值，以达到实时根据输出调整输出频率的作用。以上电路产生的输出 mclk 即图 10.1 所示的 $V_{1\text{-clock}}$。

10.2.2 m 序列产生电路

m 序列是根据生产多项式，由环形计数器产生的伪随机序列。图 10.1 中所示的 V_1 和 V_3 是由 m 序列生成器产生的 m 序列。描述 V_1 的产生电路如图 10.3 所示。采用 Quartus II 的原理图输入法或参考 5.2 节内容实现。

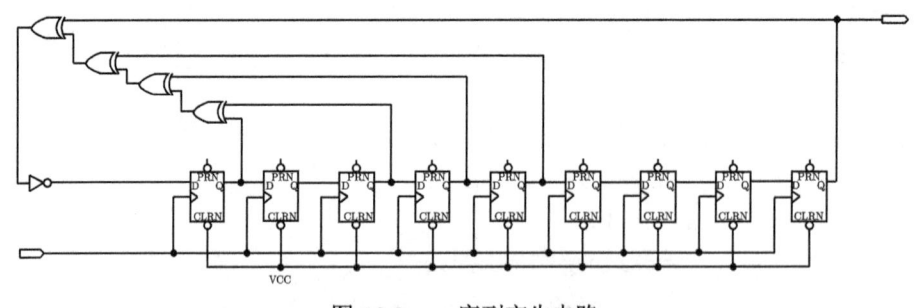

图 10.3 m 序列产生电路

根据 V_1 的生成多项式：$f_1(x) = 1 + x^2 + x^3 + x^4 + x^8$，从环形计数器的第 0、2、3、4 和 8 个 D 触发器的输出端引出信号做异或运算，产生环形计数器的反馈输入。但若直接采用异或结果作为反馈输出，则当电路初始状态为全 0 时电路无法自启动，因此在环路中加入反相器 inst20。V_3 的产生办法与 V_1 类似，这里不再赘述。

10.2.3 曼彻斯特码产生电路

曼彻斯特码是一种编码，优点在于把静态的高低电平，转换成了动态的"边沿"。这使得数据流中即使出现多个码元连续为 0 或 1 的情况，也不会使对应的曼彻斯特码变为直流信号。既方便了曼彻斯特码在信道中的传输，又使其具备了在传

10.2 参考设计

输数据的同时传输同步时钟的能力。

由于在信道中采用异步通信方式,数据在变成曼彻斯特码后,每个位 (或称为每个 "码元") 的时间长度必须是严格相等的,且必须和同步时钟完全同步。在本例中所使用的 "同步时钟" 就是第一部分产生的可调时钟 $V_{1\text{-clock}}$。

曼彻斯特码的编码方式总结起来只有一句非常重要的话:将高电平的码元转换为一个上升沿,将低电平的码元转换为一个下降沿。而这个代表高/低电平的上升/下降沿也就发生在同步时钟的下降沿处,如图 10.4 所示。

图 10.4 曼彻斯特码的编码方法

为了在每个同步时钟周期的下降沿 (第二个边沿) 时产生一个代表数据信息的上升/下降沿,必须在每个时钟周期开始时 (即时钟的上升沿时),就做好准备:如果数据信息是高电平,则在时钟开始的上升沿时刻,必须将曼彻斯特码变为低电平,以方便时钟下降沿时产生所需的上升沿;如果数据是低电平,则在时钟开始的时刻,必须将曼彻斯特码变为高电平。至此,可以得到一个在解决本赛题过程中很有用的一个结论:曼彻斯特码是由长度为 $1/2 \times T_{ck}$ (设同步时钟周期为 T_{ck}) 和 T_{ck} 的高低电平组成的。如果数据是连续的高电平或低电平,则曼彻斯特码将出现连续多个长度为 $1/2 \times T_{ck}$ 高低电平;如果数据信息由 0 变为 1,则将在两个码元交替处,出现长度为 T_{ck} 的低电平;如果数据信息由 1 变为 0,则将在两个码元交替处,出现长度为 T_{ck} 的高电平。

理解了曼彻斯特码的编码原理,由数据 (m 序列) 产生曼彻斯特码也就很容易了:在同步时钟的前半个周期 (此时时钟为高电平),曼彻斯特码为数据求反;在时钟的后半个周期,曼彻斯特码就是数据的原。可以发现,曼彻斯特码就是数据与时钟的异或。

10.2.4 从曼彻斯特码提取已知频率的同步时钟的电路

本赛题发挥部分 (2) 要求从曼彻斯特码信号 V_{2a} 中提取同步信号 $V_{4\text{-syn}}$,从基本要求部分 (1) 可知曼彻斯特码的同步信号是一个变频的时钟信号。将问题的难度分解:我们先在已知时钟频率的条件下提取同步信号 $V_{4\text{-syn}}$,下一小节再在不知时钟频率的条件下恢复同步时钟。

根据上小节的描述可知，曼彻斯特码是由长度为 $1/2 \times T_{ck}$ 和 T_{ck} 的高低电平组成的，而时钟则全部是由 $1/2 \times T_{ck}$ 组成。要想从曼彻斯特码中提取同步时钟需要：①在每次曼彻斯特码变化时也翻转恢复出同步时钟信号；②若曼彻斯特码不变化的时间长度超过 $1/2 \times T_{ck}$，则需要自动将同步时钟信号翻转一次。

上述条件只构成提取 $V_{4\text{-syn}}$ 的必要条件，要正确地恢复同步时钟信号，还必须完成以下功能的电路：①计算时钟频率，也就是 T_{ck} 长度的电路。只有知道 T_{ck}，才能在曼彻斯特码达到 $1/2 \times T_{ck}$ 而不翻转时，自动翻转时钟信号。如前所述，这一步我们留到下一小节再展开。②纠正时钟相位的电路。因为到目前为止，我们只知道在何时翻转同步时钟信号，但究竟是向高电平翻转还是向低电平翻转还不知道。而如果产生混淆，则会使时钟相位和实际相位相反，从而造成曼彻斯特码解析错误。

解决相位问题的关键，在于某一电平持续时间为 T_{ck} 时，仔细考虑产生这种情形的条件——如前所述，该情形只发生在前一个码元的数据信息和后一个码元的数据信息不相同的条件下，而绝不可能发生在一个码元的中部(因为曼彻斯特码的码元中部一定存在一个上升/下降沿)。根据图 10.4，每一个码元都和一个同步时钟周期严格对应，这种情形所对应的同步时钟翻转一定是上升沿(即同步时钟的起始相位)。根据上述判断，只要将曼彻斯特码提取同步时钟的"必要条件"(b) 调整为"若曼彻斯特码不变化的时间长度超过 $1/2 \times T_{ck}$，则需要自动将同步时钟信号置位"即可实现同步时钟提取。

代码清单：从曼彻斯特码提取已知频率的同步时钟的程序代码

```
module  mcst_dcode_clk (input clk,           //频率为20MHz的主时钟
                        input mcst,          //曼彻斯特码
                        input[3:0] frq_sw,
                               //决定曼彻斯特码的码率的开关信号
                        output mclk ) ;      //输出是恢复出的时钟
//以下各种码率对应的延迟时间，根据拨码开关选择频率
    parameter DLY_CONST_1 = 10'd1009;        //10kHz@20MHz
    parameter DLY_CONST_2 = 10'd509;         //20kHz@20MHz
    parameter DLY_CONST_3 = 10'd342;         //30kHz@20MHz
    parameter DLY_CONST_4 = 10'd259;         //40kHz@20MHz
    parameter DLY_CONST_5 = 10'd209;         //50kHz@20MHz
    parameter DLY_CONST_6 = 10'd176;         //60kHz@20MHz
    parameter DLY_CONST_7 = 10'd152;         //70kHz@20MHz
    parameter DLY_CONST_8 = 10'd134;         //80kHz@20MHz
    parameter DLY_CONST_9 = 10'd120;         //90kHz@20MHz
```

10.2 参考设计

```verilog
    parameter DLY_CONST_10 = 10'd109;          //100kHz@20MHz
    reg[10:0] delay_timer_reg;  //用于定时产生一个码元时间长度的计数器
    reg    mclk_reg;
    reg    pre_mcst;         //记录上一个时钟周期中输入的曼彻斯特码信号
                             的状态，以便比较检测出曼彻斯特码的变化
    reg[10:0]   max_dly_reg; //从外部拨码开关中读入数值，
                             以决定延时的脉冲数值
assign mclk = mclk_reg;
always@(posedge clk)
begin
//在20MHz的时钟节拍下，每拍都检测一下拨码开关的状态，以决定延时时间
        case(frq_sw)
        0:max_dly_reg=DLY_CONST_1;
        1:max_dly_reg=DLY_CONST_2;
        2:max_dly_reg=DLY_CONST_3;
        3:max_dly_reg=DLY_CONST_4;
        4:max_dly_reg=DLY_CONST_5;
        5:max_dly_reg=DLY_CONST_6;
        6:max_dly_reg=DLY_CONST_7;
        7:max_dly_reg=DLY_CONST_8;
        8:max_dly_reg=DLY_CONST_9;
        9:max_dly_reg=DLY_CONST_10;
        default:max_dly_reg=DLY_CONST_1;
        endcase
//通过当前和上个时钟节拍的曼彻斯特码是否相同来判断曼彻斯特码是否出现
  边沿
if(pre_mcst^mcst == 1)
begin
    mclk_reg= ~mclk_reg;
    delay_timer_reg=0;
end
    pre_mcst =mcst;    //保存当前曼彻斯特码，以方便下一次判断边沿使用
    delay_timer_reg = delay_timer_reg+1;
    //超过 1/2×$T_{ck}$ 还没有脉冲来，需要将同步时钟置位，
      注意这里一定是开始一个新的时钟周期，所以只需置位，而非翻转
```

```
            if(delay_timer_reg>=max_dly_reg)
        begin
                delay_timer_reg=0;
                mclk_reg=1;
        end
    end
endmodule
```

以上代码描述的硬件电路虽然不能从曼彻斯特码一开始就保证恢复出正确相位的同步时钟,但可以保证在曼彻斯特码出现第一个持续 T_{ck} 的电平后 (即数据信息出现一个 0 到 1,或 1 到 0 的变化后),就将时钟校正到正确的相位。

10.2.5 从曼彻斯特码中恢复数据的电路

通过上一小节描述的电路,已经可以从曼彻斯特码中提取数据同步时钟,根据题意,还需要从曼彻斯特码中进一步恢复出数据 (即本赛题中的 m 序列 V_1)。

由于已经有了相位正确的同步时钟,只需要找出同步时钟的上升沿,就可以找到每个码元的起始时刻和结束时刻。由于数据码元 1 对应上升沿,0 对应下降沿,所以在每个码元刚开始时,如果数据是 1,则这个码元的数据信息一定是 0(准备在码元的中间产生上升沿);如果数据是 0,则这个码元的数据信息一定是 1(准备在码元的中间产生下降沿)。综上,从曼彻斯特码恢复数据的电路就是能够"在同步时钟的每个上升沿读入曼彻斯特码,并将其取反后保持到下一个上升沿的电路"。

代码清单:曼彻斯特码中恢复数据代码

```
module decode_mcst(input mcst,              //待解码的曼彻斯特码
                    input mcst_clk,         //数据同步时钟
                    input clk,              //输入的20MHz高频时钟
                    output sgn,             //解码后得到的数据信息
                    output wire up_edge_wire);//同步时钟上升沿标志,
                                            //   便于观测和仿真
                                            //持续1个20MHz时钟周期
    reg    pre_mcst_clk ;                   //同步时钟的缓存寄存器
    reg    sgn_reg;                         //输出寄存器
    assign    up_edge_wire = (pre_mcst_clk^mcst_clk)&(mcst_clk);
                                            //检测到同步时钟的上升沿

    assign    sgn = sgn_reg;
    always@(posedge clk)
```

10.2 参考设计

```
begin
if(up_edge_wire == 1)
begin
    sgn_reg = ~ mcst;
end
pre_mcst_clk = mcst_clk;    //对当前同步时钟状态进行缓存
end
endmodule
```

10.2.6 从曼彻斯特码提取未知频率的同步时钟的电路

根据本赛题说明部分要求，在完成发挥部分时，$V_{1\text{-clock}}$ 不允许送给数字信号分析电路，即图 10.1 中的开关 S 断开。也就是说，在完成发挥部分时，不能采用 10.2.4 中的方法直接得到 $1/2 \times T_{ck}$ 所对应的时钟周期数。当然反过来也就意味着，只要通过某种方法得到了同步时钟的频率或 T_{ck} 就可以采用 10.2.4 的方法来提取同步时钟。

从曼彻斯特码中求解同步时钟频率的方法，也可以从前述的有用结论"曼彻斯特码是由长度为 $1/2 \times T_{ck}$ 和 T_{ck} 的高低电平组成的"而来。这一结论提示我们，只要测出曼彻斯特码中较长 (或较短) 电平持续的时间，就可以判断出同步时钟的频率。另外，由于本题中同步时钟的频率只能在 10kHz, 20kHz, $\cdots$, 100kHz 等几个整数频率点中选择，可以将测量得到的电平持续时间，直接调整到最接近这些频率点的周期上，以提高系统的抗干扰能力。

在频率未知条件下提取同步时钟电路较复杂，为叙述简单明了起见，将其分解为 7 个功能相对独立的电路模块分别实现。

1. 边沿检测模块

本模块用于检测曼彻斯特码上出现的上升沿或下降沿，在前面的小节中已经两次用 Verilog HDL 实现过边沿检测。图 10.5 使用 3 个寄存器来实现相同功能，

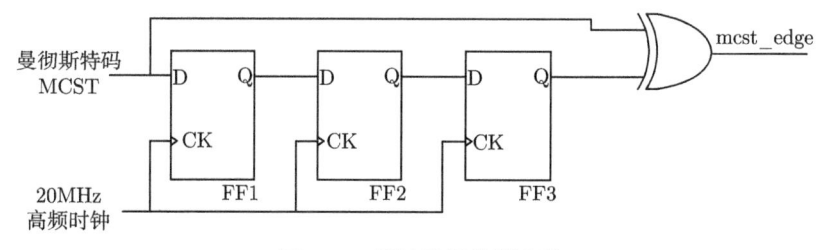

图 10.5 脉冲边沿检测电路

目的是加大标志边沿时间的脉冲 mcst_edge 宽度。

图 10.5 使用 20MHz 高频时钟作为时钟,能够检测寄存器 FF1 和 FF3 的输出是否相同,它将在曼彻斯特码 MCST 发生跳变的 3 个 CLK 时钟周期内输出高电平。

2. 曼彻斯特码脉冲宽度测量模块

本模块用于测量曼彻斯特码中每次电平跳变之间的宽度 (即"脉冲宽度"),其目的是方便后续模块选择其中较长者作为同步时钟周期 T_{ck}。具体实现方法是:在两个边沿检测脉冲 (mcst_edge) 之间,对 20MHz 的边沿检测脉冲计数。

代码清单:曼彻斯特码脉冲宽度测量代码

```verilog
module time_count(input clk,                    //外部输入的20MHz高频时钟
                  input mcst_edge,              //曼彻斯特码边沿
                  output [14:0] mcst_time);//计时结果
always@(posedge clk or posedge mcst_edge)
begin
    if(mcst_edge)
        mcst_time<=0;
    else
        mcst_time<=mcst_time+1;
end
endmodule
```

3. 曼彻斯特码脉冲宽度比较模块

本模块的作用是选取一定时间内,曼彻斯特码最长的脉冲宽度作为同步时钟周期 T_{ck}。由于上一个模块产生的脉冲宽度计数值 mcst_time 是一个随时间随时变化的值,必须增加一组锁存器 mcst_time_max[14:0],这组锁存器负责锁存之前比较得到的最长脉冲宽度,并在曼彻斯特码边沿到来的时刻再次存储比较得到的最大脉冲宽度。

代码清单:曼彻斯特码脉冲宽度比较代码

```verilog
module find_max_mcst_width( input [14:0] mcst_time,
                                            //上个模块产生的计数结果
                            input mcst,
                                            //输入的曼彻斯特码信号
                            input clr_mcst_time_n,
```

10.2 参考设计

```
                              //定期对寄存器清零的标志信号
                      output[14:0] mcst_time_max);
always@(negedge mcst or negedge clr_mcst_time_n)
                              //用曼彻斯特码信号作为工作时钟
if(!clr_mcst_time_n)
     mcst_time_max <=0;
else
     if(mcst_time_max < mcst_time)
         mcst_time_max <= mcst_time;
endmodule
```

另外,这里强调是在"一定时间内"的最长脉冲宽度,是因为根据题意曼彻斯特码的同步时钟频率 T_{ck} 可能随时调整:为防止同步时钟频率增加时(及 T_{ck} 降低时),比较结果无法随之更新,必须在"一定时间"后,将比较结果清零并开始重新测量 T_{ck}。上面代码中的 clr_mcst_time_n 就是负责在一定时间后对比较结果清零的信号。clr_mcst_width_n 产生的时间间隔一方面应满足系统实时性要求,另一方面不宜过短造成稳定性降低。

4. 定时清零模块

定时清零信号 clr_mcst_time_n 可由一个定时/计数器产生,计数脉冲可以选择 20MHz 高频脉冲,也可以选择曼彻斯特码信号 mcst。选择 20MHz 高频信号定时较准确,且定时时间固定不变,但会造成定时清零信号与曼彻斯特码信号失同步。选择曼彻斯特码信号 mcst 作为时钟,虽然使定时时间随数据信息和码率变化,但对系统性能不会造成决定性影响。

代码清单:定时清零代码

```
module clr_max_width(input mcst,      //曼彻斯特码信号
                     output clr_mcst_time_n);
                                      //产生的低电平清零信号
reg[10:0] count;
always@(posedge mcst)                 //用曼彻斯特码信号作为时钟
begin
if(count<1000)  begin
     count<=count+1;
     clr_mcst_time_n <=1;
end
```

```
    else    begin                    //当计数值达到后,产生一个脉冲的清零信号
            count<=0;
            clr_mcst_time_n <=0;
    end
end
endmodule
```

5. 脉冲宽度锁存模块

本小节的第 3 个模块 (曼彻斯特码脉冲宽度比较模块),会在曼彻斯特码的每个边沿刷新输出结果,为了提高系统的鲁棒性,不应该直接使用该模块输出的最大值 mcst_time_max 作为 T_{ck}。而应该在每次定时清零脉冲 (clr_mcst_time_n) 到来之前,使用上一个定时清零脉冲到来之前最大脉冲宽度。因此,应再增加一组最长脉冲宽度锁存器,它们在清零脉冲的控制下锁存 mcst_time_max 的值。

代码清单:脉冲宽度锁存代码

```
module lock_max_width(
                    input[14:0] mcst_time_max,
                                      //每个曼彻斯特码边沿刷新的计数值
                    input clr_mcst_time_n,         //定时清零脉冲
                    input rst_n,                   //全局复位信号
                    output[14:0] lock_mcst_width); //输出的锁存结果
always@(negedge clr_mcst_time_n or negedge rst_n)
                          //这组锁存器采用定时清零脉冲作为时钟
if(!rst_n)
    lock_mcst_width<=0;
else
        lock_mcst_width<=mcst_time_max;
endmodule
```

6. 频率编码模块

这是一组组合逻辑电路,其作用是将前面测到的曼彻斯特码最长脉冲宽度 (一段时间内的),折算成 10kHz, 10kHz, ···, 100kHz 的同步脉冲频率,并最终通过拨码开关得到的 8421BCD 码 1~10。

借鉴并行比较式 A/D 转换器 (Flash ADC) 的输出编码方式:先用一组 (共九个) 数码比较器分别对上一个模块锁存的结果 (lock_mcst_width) 和 "九个周期门

10.2 参考设计

槛"数值进行比较。结果一定是输入的周期门槛比 lock_mcst_width 大的几个数码比较器全部输出 1，而比 lock_mcst_width 小的几个频率门槛对应的数码比较器全部输出 0。随后只需要将所有比较结果送入优先编码器，即可得到频率编码的结果。

其中，"九个周期门槛"指可调频点周期长度之间的中点，它们对应的频率分别是：15kHz，25kHz，35kHz，45kHz，55kHz，65kHz，75kHz，85kHz，95kHz。

代码清单：频率编码代码

```
module comp_frq(input[14:0] lock_mcst_width,
                                        //测量得到的最大脉冲宽度
                output[3:0] frq_code);   //对应得到的可调频率宽度
output[14:0] frq_flag,
integer     i;
always@(*)                              //组合逻辑电路
begin
    if(lock_mcst_width>15'd1500)        //对应15kHz的周期
        frq_flag[0]<=0;
    else
        frq_flag[0]<=1;
    if(lock_mcst_width>15'd833)         //对应25kHz的周期
        frq_flag[1]<=0;
    else
        frq_flag[1]<=1;
    if(lock_mcst_width>15'd583)         //对应35kHz的周期
        frq_flag[2]<=0;
    else
        frq_flag[2]<=1;
    if(lock_mcst_width>15'd450)         //对应45kHz的周期
        frq_flag[3]<=0;
    else
        frq_flag[3]<=1;
    if(lock_mcst_width>15'd367)         //对应55kHz的周期
        frq_flag[4]<=0;
    else
        frq_flag[4]<=1;
    if(lock_mcst_width>15'd310)         //对应65kHz的周期
```

```
            frq_flag[5]<=0;
        else
            frq_flag[5]<=1;
        if(lock_mcst_width>15'd268)          //对应75kHz的周期
            frq_flag[6]<=0;
        else
            frq_flag[6]<=1;
        if(lock_mcst_width>15'd236)          //对应85kHz的周期
            frq_flag[7]<=0;
        else
            frq_flag[7]<=1;
        if(lock_mcst_width>15'd211)          //对应95kHz的周期
            frq_flag[8]<=0;
        else
            frq_flag[8]<=1;
        //以下是优先编码器
        frq_code[3:0]=0;
        for(i=0;i<=8;i=i+1)
            if(frq_flag[i]==1)
                frq_code[3:0]=i+1;
    end
endmodule
```

7. 从曼彻斯特码中恢复数据信息

根据以上几个模块的处理，已经可以根据发挥部分的要求，从曼彻斯特码中提取出产生该曼彻斯特码的同步时钟频率，并将其编码为 8421BCD。也就是说，直接用第五小节设计的电路，根据曼彻斯特码和同步时钟的 8421BCD 码来恢复数据信息 (m 序列) 已经可以了。恢复出的 m 序列送入示波器，即可得到信号眼图。

10.3 有源低通模拟滤波器的设计

本赛题基础部分要求设计一组低通滤波器来模拟传输信道的幅频特性，要求带外衰减不小于 40dB/十倍频程，截止频率分别为 100kHz、200kHz、500kHz，且增益在 0.2~4.0 范围内可调。由于滤波器传递函数模型每增加一阶会带来 20dB/十倍

10.3 有源低通模拟滤波器的设计

频程的带外衰减，也就意味着这组滤波器的阶数至少为二阶，为保证实现"带外衰减不小于 40dB/十倍频程"的要求，应使用不少于三阶的滤波器模型。即每个滤波器需要 3 个以上的储能元件 (一般使用电容)。若采用无源滤波器，则不太容易实现滤波器不同级之间的阻抗匹配，且无法做到大于 1 的增益。综上，我们选择通过运算放大器构成的三阶有源滤波器来实现题目要求的滤波器组。

目前，网络上有很多免费的有源滤波器设计软件，接下来我们使用 Microchip(微星) 公司的 FilterLab 软件来设计要求的滤波器。读者可以在微星公司的官方网站 (www.microchip.com) 免费下载这款 EDA 软件。打开 FilterLab 后，其主界面如图 10.6 所示，分为频率 (Frequency)、电路 (Circuit) 和仿真模型 (Spice) 三个页面。

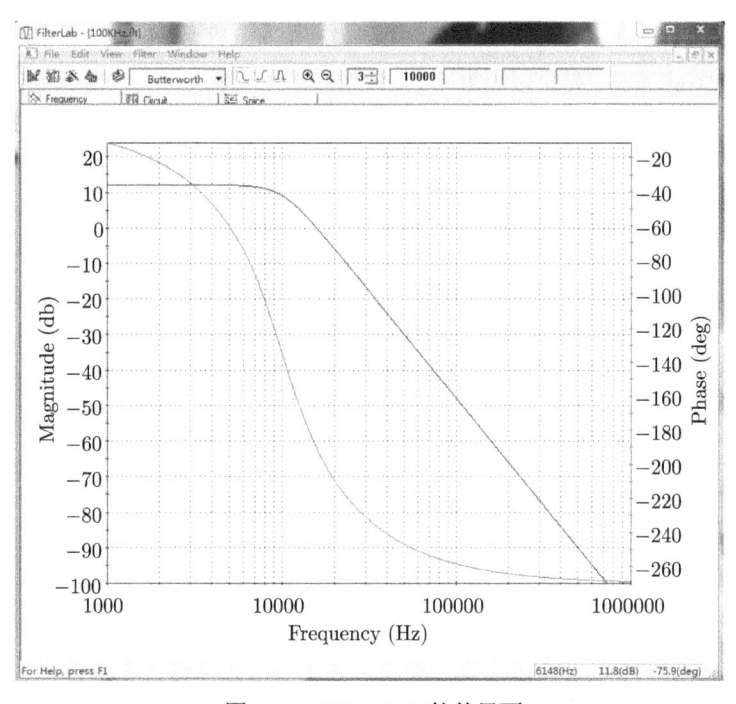

图 10.6　FilterLab 软件界面

单击左上角的 Filter Design 快捷按钮 (当然也可以从 Filter 菜单下选择)，打开 Filter Design 子窗口如图 10.7 和图 10.8 所示。

在 Filter Design 子窗口的第一页 "Filter Specification" 中我们可以确定有源滤波器的基本模型。首先指定滤波器类型为 Butterworth(巴特沃兹) 型，以获得最佳通带平坦度。虽然巴特沃兹型滤波器阻带衰减较慢，但 3 阶模型足以实现 40dB/十倍频程的指标。其次，选择低通滤波器 (Lowpass) 类型。最后填写总体增益 (Overall Filter Gain)，关于这个问题，还将在后面的配置中进一步分析。

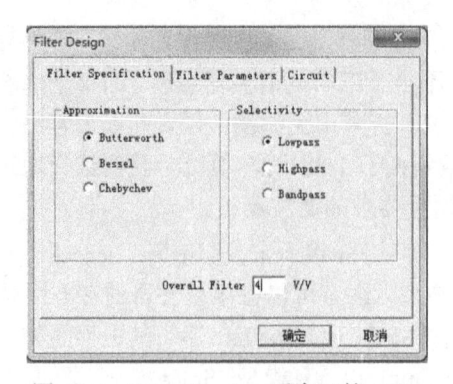

图 10.7　Filter Design 子窗口的 Filter Specification 页面

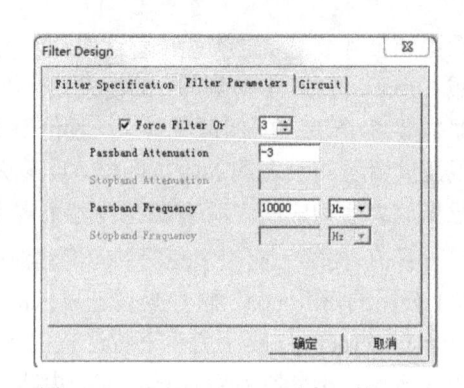

图 10.8　Filter Design 子窗口的 Filter Parameters 页面

Filter Parameters 页面可以配置有源滤波器的频率选择性。我们首先将 FilterLab 配置为指定滤波器阶数 (Force Filter Orders) 的设计模式，此时"阻带衰减"和"截止频率"两个对话框将变为不可用，只需指定滤波器阶数为 3，通带衰减为 −3dB，通带频率为 100kHz/200kHz/500kHz 即可。

Circuit 页面可以配置每一级 (Stage) 滤波器的电路的具体实现方式。如图 10.9 所示，首先可以选择滤波器的拓扑结构。与我们在经典教科书里学到的相同，可选的有源滤波器结构有 Sallen Key 和 MFB(无限增益多端反馈) 两种。对于实现本题要求的选频特性而言，两种拓扑结构都能实现。但值得注意的是：Sallen Key 结构由于采用同相输入结构，无法实现小于 1 的增益。因此将第一级的一阶低通滤波器配置为 MFB 结构，以实现信号的衰减。在滤波器的第一级衰减信号，有利于降低整个信号通路内的信号摆幅，提高对高频信号的抑制率。

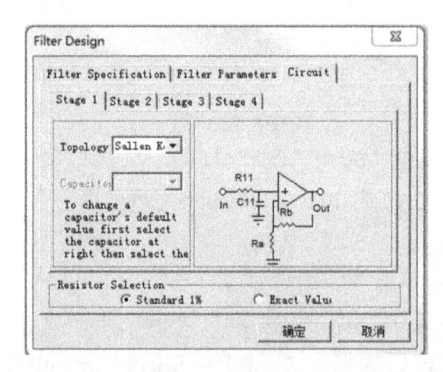

图 10.9　Filter Design 子窗口的 Circuit 页面

另外，FilterLab 软件还提供选择滤波器电容值的功能。如图 10.10 所示，单击 Circuit 页面右侧电路中的某一个电容后，左侧容值 (Capacity Value) 下拉就可以使用了，读者可以在该下拉框中选择常见的电容来使用，FilterLab 软件会自动根

10.3 有源低通模拟滤波器的设计

据滤波器频率特性来配置其余电阻值的大小。

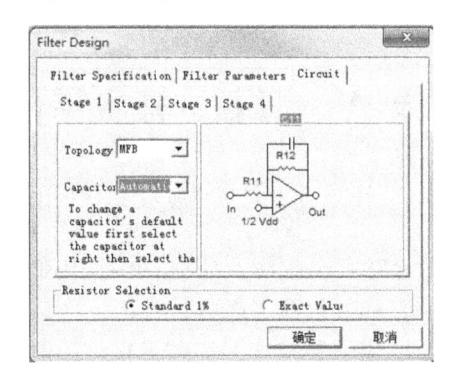

图 10.10　在 Circuit 页面指定滤波器的电容值

图 10.11 所示的是上述配置得到的滤波器。其幅频和相频特性如图 10.6 所示。

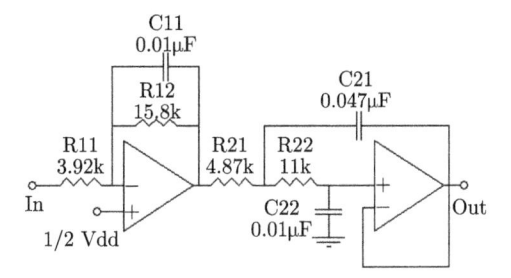

图 10.11　FilterLab 得到的 100kHz 低通滤波器

其中电阻 R11 或 R12 可使用电位器，以实现滤波器增益连续可调的要求，而其中出现的非标准电阻值，只能选择最接近的标准电阻代替。另外，由于滤波器要提供 500kHz 的通带频率，所使用的运算放大器应具有足够的小信号带宽和压摆率，应选择 MCP602x 等宽带运放，其中 MCP6023 还在内部提供 1/2Vdd 的参考电压，实现 MFB 结构的滤波器非常方便。

附录 A　DE2 开发平台

A.1　DE2 板上资源及硬件布局

DE2 是 Altera 公司针对大学教学及研究机构推出的 FPGA 多媒体开发平台。DE2 为用户提供了丰富的外设及多媒体特性，并具有灵活而可靠的外围接口设计。DE2 能帮助使用者迅速理解和掌握实时多媒体工业产品设计的技巧，并提供系统设计的验证。DE2 平台的实际和制造完全按照工业产品标准进行，可靠性很高。

图 A.1　实体图

A.1.1　DE2 平台上提供的资源

(1) Altera Cyclone II 系列的 EP2C35F672C6 FPGA U11，内含有 35000 个逻辑单元 (LE)。

(2) 主动串行配置器件 EPCS16U30。

(3) 板上内置用于编程调试和用户 API 设计的 USB Blaster，支持 JTAG 模式和 AS 模式；U25 是实现 USB Blaster 的 USB 接口芯片 FT245B；U26 是用以控制和实现 JTAG 模式和 AS 模式配置的 CPLD EPM3128，可以用 SW19 选择配置模式；USB 接口为 J9。

(4) 512K 字节 SRAM(U18)。

(5) 8M 字节 (1M×4×16)SDRAM(U17)。

(6) 1M 字节闪存 (可升级至 4M 字节)(U20)。

(7) SD 卡接口 (U19)。

(8) 4 个按键 KEY0~KEY3。

(9) 18 个拨动开关 SW0~SW17。

(10) 9 个绿色 LED 灯 LEDG0~LEDG8。

(11) 18 个红色 LED 灯 LEDR0~LEDR17。

(12) 两个板上时钟源 (50MHz 晶振 Y1 和 27MHz 晶振 Y3)，也可通过 J5 使用外部时钟。

(13) 24 为 CD 品质音频的编/解码器 WM8371(U1)，带有麦克风的输入插座 J1、线路输入插座 J2 和线路输出插座 J3。

(14) VGA DAC ADV7123(U34, 内含 3 个 10 位高速 DAC) 及 VGA 输出接口 J13。

(15) 支持 NTSC 和 PAL 制式的 TV 解码器 ADV7181B(U33) 及 TV 接口 J12。

(16) 10M/100M 以太网控制器 DM9000AE(U35) 及网络接口 J4。

(17) USB 主从控制器 ISP1362(U31) 及接口 (J10 和 J11)。

(18) RS232 收发器 MAX232(U15) 及 9 针连接器 J16。

(19) PS/2 鼠标/键盘连接器 J7。

(20) IRDA 收发器 U14。

(21) 带二极管保护的两个 40 脚扩展端口 JP1 和 JP2。

(22) 2×16 字符的 LCD 模块 U2。

(23) 平台通过插座 J8 接入直流 9 伏供电，SW18 为总电源开关。

(24) Altera 公司的第三方 Terasic 提供针对 DE2 平台的 130 万像素的 CCD 摄像头模块以及 320×240 点阵的彩色 LCD 模块，可通过 JP1 和 JP2 接入。

A.1.2　DE2 的硬件布局图

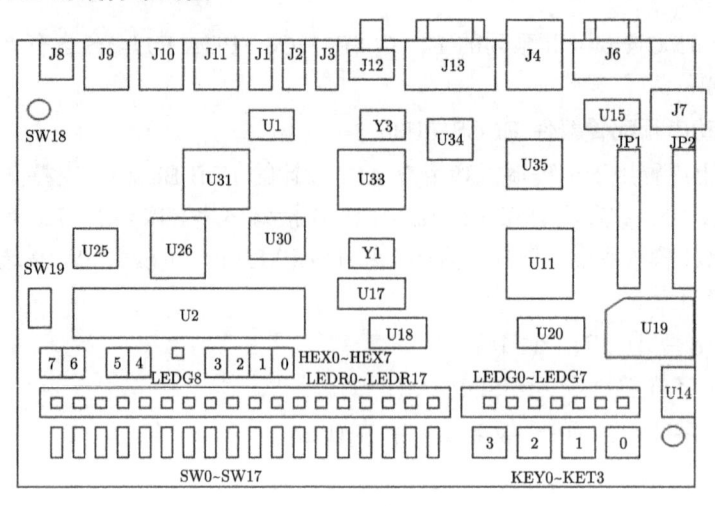

图 A.2　硬件布局图

A.2　DE2 电路组成

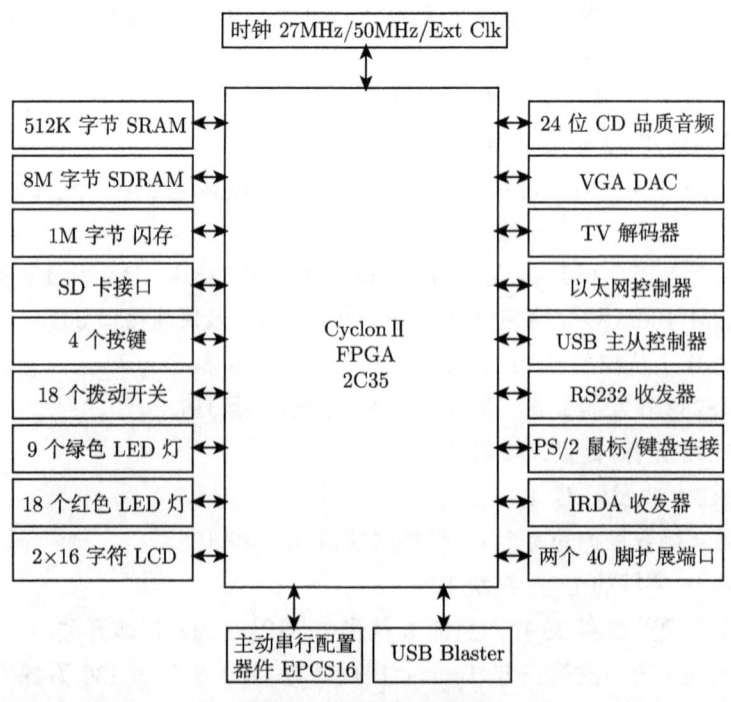

图 A.3　DE2 电路组成

A.2 DE2 电路组成

A.2.1 FPGA EP2C35F672

DE2 平台选用的 FPGA EP2C35F672 是 Altera 公司的 Cyclone II 系列产品之一。封装为 672 脚的 Fineline BGA，是 2C35 中引脚最多的封装，最多可以有 475 个 I/O 引脚供用户使用。

EP2C35F672，内含 33216 个逻辑单元 (LE)，片上有 105 个 M4K RAM 块，每个 M4K RAM 块由 4K(4096) 位的数据 RAM 加 512 位的校验位共 483840 位组成。EP2C35 片内有 35 个 18×18 的硬件乘法器，利用 Altera 公司提供的 DSP Builder 和其他 DSP 的 IP 库，可以用 EP2C35 低成本地实现数字信号。EP2C35 片上有 4 个 PLL(锁相环)，可实现多个时钟域。

A.2.2 USB Blaster 电路与主动串行配置器件

DE2 平台上内置了 USB Blaster 电路，使用方便而且可靠，只需要用一根 USB 电缆将电脑和 DE2 平台连接起来就可以进行调试。DE2 平台上的 USB Blaster 提供了 JTAG 下载与调试模式及主动串行 (AS) 编程模式。除此之外，DE2 平台附带的 DE2 控制面板软件通过 USB Blaster 与 FPGA 通信，可以方便地实现 DE2 的测试。

EP2C35 是基于 RAM 的可编程逻辑器件，器件掉电后，配置信息会完全丢失。FPGA 可以采用多种配置方式，如使用计算机终端并通过下载电缆直接下载配置数据的方式，以及利用电路板上的微处理器从存储器空间读取配置数据的配置方式。最通用的方法是使用专用配置器件。一般用 EPCS16 或 EPCS64 配置 EP2C35。

A.2.3 SRAM、SDRAM、FLASH 存储器及 SD 卡接口

DE2 平台提供各种常用的存储器，包含 1 片 8M 字节 SDRAM、1 片 512K 字节的 SRAM 和 1 片 4M 字节的 FLASH 存储器。另外，通过 SD 卡接口，可以使用 SPI 模式的 SD 卡作为存储介质，两个 40 引脚的插座 JP1 和 JP2 可以配置成 IDE 接口使用，从而可以连接大容量的存储介质。

SDRAM 与 EP2C35F672C6 连接的引脚分配见附录表，FLASH 与 EP2C35F-672C6 连接的引脚分配见附录表，SRAM 与 EP2C35F672C6 连接的引脚分配见附录表。

DE2 平台上 SD 卡可以支持两种模式，即 SD 卡模式和 SPI 模式。DE2 中按 SPI 模式接线，该模式与 SD 卡模式相比，速度较低，但使用非常简单。SD 卡接口引脚定义见附录表。

A.2.4 按键、波段开关、LED、七段数码管

DE2 平台提供了 4 个按键，所有按键都是用了施密特触发防抖动功能，按键按下是输出低电平，释放时恢复高电平。DE2 平台上有 18 个波段开关，用来设定电平状态。DE2 平台上有 9 个绿色的发光二极管和 18 个红色的发光二极管以及 8 个七段数码管。它们 EP2C35F672C6 连接的引脚分配参见附录表。

A.2.5 时钟源

DE2 平台上提供了两个时钟源：50MHz 及 27MHz。它们与 EP2C35F672C36 连接的引脚分配见附录表。

A.2.6 VGA DAC

DE2 平台的 Video DAC 选用了 Analog Device 公司的 ADV7123。ADV7123 由 3 个 10 位高速 DAC 组成，最高时钟速率为 240MHz。当 $f(CLK)=140MHz$，$f(OUT)=40MHz$ 时，DAC 的 SFDR(无杂散动态范围) 为 $-53dB$；当 $f(CLK) = 40MHz$，$f(OUT)=1MHz$ 时，DAC 的 SFDR 为 $-70dB$。ADV7123 的 BLANK 引脚可以用来输出空白屏幕。ADV7123 在 100Hz 的刷新率下最高分辨率为 1600×1200。引脚分配见附录表。

A.2.7 RS232、PS/2 鼠标/键盘连接器、IRDA 收发器

DE2 平台上集成了一个 3 线 RS232 串行接口、用以连接鼠标和键盘的 PS/2 接口以及一个最高速率可达 115.2kb/s 的红外收发器 IRDA。引脚分配见附录表。

A.2.8 LCD 模块

DE2 平台上有 1 个 16×2 的 LCD 模块，LCD 模块内嵌 ASCII 码字库，也可以自定义字库。引脚分配见附录表。

A.3 DE2 平台的开发环境

在正式使用 DE2 平台之前，需要在电脑上安装 Quartus II 和 Nios II 软件。本书使用的是 Quartus II 11.0 版本。

A.4　DE2 平台的扩展接口

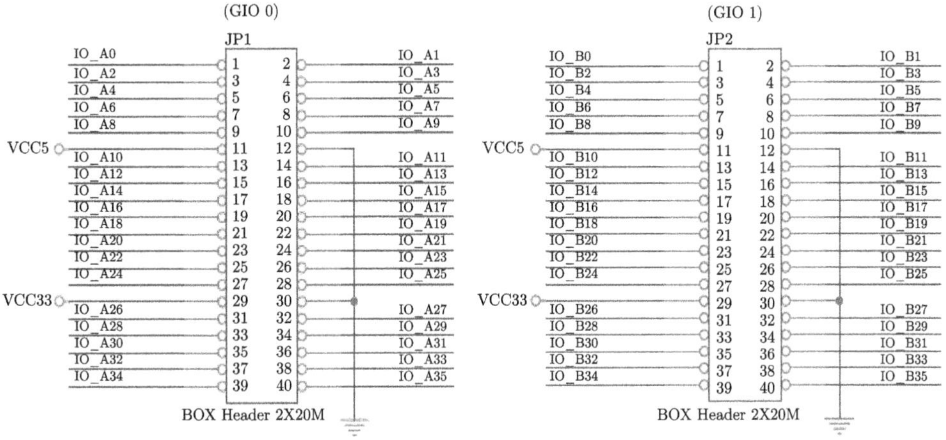

图 A.4　DE2 平台的扩展接口

A.5　DE2 平台上 EP2C35F672 的引脚分配表

A.5.1　SDRAM pin assignments

Signal Name	FPGA Pin No.	Description
DRAM_ADDR[0]	PIN_T6	SDRAM Address[0]
DRAM_ADDR[1]	PIN_V4	SDRAM Address[1]
DRAM_ADDR[2]	PIN_V3	SDRAM Address[2]
DRAM_ADDR[3]	PIN_W2	SDRAM Address[3]
DRAM_ADDR[4]	PIN_W1	SDRAM Address[4]
DRAM_ADDR[5]	PIN_U6	SDRAM Address[5]
DRAM_ADDR[6]	PIN_U7	SDRAM Address[6]
DRAM_ADDR[7]	PIN_U5	SDRAM Address[7]
DRAM_ADDR[8]	PIN_W4	SDRAM Address[8]
DRAM_ADDR[9]	PIN_W3	SDRAM Address[9]
DRAM_ADDR[10]	PIN_Y1	SDRAM Address[10]
DRAM_ADDR[11]	PIN_V5	SDRAM Address[11]
DRAM_DQ[0]	PIN_V6	SDRAM Data[0]
DRAM_DQ[1]	PIN_AA2	SDRAM Data[1]

DRAM_DQ[2]	PIN_AA1	SDRAM Data[2]
DRAM_DQ[3]	PIN_Y3	SDRAM Data[3]
DRAM_DQ[4]	PIN_Y4	SDRAM Data[4]
DRAM_DQ[5]	PIN_R8	SDRAM Data[5]
DRAM_DQ[6]	PIN_T8	SDRAM Data[6]
DRAM_DQ[7]	PIN_V7	SDRAM Data[7]
DRAM_DQ[8]	PIN_W6	SDRAM Data[8]
DRAM_DQ[9]	PIN_AB2	SDRAM Data[9]
DRAM_DQ[10]	PIN_AB1	SDRAM Data[10]
DRAM_DQ[11]	PIN_AA4	SDRAM Data[11]
DRAM_DQ[12]	PIN_AA3	SDRAM Data[12]
DRAM_DQ[13]	PIN_AC2	SDRAM Data[13]
DRAM_DQ[14]	PIN_AC1	SDRAM Data[14]
DRAM_DQ[15]	PIN_AA5	SDRAM Data[15]
DRAM_BA_0	PIN_AE2	SDRAM Bank Address[0]
DRAM_BA_1	PIN_AE3	SDRAM Bank Address[1]
DRAM_LDQM	PIN_AD2	SDRAM Low-byte Data Mask
DRAM_UDQM	PIN_Y5	SDRAM High-byte Data Mask
DRAM_RAS_N	PIN_AB4	SDRAM Row Address Strobe
DRAM_CAS_N	PIN_AB3	SDRAM Column Address Strobe
DRAM_CKE	PIN_AA6	SDRAM Clock Enable
DRAM_CLK	PIN_AA7	SDRAM Clock
DRAM_WE_N	PIN_AD3	SDRAM Write Enable
DRAM_CS_N	PIN_AC3	SDRAM Chip Select

A.5.2　FLASH pin assignments

Signal Name	FPGA Pin No.	Description
FL_ADDR[0]	PIN_AC18	FLASH Address[0]
FL_ADDR[1]	PIN_AB18	FLASH Address[1]
FL_ADDR[2]	PIN_AE19	FLASH Address[2]
FL_ADDR[3]	PIN_AF19	FLASH Address[3]
FL_ADDR[4]	PIN_AE18	FLASH Address[4]
FL_ADDR[5]	PIN_AF18	FLASH Address[5]
FL_ADDR[6]	PIN_Y16	FLASH Address[6]
FL_ADDR[7]	PIN_AA16	FLASH Address[7]

FL_ADDR[8]	PIN_AD17	FLASH Address[8]
FL_ADDR[9]	PIN_AC17	FLASH Address[9]
FL_ADDR[10]	PIN_AE17	FLASH Address[10]
FL_ADDR[11]	PIN_AF17	FLASH Address[11]
FL_ADDR[12]	PIN_W16	FLASH Address[12]
FL_ADDR[13]	PIN_W15	FLASH Address[13]
FL_ADDR[14]	PIN_AC16	FLASH Address[14]
FL_ADDR[15]	PIN_AD16	FLASH Address[15]
FL_ADDR[16]	PIN_AE16	FLASH Address[16]
FL_ADDR[17]	PIN_AC15	FLASH Address[17]
FL_ADDR[18]	PIN_AB15	FLASH Address[18]
FL_ADDR[19]	PIN_AA15	FLASH Address[19]
FL_ADDR[20]	PIN_Y15	FLASH Address[20]
FL_ADDR[21]	PIN_Y14	FLASH Address[21]
FL_DQ[0]	PIN_AD19	FLASH Data[0]
FL_DQ[1]	PIN_AC19	FLASH Data[1]
FL_DQ[2]	PIN_AF20	FLASH Data[2]
FL_DQ[3]	PIN_AE20	FLASH Data[3]
FL_DQ[4]	PIN_AB20	FLASH Data[4]
FL_DQ[5]	PIN_AC20	FLASH Data[5]
FL_DQ[6]	PIN_AF21	FLASH Data[6]
FL_DQ[7]	PIN_AE21	FLASH Data[7]
FL_CE_N	PIN_V17	FLASH Chip Enable
FL_OE_N	PIN_W17	FLASH Output Enable
FL_RST_N	PIN_AA18	FLASH Reset
FL_WE_N	PIN_AA17	FLASH Write Enable

A.5.3 SRAM pin assignments

Signal Name	FPGA Pin No.	Description
SRAM_ADDR[0]	PIN_AE4	SRAM Address[0]
SRAM_ADDR[1]	PIN_AF4	SRAM Address[1]
SRAM_ADDR[2]	PIN_AC5	SRAM Address[2]
SRAM_ADDR[3]	PIN_AC6	SRAM Address[3]
SRAM_ADDR[4]	PIN_AD4	SRAM Address[4]
SRAM_ADDR[5]	PIN_AD5	SRAM Address[5]

SRAM_ADDR[6]	PIN_AE5	SRAM Address[6]
SRAM_ADDR[7]	PIN_AF5	SRAM Address[7]
SRAM_ADDR[8]	PIN_AD6	SRAM Address[8]
SRAM_ADDR[9]	PIN_AD7	SRAM Address[9]
SRAM_ADDR[10]	PIN_V10	SRAM Address[10]
SRAM_ADDR[11]	PIN_V9	SRAM Address[11]
SRAM_ADDR[12]	PIN_AC7	SRAM Address[12]
SRAM_ADDR[13]	PIN_W8	SRAM Address[13]
SRAM_ADDR[14]	PIN_W10	SRAM Address[14]
SRAM_ADDR[15]	PIN_Y10	SRAM Address[15]
SRAM_ADDR[16]	PIN_AB8	SRAM Address[16]
SRAM_ADDR[17]	PIN_AC8	SRAM Address[17]
SRAM_DQ[0]	PIN_AD8	SRAM Data[0]
SRAM_DQ[1]	PIN_AE6	SRAM Data[1]
SRAM_DQ[2]	PIN_AF6	SRAM Data[2]
SRAM_DQ[3]	PIN_AA9	SRAM Data[3]
SRAM_DQ[4]	PIN_AA10	SRAM Data[4]
SRAM_DQ[5]	PIN_AB10	SRAM Data[5]
SRAM_DQ[6]	PIN_AA11	SRAM Data[6]
SRAM_DQ[7]	PIN_Y11	SRAM Data[7]
SRAM_DQ[8]	PIN_AE7	SRAM Data[8]
SRAM_DQ[9]	PIN_AF7	SRAM Data[9]
SRAM_DQ[10]	PIN_AE8	SRAM Data[10]
SRAM_DQ[11]	PIN_AF8	SRAM Data[11]
SRAM_DQ[12]	PIN_W11	SRAM Data[12]
SRAM_DQ[13]	PIN_W12	SRAM Data[13]
SRAM_DQ[14]	PIN_AC9	SRAM Data[14]
SRAM_DQ[15]	PIN_AC10	SRAM Data[15]
SRAM_WE_N	PIN_AE10	SRAM Write Enable
SRAM_OE_N	PIN_AD10	SRAM Output Enable
SRAM_UB_N	PIN_AF9	SRAM High-byte Data Mask
SRAM_LB_N	PIN_AE9	SRAM Low-byte Data Mask
SRAM_CE_N	PIN_AC11	SRAM Chip Eable

A.5.4 SD card pin assignments

Signal Name	FPGA Pin No.	Description
SD_DAT	PIN_AD24	SD Card Data[0]
SD_DAT3	PIN_AC23	SD Card Data[3]
SD_CMD	PIN_Y21	SD Card Command
SD_CLK	PIN_AD25	SD Card Clock

A.5.5 Pin assignments for the toggle switches

Signal Name	FPGA Pin No.	Description
SW[0]	PIN_N25	Toggle Switch[0]
SW[1]	PIN_N26	Toggle Switch[1]
SW[2]	PIN_P25	Toggle Switch[2]
SW[3]	PIN_AE14	Toggle Switch[3]
SW[4]	PIN_AF14	Toggle Switch[4]
SW[5]	PIN_AD13	Toggle Switch[5]
SW[6]	PIN_AC13	Toggle Switch[6]
SW[7]	PIN_C13	Toggle Switch[7]
SW[8]	PIN_B13	Toggle Switch[8]
SW[9]	PIN_A13	Toggle Switch[9]
SW[10]	PIN_N1	Toggle Switch[10]
SW[11]	PIN_P1	Toggle Switch[11]
SW[12]	PIN_P2	Toggle Switch[12]
SW[13]	PIN_T7	Toggle Switch[13]
SW[14]	PIN_U3	Toggle Switch[14]
SW[15]	PIN_U4	Toggle Switch[15]
SW[16]	PIN_V1	Toggle Switch[16]
SW[17]	PIN_V2	Toggle Switch[17]

A.5.6 Pin assignments for the pushbutton switches

Signal Name	FPGA Pin No.	Description
KEY[0]	PIN_G26	Pushbutton[0]
KEY[1]	PIN_N23	Pushbutton[1]
KEY[2]	PIN_P23	Pushbutton[2]
KEY[3]	PIN_W26	Pushbutton[3]

A.5.7 Pin assignments for the LEDs

Signal Name	FPGA Pin No.	Description
LEDR[0]	PIN_AE23	LED Red[0]
LEDR[1]	PIN_AF23	LED Red[1]
LEDR[2]	PIN_AB21	LED Red[2]
LEDR[3]	PIN_AC22	LED Red[3]
LEDR[4]	PIN_AD22	LED Red[4]
LEDR[5]	PIN_AD23	LED Red[5]
LEDR[6]	PIN_AD21	LED Red[6]
LEDR[7]	PIN_AC21	LED Red[7]
LEDR[8]	PIN_AA14	LED Red[8]
LEDR[9]	PIN_Y13	LED Red[9]
LEDR[10]	PIN_AA13	LED Red[10]
LEDR[11]	PIN_AC14	LED Red[11]
LEDR[12]	PIN_AD15	LED Red[12]
LEDR[13]	PIN_AE15	LED Red[13]
LEDR[14]	PIN_AF13	LED Red[14]
LEDR[15]	PIN_AE13	LED Red[15]
LEDR[16]	PIN_AE12	LED Red[16]
LEDR[17]	PIN_AD12	LED Red[17]
LEDG[0]	PIN_AE22	LED Green[0]
LEDG[1]	PIN_AF22	LED Green[1]
LEDG[2]	PIN_W19	LED Green[2]
LEDG[3]	PIN_V18	LED Green[3]
LEDG[4]	PIN_U18	LED Green[4]
LEDG[5]	PIN_U17	LED Green[5]
LEDG[6]	PIN_AA20	LED Green[6]
LEDG[7]	PIN_Y18	LED Green[7]
LEDG[8]	PIN_Y12	LED Green[8]

A.5.8 Pin assignments for the 7-segment displays

Signal Name	FPGA Pin No.	Description
HEX0[0]	PIN_AF10	Seven Segment Digit 0[0]
HEX0[1]	PIN_AB12	Seven Segment Digit 0[1]
HEX0[2]	PIN_AC12	Seven Segment Digit 0[2]

A.5　DE2 平台上 EP2C35F672 的引脚分配表

HEX0[3]	PIN_AD11	Seven Segment Digit 0[3]
HEX0[4]	PIN_AE11	Seven Segment Digit 0[4]
HEX0[5]	PIN_V14	Seven Segment Digit 0[5]
HEX0[6]	PIN_V13	Seven Segment Digit 0[6]
HEX1[0]	PIN_V20	Seven Segment Digit 1[0]
HEX1[1]	PIN_V21	Seven Segment Digit 1[1]
HEX1[2]	PIN_W21	Seven Segment Digit 1[2]
HEX1[3]	PIN_Y22	Seven Segment Digit 1[3]
HEX1[4]	PIN_AA24	Seven Segment Digit 1[4]
HEX1[5]	PIN_AA23	Seven Segment Digit 1[5]
HEX1[6]	PIN_AB24	Seven Segment Digit 1[6]
HEX2[0]	PIN_AB23	Seven Segment Digit 2[0]
HEX2[1]	PIN_V22	Seven Segment Digit 2[1]
HEX2[2]	PIN_AC25	Seven Segment Digit 2[2]
HEX2[3]	PIN_AC26	Seven Segment Digit 2[3]
HEX2[4]	PIN_AB26	Seven Segment Digit 2[4]
HEX2[5]	PIN_AB25	Seven Segment Digit 2[5]
HEX2[6]	PIN_Y24	Seven Segment Digit 2[6]
HEX3[0]	PIN_Y23	Seven Segment Digit 3[0]
HEX3[1]	PIN_AA25	Seven Segment Digit 3[1]
HEX3[2]	PIN_AA26	Seven Segment Digit 3[2]
HEX3[3]	PIN_Y26	Seven Segment Digit 3[3]
HEX3[4]	PIN_Y25	Seven Segment Digit 3[4]
HEX3[5]	PIN_U22	Seven Segment Digit 3[5]
HEX3[6]	PIN_W24	Seven Segment Digit 3[6]
HEX4[0]	PIN_U9	Seven Segment Digit 4[0]
HEX4[1]	PIN_U1	Seven Segment Digit 4[1]
HEX4[2]	PIN_U2	Seven Segment Digit 4[2]
HEX4[3]	PIN_T4	Seven Segment Digit 4[3]
HEX4[4]	PIN_R7	Seven Segment Digit 4[4]
HEX4[5]	PIN_R6	Seven Segment Digit 4[5]
HEX4[6]	PIN_T3	Seven Segment Digit 4[6]
HEX5[0]	PIN_T2	Seven Segment Digit 5[0]
HEX5[1]	PIN_P6	Seven Segment Digit 5[1]
HEX5[2]	PIN_P7	Seven Segment Digit 5[2]

Signal Name	FPGA Pin No.	Description
HEX5[3]	PIN_T9	Seven Segment Digit 5[3]
HEX5[4]	PIN_R5	Seven Segment Digit 5[4]
HEX5[5]	PIN_R4	Seven Segment Digit 5[5]
HEX5[6]	PIN_R3	Seven Segment Digit 5[6]
HEX6[0]	PIN_R2	Seven Segment Digit 6[0]
HEX6[1]	PIN_P4	Seven Segment Digit 6[1]
HEX6[2]	PIN_P3	Seven Segment Digit 6[2]
HEX6[3]	PIN_M2	Seven Segment Digit 6[3]
HEX6[4]	PIN_M3	Seven Segment Digit 6[4]
HEX6[5]	PIN_M5	Seven Segment Digit 6[5]
HEX6[6]	PIN_M4	Seven Segment Digit 6[6]
HEX7[0]	PIN_L3	Seven Segment Digit 7[0]
HEX7[1]	PIN_L2	Seven Segment Digit 7[1]
HEX7[2]	PIN_L9	Seven Segment Digit 7[2]
HEX7[3]	PIN_L6	Seven Segment Digit 7[3]
HEX7[4]	PIN_L7	Seven Segment Digit 7[4]
HEX7[5]	PIN_P9	Seven Segment Digit 7[5]
HEX7[6]	PIN_N9	Seven Segment Digit 7[6]

A.5.9 Pin assignments for the clock inputs

Signal Name	FPGA Pin No.	Description
CLOCK_27	PIN_D13	27 MHz clock input
CLOCK_50	PIN_N2	50 MHz clock input
EXT_CLOCK	PIN_P26	External (SMA) clock input

A.5.10 ADV7123 pin assignments

Signal Name	FPGA Pin No.	Description
VGA_R[0]	PIN_C8	VGA Red[0]
VGA_R[1]	PIN_F10	VGA Red[1]
VGA_R[2]	PIN_G10	VGA Red[2]
VGA_R[3]	PIN_D9	VGA Red[3]
VGA_R[4]	PIN_C9	VGA Red[4]
VGA_R[5]	PIN_A8	VGA Red[5]
VGA_R[6]	PIN_H11	VGA Red[6]
VGA_R[7]	PIN_H12	VGA Red[7]

VGA_R[8]	PIN_F11	VGA Red[8]
VGA_R[9]	PIN_E10	VGA Red[9]
VGA_G[0]	PIN_B9	VGA Green[0]
VGA_G[1]	PIN_A9	VGA Green[1]
VGA_G[2]	PIN_C10	VGA Green[2]
VGA_G[3]	PIN_D10	VGA Green[3]
VGA_G[4]	PIN_B10	VGA Green[4]
VGA_G[5]	PIN_A10	VGA Green[5]
VGA_G[6]	PIN_G11	VGA Green[6]
VGA_G[7]	PIN_D11	VGA Green[7]
VGA_G[8]	PIN_E12	VGA Green[8]
VGA_G[9]	PIN_D12	VGA Green[9]
VGA_B[0]	PIN_J13	VGA Blue[0]
VGA_B[1]	PIN_J14	VGA Blue[1]
VGA_B[2]	PIN_F12	VGA Blue[2]
VGA_B[3]	PIN_G12	VGA Blue[3]
VGA_B[4]	PIN_J10	VGA Blue[4]
VGA_B[5]	PIN_J11	VGA Blue[5]
VGA_B[6]	PIN_C11	VGA Blue[6]
VGA_B[7]	PIN_B11	VGA Blue[7]
VGA_B[8]	PIN_C12	VGA Blue[8]
VGA_B[9]	PIN_B12	VGA Blue[9]
VGA_CLK	PIN_B8	VGA Clock
VGA_BLA NK	PIN_D6	VGA BLANK
VGA_HS	PIN_A7	VGA H_SYNC
VGA_VS	PIN_D8	VGA V_SYNC
VGA_SYNC	PIN_B7	VGA SYNC

A.5.11 RS-232,PS/2, IRDA pin assignments

Signal Name	FPGA Pin No.	Description
UART_RXD	PIN_C25	UART Receiver
UART_TXD	PIN_B25	UART Transmitter
PS2_CLK	PIN_D26	PS/2 Clock
PS2_DAT	PIN_C24	PS/2 Data
IRDA_TXD	PIN_AE24	IRDA Transmitter
IRDA_RXD	PIN_AE25	IRDA Receiver

A.5.12 Pin assignments for the expansion headers

Signal Name	FPGA Pin No.	Description
GPIO_0[0]	PIN_D25	GPIO Connection 0[0]
GPIO_0[1]	PIN_J22	GPIO Connection 0[1]
GPIO_0[2]	PIN_E26	GPIO Connection 0[2]
GPIO_0[3]	PIN_E25	GPIO Connection 0[3]
GPIO_0[4]	PIN_F24	GPIO Connection 0[4]
GPIO_0[5]	PIN_F23	GPIO Connection 0[5]
GPIO_0[6]	PIN_J21	GPIO Connection 0[6]
GPIO_0[7]	PIN_J20	GPIO Connection 0[7]
GPIO_0[8]	PIN_F25	GPIO Connection 0[8]
GPIO_0[9]	PIN_F26	GPIO Connection 0[9]
GPIO_0[10]	PIN_N18	GPIO Connection 0[10]
GPIO_0[11]	PIN_P18	GPIO Connection 0[11]
GPIO_0[12]	PIN_G23	GPIO Connection 0[12]
GPIO_0[13]	PIN_G24	GPIO Connection 0[13]
GPIO_0[14]	PIN_K22	GPIO Connection 0[14]
GPIO_0[15]	PIN_G25	GPIO Connection 0[15]
GPIO_0[16]	PIN_H23	GPIO Connection 0[16]
GPIO_0[17]	PIN_H24	GPIO Connection 0[17]
GPIO_0[18]	PIN_J23	GPIO Connection 0[18]
GPIO_0[19]	PIN_J24	GPIO Connection 0[19]
GPIO_0[20]	PIN_H25	GPIO Connection 0[20]
GPIO_0[21]	PIN_H26	GPIO Connection 0[21]
GPIO_0[22]	PIN_H19	GPIO Connection 0[22]
GPIO_0[23]	PIN_K18	GPIO Connection 0[23]
GPIO_0[24]	PIN_K19	GPIO Connection 0[24]
GPIO_0[25]	PIN_K21	GPIO Connection 0[25]
GPIO_0[26]	PIN_K23	GPIO Connection 0[26]
GPIO_0[27]	PIN_K24	GPIO Connection 0[27]
GPIO_0[28]	PIN_L21	GPIO Connection 0[28]
GPIO_0[29]	PIN_L20	GPIO Connection 0[29]
GPIO_0[30]	PIN_J25	GPIO Connection 0[30]
GPIO_0[31]	PIN_J26	GPIO Connection 0[31]
GPIO_0[32]	PIN_L23	GPIO Connection 0[32]

A.5　DE2 平台上 EP2C35F672 的引脚分配表

GPIO_0[33]	PIN_L24	GPIO Connection 0[33]
GPIO_0[34]	PIN_L25	GPIO Connection 0[34]
GPIO_0[35]	PIN_L19	GPIO Connection 0[35]
GPIO_1[0]	PIN_K25	GPIO Connection 1[0]
GPIO_1[1]	PIN_K26	GPIO Connection 1[1]
GPIO_1[2]	PIN_M22	GPIO Connection 1[2]
GPIO_1[3]	PIN_M23	GPIO Connection 1[3]
GPIO_1[4]	PIN_M19	GPIO Connection 1[4]
GPIO_1[5]	PIN_M20	GPIO Connection 1[5]
GPIO_1[6]	PIN_N20	GPIO Connection 1[6]
GPIO_1[7]	PIN_M21	GPIO Connection 1[7]
GPIO_1[8]	PIN_M24	GPIO Connection 1[8]
GPIO_1[9]	PIN_M25	GPIO Connection 1[9]
GPIO_1[10]	PIN_N24	GPIO Connection 1[10]
GPIO_1[11]	PIN_P24	GPIO Connection 1[11]
GPIO_1[12]	PIN_R25	GPIO Connection 1[12]
GPIO_1[13]	PIN_R24	GPIO Connection 1[13]
GPIO_1[14]	PIN_R20	GPIO Connection 1[14]
GPIO_1[15]	PIN_T22	GPIO Connection 1[15]
GPIO_1[16]	PIN_T23	GPIO Connection 1[16]
GPIO_1[17]	PIN_T24	GPIO Connection 1[17]
GPIO_1[18]	PIN_T25	GPIO Connection 1[18]
GPIO_1[19]	PIN_T18	GPIO Connection 1[19]
GPIO_1[20]	PIN_T21	GPIO Connection 1[20]
GPIO_1[21]	PIN_T20	GPIO Connection 1[21]
GPIO_1[22]	PIN_U26	GPIO Connection 1[22]
GPIO_1[23]	PIN_U25	GPIO Connection 1[23]
GPIO_1[24]	PIN_U23	GPIO Connection 1[24]
GPIO_1[25]	PIN_U24	GPIO Connection 1[25]
GPIO_1[26]	PIN_R19	GPIO Connection 1[26]
GPIO_1[27]	PIN_T19	GPIO Connection 1[27]
GPIO_1[28]	PIN_U20	GPIO Connection 1[28]
GPIO_1[29]	PIN_U21	GPIO Connection 1[29]
GPIO_1[30]	PIN_V26	GPIO Connection 1[30]
GPIO_1[31]	PIN_V25	GPIO Connection 1[31]

GPIO_1[32]	PIN_V24	GPIO Connection 1[32]
GPIO_1[33]	PIN_V23	GPIO Connection 1[33]
GPIO_1[34]	PIN_W25	GPIO Connection 1[34]
GPIO_1[35]	PIN_W23	GPIO Connection 1[35]

A.5.13 Pin assignments for the LCD module

Signal Name	FPGA Pin No.	Description
LCD_DATA[0]	PIN_J1	LCD Data[0]
LCD_DATA[1]	PIN_J2	LCD Data[1]
LCD_DATA[2]	PIN_H1	LCD Data[2]
LCD_DATA[3]	PIN_H2	LCD Data[3]
LCD_DATA[4]	PIN_J4	LCD Data[4]
LCD_DATA[5]	PIN_J3	LCD Data[5]
LCD_DATA[6]	PIN_H4	LCD Data[6]
LCD_DATA[7]	PIN_H3	LCD Data[7]
LCD_RW	PIN_K4	LCD Read/Write Select, 0 = Write, 1 = Read
LCD_EN	PIN_K3	LCD Enable
LCD_RS	PIN_K1	LCD Command/Data Select, 0 = Command, 1 = Data
LCD_ON	PIN_L4	LCD Power ON/OFF
LCD_BLON	PIN_K2	LCD BackLight ON/OFF

附录 B DE2-115 开发平台

B.1 DE2-115 板上资源及硬件布局

DE2-115 是 Altera 公司针对大学教学及研究机构推出的 FPGA 多媒体开发平台。DE2 为用户提供了丰富的外设及多媒体特性，并具有灵活而可靠的外围接口设计。DE2 能帮助使用者迅速理解和掌握实时多媒体工业产品设计的技巧，并提供系统设计的验证。DE2 平台的实际和制造完全按照工业产品标准进行，可靠性很高。

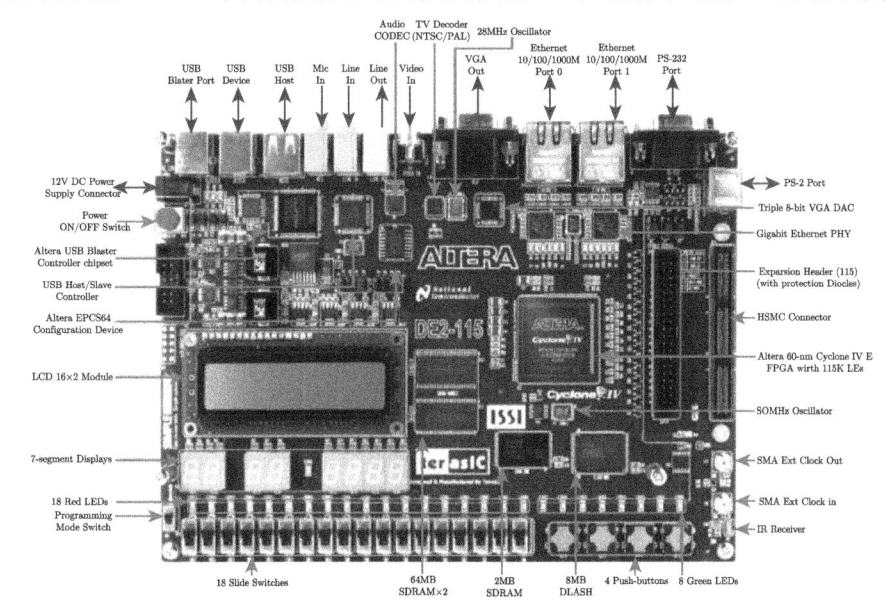

图 B.1 实体图

B.2 DE2-115 平台上提供的资源

(1) Altera Cyclone Ⅳ系列的 4CE115 FPGA；
(2) 主动串行配置器件 EPCS64；
(3) 板上内置用于编程调试和用户 API 设计的 USB Blaster，支持 JTAG 模式和 AS 模式；

(4) 2MB 字节 SRAM；

(5) 两个 64MB 的 SDRAM；

(6) 8M 字节闪存；

(7) SD 卡接口；

(8) 4 个按键 KEY0~KEY3；

(9) 18 个拨动开关 SW0~SW17；

(10) 9 个绿色 LED 灯 LEDG0~LEDG8；

(11) 18 个红色 LED 灯 LEDR0~LEDR17；

(12) 50MHz 时钟源；

(13) 24 位 CD 品质音频的编/解码器，带有麦克风的输入插座、线路输入插座和线路输出插座；

(14) VGA DAC (高速 DAC) 及 VGA 输出接口；

(15) 支持 NTSC、PAL、SECAM 制式的 TV 解码器及 TV 接口；

(16) 2G 以太网控制器及网络接口；

(17) USB 主从控制器及接口；

(18) RS232 收发器及 9 针连接器；

(19) PS/2 鼠标/键盘连接器；

(20) IR 收发器；

(21) 带二极管保护的 40 脚扩展端口；

(22) 2×16 字符的 LCD 模块 U2。

B.3　DE2-115 平台的扩展接口

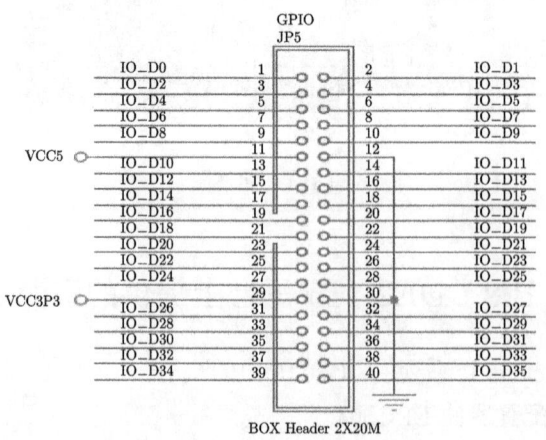

图 B.2　DE2-115 平台的扩展接口

B.4　DE2-115 平台的开发环境

在正式使用 DE2 平台之前，需要在电脑上安装 Quartus II 和 Nios II 软件。本书使用的是 Quartus II 11.0 版本。

B.5　DE2-115 平台上 EP4CE115F29C7 的引脚分配表

B.5.1　Pin assignments for the toggle switches

Signal Name	FPGA Pin No.	Description
SW[17]	PIN_Y23	Toggle Switch[17]
SW[16]	PIN_Y24	Toggle Switch[16]
SW[15]	PIN_AA22	Toggle Switch[15]
SW[14]	PIN_AA23	Toggle Switch[14]
SW[13]	PIN_AA24	Toggle Switch[13]
SW[12]	PIN_AB23	Toggle Switch[12]
SW[11]	PIN_AB24	Toggle Switch[11]
SW[10]	PIN_AC24	Toggle Switch[10]
SW[9]	PIN_AB25	Toggle Switch[9]
SW[8]	PIN_AC25	Toggle Switch[8]
SW[7]	PIN_AB26	Toggle Switch[7]
SW[6]	PIN_AD26	Toggle Switch[6]
SW[5]	PIN_AC26	Toggle Switch[5]
SW[4]	PIN_AB27	Toggle Switch[4]
SW[3]	PIN_AD27	Toggle Switch[3]
SW[2]	PIN_AC27	Toggle Switch[2]
SW[1]	PIN_AC28	Toggle Switch[1]
SW[0]	PIN_AB28	Toggle Switch[0]

B.5.2　Pin assignments for the pushbutton switches

Signal Name	FPGA Pin No.	Description
KEY[3]	PIN_R24	Pushbutton[3]
KEY[2]	PIN_N21	Pushbutton[2]
KEY[1]	PIN_M21	Pushbutton[1]
KEY[0]	PIN_M23	Pushbutton[0]

B.5.3 Pin assignments for the LEDs

Signal Name	FPGA Pin No.	Description
LEDR[17]	PIN_H15	LED Red[17]
LEDR[16]	PIN_G16	LED Red[16]
LEDR[15]	PIN_G15	LED Red[15]
LEDR[14]	PIN_F15	LED Red[14]
LEDR[13]	PIN_H17	LED Red[13]
LEDR[12]	PIN_J16	LED Red[12]
LEDR[11]	PIN_H16	LED Red[11]
LEDR[10]	PIN_J15	LED Red10]
LEDR[9]	PIN_G17	LED Red[9]
LEDR[8]	PIN_J17	LED Red[8]
LEDR[7]	PIN_H19	LED Red[7]
LEDR[6]	PIN_J19	LED Red[6]
LEDR[5]	PIN_E18	LED Red[5]
LEDR[4]	PIN_F18	LED Red[4]
LEDR[3]	PIN_F21	LED Red[3]
LEDR[2]	PIN_E19	LED Red[2]
LEDR[1]	PIN_F19	LED Red[1]
LEDR[0]	PIN_G19	LED Red[0]
LEDG[8]	PIN_F17	LED Green[8]
LEDG[7]	PIN_G21	LED Green[7]
LEDG[6]	PIN_G22	LED Green[6]
LEDG[5]	PIN_G20	LED Green[5]
LEDG[4]	PIN_H21	LED Green[4]
LEDG[3]	PIN_E24	LED Green[3]
LEDG[2]	PIN_E25	LED Green[2]
LEDG[1]	PIN_E22	LED Green[1]
LEDG[0]	PIN_E21	LED Green[0]

B.5.4 Pin assignments for the 7-segment displays

Signal Name	FPGA Pin No.	Description
HEX0[6]	PIN_H22	Seven Segment Digit 0[6]
HEX0[5]	PIN_J22	Seven Segment Digit 0[5]
HEX0[4]	PIN_L25	Seven Segment Digit 0[4]

B.5　DE2-115 平台上 EP4CE115F29C7 的引脚分配表

HEX0[3]	PIN_L26	Seven Segment Digit 0[3]
HEX0[2]	PIN_E17	Seven Segment Digit 0[2]
HEX0[1]	PIN_F22	Seven Segment Digit 0[1]
HEX0[0]	PIN_G18	Seven Segment Digit 0[0]
HEX1[6]	PIN_U24	Seven Segment Digit 1[6]
HEX1[5]	PIN_U23	Seven Segment Digit 1[5]
HEX1[4]	PIN_W25	Seven Segment Digit 1[4]
HEX1[3]	PIN_W22	Seven Segment Digit 1[3]
HEX1[2]	PIN_W21	Seven Segment Digit 1[2]
HEX1[1]	PIN_Y22	Seven Segment Digit 1[1]
HEX1[0]	PIN_M24	Seven Segment Digit 1[0]
HEX2[6]	PIN_W28	Seven Segment Digit 2[6]
HEX2[5]	PIN_W27	Seven Segment Digit 2[5]
HEX2[4]	PIN_Y26	Seven Segment Digit 2[4]
HEX2[3]	PIN_W26	Seven Segment Digit 2[3]
HEX2[2]	PIN_Y25	Seven Segment Digit 2[2]
HEX2[1]	PIN_AA26	Seven Segment Digit 2[1]
HEX2[0]	PIN_AA25	Seven Segment Digit 2[0]
HEX3[6]	PIN_Y19	Seven Segment Digit 3[6]
HEX3[5]	PIN_AF23	Seven Segment Digit 3[5]
HEX3[4]	PIN_AD24	Seven Segment Digit 3[4]
HEX3[3]	PIN_AA21	Seven Segment Digit 3[3]
HEX3[2]	PIN_AB20	Seven Segment Digit 3[2]
HEX3[1]	PIN_U21	Seven Segment Digit 3[1]
HEX3[0]	PIN_V21	Seven Segment Digit 3[0]
HEX4[6]	PIN_AE18	Seven Segment Digit 4[6]
HEX4[5]	PIN_AF19	Seven Segment Digit 4[5]
HEX4[4]	PIN_AE19	Seven Segment Digit 4[4]
HEX4[3]	PIN_AH21	Seven Segment Digit 4[3]
HEX4[2]	PIN_AG21	Seven Segment Digit 4[2]
HEX4[1]	PIN_AA19	Seven Segment Digit 4[1]
HEX4[0]	PIN_AB19	Seven Segment Digit 4[0]
HEX5[6]	PIN_AH18	Seven Segment Digit 5[6]
HEX5[5]	PIN_AF18	Seven Segment Digit 5[5]

HEX5[4]	PIN_AG19	Seven Segment Digit 5[4]
HEX5[3]	PIN_AH19	Seven Segment Digit 5[3]
HEX5[2]	PIN_AB18	Seven Segment Digit 5[2]
HEX5[1]	PIN_AC18	Seven Segment Digit 5[1]
HEX5[0]	PIN_AD18	Seven Segment Digit 5[0]
HEX6[6]	PIN_AC17	Seven Segment Digit 6[6]
HEX6[5]	PIN_AA15	Seven Segment Digit 6[5]
HEX6[4]	PIN_AB15	Seven Segment Digit 6[4]
HEX6[3]	PIN_AB17	Seven Segment Digit 6[3]
HEX6[2]	PIN_AA16	Seven Segment Digit 6[2]
HEX6[1]	PIN_AB16	Seven Segment Digit 6[1]
HEX6[0]	PIN_AA17	Seven Segment Digit 6[0]
HEX7[6]	PIN_AA14	Seven Segment Digit 7[6]
HEX7[5]	PIN_AG18	Seven Segment Digit 7[5]
HEX7[4]	PIN_AF17	Seven Segment Digit 7[4]
HEX7[3]	PIN_AH17	Seven Segment Digit 7[3]
HEX7[2]	PIN_AG17	Seven Segment Digit 7[2]
HEX7[1]	PIN_AE17	Seven Segment Digit 7[1]
HEX7[0]	PIN_AD17	Seven Segment Digit 7[0]

B.5.5 Pin assignments for the clock inputs

Signal Name	FPGA Pin No.	Description
CLOCK2_50	PIN_AG14	50 MHz clock input
CLOCK3_50	PIN_AG15	50 MHz clock input
CLOCK_50	PIN_Y2	50 MHz clock input

B.5.6 ADV7123 pin assignments

Signal Name	FPGA Pin No.	Description
VGA_R[7]	PIN_H10	VGA Red[7]
VGA_R[6]	PIN_H8	VGA Red[6]
VGA_R[5]	PIN_J12	VGA Red[5]
VGA_R[4]	PIN_G10	VGA Red[4]
VGA_R[3]	PIN_F12	VGA Red[3]
VGA_R[2]	PIN_D10	VGA Red[2]
VGA_R[1]	PIN_E11	VGA Red[1]

VGA_R[0]	PIN_E12	VGA Red[0]
VGA_G[7]	PIN_C9	VGA Green[7]
VGA_G[6]	PIN_F10	VGA Green[6]
VGA_G[5]	PIN_B8	VGA Green[5]
VGA_G[4]	PIN_C8	VGA Green[4]
VGA_G[3]	PIN_H12	VGA Green[3]
VGA_G[2]	PIN_F8	VGA Green[2]
VGA_G[1]	PIN_G11	VGA Green[1]
VGA_G[0]	PIN_G8	VGA Green[0]
VGA_B[7]	PIN_D12	VGA Blue[7]
VGA_B[6]	PIN_D11	VGA Blue[6]
VGA_B[5]	PIN_C12	VGA Blue[5]
VGA_B[4]	PIN_A11	VGA Blue[4]
VGA_B[3]	PIN_B11	VGA Blue[3]
VGA_B[2]	PIN_C11	VGA Blue[2]
VGA_B[1]	PIN_A10	VGA Blue[1]
VGA_B[0]	PIN_B10	VGA Blue[0]
VGA_CLK	PIN_A12	VGA Clock
VGA_BLA NK	PIN_F11	VGA BLANK
VGA_HS	PIN_G13	VGA H_SYNC
VGA_VS	PIN_C13	VGA V_SYNC
VGA_SYNC	PIN_C10	VGA SYNC

B.5.7 RS-232,PS/2, IRDA pin assignments

Signal Name	FPGA Pin No.	Description
UART_RXD	PIN_G12	UART Receiver
UART_TXD	PIN_G9	UART Transmitter
PS2_CLK	PIN_G6	PS/2 Clock
PS2_CLK2	PIN_G5	PS/2 Clock
PS2_DAT	PIN_H5	PS/2 data
PS2_DAT2	PIN_F5	PS/2 data

B.5.8 Pin assignments for the LCD module

Signal Name	FPGA Pin No.	Description
LCD_DATA[7]	PIN_M5	LCD Data[7]
LCD_DATA[6]	PIN_M3	LCD Data[6]

Signal Name	FPGA Pin No.	Description
LCD_DATA[5]	PIN_K2	LCD Data[5]
LCD_DATA[4]	PIN_K1	LCD Data[4]
LCD_DATA[3]	PIN_K7	LCD Data[3]
LCD_DATA[2]	PIN_L2	LCD Data[2]
LCD_DATA[1]	PIN_L1	LCD Data[1]
LCD_DATA[0]	PIN_L3	LCD Data[0]
LCD_EN	PIN_L4	LCD Read/Write Select
LCD_ON	PIN_L5	LCD Enable
LCD_RS	PIN_M2	
LCD_RW	PIN_M1	LCD Power ON/OFF
LCD_BLON	PIN_L6	LCD BackLight ON/OFF

B.5.9 Pin assignments for the expansion headers

Signal Name	FPGA Pin No.	Description
GPIO[35]	PIN_AG26	GPIO Connection 0[35]
GPIO[34]	PIN_AH23	GPIO Connection 0[34]
GPIO[33]	PIN_AH26	GPIO Connection 0[33]
GPIO[32]	PIN_AF20	GPIO Connection 0[32]
GPIO[31]	PIN_AG23	GPIO Connection 0[31]
GPIO[30]	PIN_AE20	GPIO Connection 0[30]
GPIO[29]	PIN_AF26	GPIO Connection 0[29]
GPIO[28]	PIN_AH22	GPIO Connection 0[28]
GPIO[27]	PIN_AE24	GPIO Connection 0[27]
GPIO[26]	PIN_AG22	GPIO Connection 0[26]
GPIO[25]	PIN_AE25	GPIO Connection 0[25]
GPIO[24]	PIN_AH25	GPIO Connection 0[24]
GPIO[23]	PIN_AD25	GPIO Connection 0[23]
GPIO[22]	PIN_AG25	GPIO Connection 0[22]
GPIO[21]	PIN_AD22	GPIO Connection 0[21]
GPIO[20]	PIN_AF22	GPIO Connection 0[20]
GPIO[19]	PIN_AF21	GPIO Connection 0[19]
GPIO[18]	PIN_AE22	GPIO Connection 0[18]
GPIO[17]	PIN_AC22	GPIO Connection 0[17]
GPIO[16]	PIN_AF25	GPIO Connection 0[16]
GPIO[15]	PIN_AE21	GPIO Connection 0[15]

B.5　DE2-115 平台上 EP4CE115F29C7 的引脚分配表

GPIO[14]	PIN_AF24	GPIO Connection 0[14]
GPIO[13]	PIN_AF15	GPIO Connection 0[13]
GPIO[12]	PIN_AD19	GPIO Connection 0[12]
GPIO[11]	PIN_AF16	GPIO Connection 0[11]
GPIO[10]	PIN_AC19	GPIO Connection 0[10]
GPIO[9]	PIN_AE15	GPIO Connection 0[9]
GPIO[8]	PIN_AD15	GPIO Connection 0[8]
GPIO[7]	PIN_AE16	GPIO Connection 0[7]
GPIO[6]	PIN_AD21	GPIO Connection 0[6]
GPIO[5]	PIN_Y16	GPIO Connection 0[5]
GPIO[4]	PIN_AC21	GPIO Connection 0[4]
GPIO[3]	PIN_Y17	GPIO Connection 0[3]
GPIO[2]	PIN_AB21	GPIO Connection 0[2]
GPIO[1]	PIN_AC15	GPIO Connection 0[1]
GPIO[0]	PIN_AB22	GPIO Connection 0[0]

参 考 文 献

[1] 任文平, 梁竹关, 李鹏, 申东娅. EDA 技术与 FPGA 工程实例开发. 北京: 机械工业出版社, 2013.
[2] 潘松, 黄继业, 潘明. EDA 技术实用教程 ——Verilog HDL 版. 第 4 版. 北京: 科学出版社, 2010.
[3] 马建国, 孟宪元. FPGA 现代数字系统设计. 北京: 清华大学出版社, 2010.
[4] 王冠, 俞一鸣. 面向 CPLD/FPGA 的 Verilog 设计. 北京: 机械工业出版社, 2007.
[5] 朱正伟. EDA 技术及应用. 北京: 清华大学出版社, 2005.
[6] 杨春玲, 朱敏. EDA 技术与实验. 哈尔滨: 哈尔滨工业大学出版社, 2009.
[7] 夏宇闻. Verilog 数字系统设计教程. 北京: 北京航空航天大学出版社, 2008.
[8] 罗杰. Verilog HDL 与数字 ASIC 设计基础. 武汉: 华中科技大学出版社, 2007.
[9] 〔美〕贝斯克. Verilog HDL 硬件描述语言. 徐振林, 译. 北京: 华章出版社, 2000.
[10] Altera Corporation. DE2 Development and Education Board User Manual, 2005.
[11] 张志刚. FPGA 与 SOPC 设计教程 ——DE2 实践. 西安: 西安电子科技大学出版社, 2007.
[12] 江国强. EDA 技术与应用. 北京: 电子工业出版社, 2010.
[13] http://www.cnblogs.com/oomusou.
[14] http://bbs.eeworld.com.cn/thread-349223-1-1.html.